北方

新技术

BEIFANG
YANGYANG
XINJISHU

马友记　主编

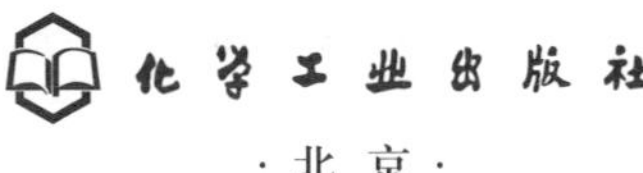

·北京·

本书通过深入浅出的文字及大量直观实用的图片，从羊的品种良种化、养羊设施化、生产规范化、繁殖高效化、营养标准化、羊病的防疫制度化、粪污无害化以及羊场管理科学化八个方面详细阐述了我国北方集约化、工厂化养羊的新技术和新进展，在讲述技术先进性的同时，又注重了实用性和可操作性，对于提高我国北方地区养羊标准化水平具有重要的指导意义和促进作用，可供养殖场、养殖小区技术人员和生产管理人员参考。

图书在版编目（CIP）数据

北方养羊新技术/马友记主编. —北京：化学工业出版社，2016.6（2022.4 重印）
ISBN 978-7-122-27404-5

Ⅰ.①北… Ⅱ.①马… Ⅲ.①羊-饲养管理 Ⅳ.①S826

中国版本图书馆 CIP 数据核字（2016）第 141334 号

责任编辑：漆艳萍　　装帧设计：韩　飞
责任校对：边　涛

出版发行：化学工业出版社
（北京市东城区青年湖南街 13 号　邮政编码 100011）
印　　刷：北京京华铭诚工贸有限公司
装　　订：三河市振勇印装有限公司
850mm×1168mm　1/32　印张 9　字数 240 千字
2022 年 4 月北京第 1 版第 8 次印刷

购书咨询：010-64518888
售后服务：010-64518899
网　　址：http://www.cip.com.cn
凡购买本书，如有缺损质量问题，本社销售中心负责调换。

定　　价：29.80 元

编写人员名单

主　　编　马友记（甘肃农业大学）

参编人员　刘永斌（内蒙古农牧业科学院）

张　利（中农威特生物科技股份有限公司）

李志勇（中国农业科学院兰州兽医研究所）

项海涛（甘肃农业大学）

姜仲文（永昌县肉用种羊繁育技术推广站）

魏彩虹（中国农业科学院北京畜牧兽医研究所）

前言

FOREWORD

中国养羊历史悠久，资源丰富，养羊数量和羊肉产量长期位居世界第一，是世界第一养羊大国，但不是养羊强国。究其历史和现实的诸多原因，主要是羊的品种良种化程度不高，饲养管理比较粗放，市场观念淡薄，生产方式经营落后，产品商品率低，比较效益低等。

中国的南北方是以秦岭—淮河为划分界线进行划分的，主要差异表现在自然、体质、语言、性格、文艺、饮食、政治、文化、社会等各个方面，当然也孕育了不同的羊种质资源，尤其北方地区拥有一定数量的草原、草山草坡，农作物秸秆资源丰富，资源载畜量低，具有良好的养羊发展潜力。农业部规划的四大肉羊优势产区主要集中在我国内蒙古、新疆、甘肃、青海、河南、山东、河北等，尽管近年来北方地区养羊生产已经由传统的粗放饲养向规模化、集约化、现代化的养羊业转变，但在集约化养殖关键技术方面尚存在诸多不足，还有许多技术瓶颈问题亟须解决。

现代专业化养羊是以密集的技术投入为先决条件，只有掌握了先进的技术才会使养羊业处于主动地位，才能达到优质、高产、高效、低风险，才能取得较高的投资收益率和经济效益。为此，本书结合生产实践和科研成果，通过深入浅出的文字及直观实用的图片，从羊的品种良种化、养羊设施化、生产规范化、繁殖高效化、营养标准化、羊病的防疫制度化、粪污无害化以及羊场管理科学化八个方面详细阐述了现代养羊的新技术，在讲述技术先进性的同时，又注重了实用性和可操作性，对于提高我国北方地区养羊标准化水平具有重要的指导意义和促进作用。

本书在编写过程中，得到了许多同仁的关心和支持，谨致以诚挚的谢意！ 由于笔者水平有限，书中疏漏和不妥之处在所难免，敬请读者批评指正。

编　者

目 录

CONTENTS

第一章 羊的品种良种化

第二章　养羊设施化

第三章 羊的生产规范化

第四章 羊的繁殖高效化

第五章　羊的营养标准化

第六章　羊病防疫制度化

第七章　羊的粪污无害化

第八章 羊场管理科学化

参考文献

第一章 羊的品种良种化

种源农业是现代农业发展的“动力源”，而发展节粮型羊产业，符合我国粮食安全战略决策、社会需求变化和世界畜牧业发展趋势。1996年，美国农业部对过去50年畜牧业生产中各种科学技术所起作用进行总结，指出各种主要因素的相对贡献率为，品种（遗传育种）40%，营养饲料20%，疾病防治15%，繁殖与行为10%，环境与设备10%，其他5%。显然，要提高养羊的效益就必须选择优良品种。优良羊品种是指适应饲养地区生态和社会经济条件、满足市场需求并具有高生产性能或具有突出特点的羊品种，既包括从外地引入的专门化羊品种，也包括地方良种，因此在保持我国地方品种优良特性的基础上，开展羊品种自主创制与育种产业化，既是现代高效羊业发展的基础和先导，也是化解羊业发展瓶颈的切入点和主要抓手。

第一节　引入的主要绵羊、山羊品种

一、无角陶赛特羊

1. 育成简史

原产于澳大利亚和新西兰。该品种是以雷兰羊和有角陶赛特羊为母本、考力代羊为父本进行杂交，杂种羊再与有角陶赛特公羊回交，然后选择所生的无角后代培育而成。

2. 外形特征

体质结实，头短而宽，羊毛覆盖至两眼连线，耳中等大，公羊、母羊均无角，颈短、粗，胸宽深，背腰平直，后躯丰满，四肢粗、短，整个躯体呈圆桶状，面部、四肢及被毛为白色（图 1-1）。

图 1-1 无角陶赛特羊

3. 品种特性

生长发育快，早熟，全年发情配种产羔。该品种成年公羊体重 90～110 千克，成年母羊为 65～75 千克，剪毛量 2～3 千克，净毛率 60%左右，毛长 7.5～10.0 厘米，羊毛细度 56～58 支。产羔率 137%～175%。经过育肥的 4 月龄羔羊的胴体重，公羔约为 22.0 千克，母羔约为 19.7 千克。在新西兰，该品种羊用作生产反季节羊肉的专门化品种。

4. 利用效果

20 世纪 80 年代以来，新疆、内蒙古、甘肃、北京、河北等地，先后从澳大利亚和新西兰引入无角陶赛特羊。地处甘肃省河西

走廊荒漠绿洲的甘肃省永昌肉用种羊场，2000年年初从新西兰引入无角陶赛特品种1岁公羊7只，母羊38只，适应性良好。3.5岁公羊体重（125.6±11.8）千克，母羊（82.46±7.24）千克，产羔率约为157.14%，繁殖成活率约为121.20%。根据赵有璋、李发弟等的研究资料（2007），用新西兰无角陶赛特公羊与蒙古系母羊杂交，6月龄公羔活重，F_1（37.61±6.26）千克，F_2（36.32±4.72）千克，F_3（38.36±4.07）千克，分别比同龄蒙古羊提高约18.1%、14.0%和20.4%，效果显著，经济效益好。

二、萨福克羊

1. 育成简史

原产于英国英格兰东南部的萨福克、诺福克、剑桥和艾塞克斯等地。该品种羊是以南丘羊为父本，当地体形较大、瘦肉率高的旧型黑头有角诺福克羊（Norfolk Horned）为母本进行杂交培育，于1859年育成。

2. 外形特征

体格大，头短而宽，鼻梁隆起，耳大，公羊、母羊均无角，颈长、深且宽厚，胸宽，背、腰和臀部长宽而平；肌肉丰满，后躯发育良好。体躯主要部位被毛白色，头和四肢为黑色，并且无羊毛覆盖（图1-2、图1-3）。

3. 品种特性

早熟，生长发育快，成年公羊体重100～136千克、成年母羊70～96千克，剪毛量成年公羊5～6千克、成年母羊2.5～3.6千克，毛长7～8厘米，细度50～58支，净毛率60%左右，被毛白色，但偶尔可发现有少量的有色纤维。产羔率141.7%～157.7%。产肉性能好，经育肥的4月龄公羔胴体重约为24.2千克，4月龄母羔约为19.7千克，并且瘦肉率高，是生产大胴体和优质羔羊肉的理想品种。美国、英国、澳大利亚等国都将该品种作为生产肉羔的终端父本品种。

图 1-2 萨福克羊（母羊）

图 1-3 萨福克羊（公羊）

4. 利用效果

我国从 20 世纪 70 年代起先后从澳大利亚、新西兰等国引进，主要分布在新疆、内蒙古、北京、宁夏、吉林、河北和山西等地，适应性和杂交改良地方绵羊效果显著。

三、波德代羊

1. 育成简史

产于世界上著名的羔羊肉产地——新西兰南岛的坎特伯里平原（Canterbury plains），是新西兰在 20 世纪 30 年代，用边区莱斯特羊与考力代羊杂交，从一代中进行严格选择，然后横交固定至 4～5 代，培育而成的肉毛兼用绵羊品种。1972 年成立品种协会。

2. 外形特征

体质结实，结构匀称，体格大，肉毛兼用体形明显。该羊头长短适中，额宽、平，眼大有神，公羊、母羊均无角。头与颈、颈与肩结合良好，颈短、粗。胸深，肋骨开张良好，背腰平直，后躯丰满，发育良好。四肢健壮，肢势端正，蹄质坚实，步态稳健。全身白色，但眼眶、鼻端、唇和蹄均为黑色（图 1-4）。

图 1-4　波德代羊

3. 品种特性

在新西兰的肉用绵羊品种中，波德代羊耐干旱、耐粗饲、适应性强，母羊难产少，同时早熟性好，羔羊成活率高。原产地育种场成年公羊平均体重约为 90 千克，母羊 60～70 千克，羊毛细度30～

34 微米，毛长 10 厘米以上，剪毛量 4.5～6 千克，净毛率约为 72%，繁殖率 140%～150%。羊毛同质，被毛呈毛丛结构，羊毛密度、匀度、弯曲、光泽、油汗良好。羔羊生长发育快，所产肥羔胴体长，肉用品质好，母羔 8 月龄活重可达 45 千克左右。

4. 利用效果

2000 年 1 月，由赵有璋教授等主持的农业部 1998 年引进国际先进农业科学技术项目——《肉用种羊的引进》，从新西兰坎特伯里平原的《Ray Well》和《Flockton》种畜场，将该品种首次引入我国，用其与甘肃、宁夏、青海等地的蒙古羊、西藏羊、小尾寒羊杂交，效果良好，经济效益显著。

四、特克塞尔羊

1. 育成简史

原产于荷兰特克塞尔岛而得名。20 世纪初用林肯、来斯特羊与当地马尔盛夫羊杂交，经过长期的选择和培育而成。

2. 外形特征

头大小适中，公羊、母羊无角，耳短，鼻部黑色。颈中等长、粗，体格大，胸圆，鬐甲平，但也有略微凸起的个体，背腰平直、宽，肌肉丰满，后躯发育良好（图 1-5）。

3. 品种特性

产羔率高，母性好，对寒冷气候有良好的适应性。成年公羊体重 115～130 千克，成年母羊 75～80 千克；剪毛量，成年公羊平均 5.0 千克，成年母羊平均 4.5 千克，净毛率约为 60%；羊毛长度 10～15 厘米，羊毛细度 48～50 支。该品种母羊泌乳性能良好，产羔率 150%～160%，早熟，羔羊 70 日龄前平均日增重为 300 克，在最适宜的草场条件下 120 日龄的羔羊体重约为 40 千克，6～7 月龄达 50～60 千克，屠宰率 54%～60%。

羔羊肉品质好，肌肉发达，瘦肉率和胴体分割率高，市场竞争力强。因此该品种已广泛分布到比利时、卢森堡、丹麦、德国、法国、英国、美国、新西兰等国，是这些国家推荐饲养的优良品种和

图 1-5 特克塞尔羊

用作经济杂交生产肉羔的父本。

4. 利用效果

自 1995 年以来，我国黑龙江、宁夏、北京、河北和甘肃等地先后引进该品种，杂交效果良好。

五、澳洲白羊

1. 育成简史

澳洲白羊是澳大利亚第一个利用现代基因测定手段培育的品种。该品种集成了白杜泊羊、Van Rooy 绵羊、无角陶赛特羊和特克塞尔羊等品种基因，通过对多个品种羊特定肌肉生长基因标记和抗寄生虫基因标记的选择（MyoMAX，LoinMAX，WormSTAR），培育而成的专门用于与杜泊绵羊配套的、粗毛型的中、大型肉羊品种，2009 年 10 月在澳大利亚注册。

2. 外形特征

头略短，软质型（颌下、脑后、颈脂肪多），鼻宽，鼻孔大；颈长短适中，公羊颈部强壮、宽厚，母羊颈部结实，但更加精致；公母均无角；耳朵中等大小，半下垂。臀部宽而长，后躯深，肌肉发达饱满，臀部后视，呈方形；体高，后躯深；生长快；被毛白色，在耳朵和鼻偶见小黑点，季节性换毛，头部和腿被毛短；嘴唇，鼻、眼角无毛处、外阴、肛门，蹄甲色素沉积，呈暗黑灰色（图 1-6）。

图 1-6 澳洲白羊

3. 品种特性

体形大、生长快、成熟早、全年发情，有很好的自动换毛能力。在放牧条件下 5～6 月龄胴体重可达到 23 千克左右，舍饲条件下，该品种 6 月龄胴体重可达 26 千克左右，且脂肪覆盖均匀，板皮质量俱佳。母羊初情期为 5 月龄，体重为 45～50 千克，适宜的配种年龄为 8～10 月龄，体重约 60 千克，发情周期为 14～19 天，平均为 17 天，发情持续时间为 29～32 小时，产羔率 120%～150%。

4. 利用效果

此品种使养殖者能够在各种养殖条件下用作三元配套的终端父本，可以产出在生长速率、个体重量、出肉率和出栏周期短等方面理想的商品羔羊。

六、杜泊羊

1. 育成简史

原产于南非共和国。用从英国引入的有角陶赛特（Dorset Hom）品种公羊与当地的波斯黑头（Black-heed Persian）品种母羊杂交，经选择和培育而成的肉用绵羊品种。南非于 1950 年成立杜泊羊肉用绵羊品种协会，促使该品种得到迅速发展。

2. 外形特征

毛色有两种类型，一种为头颈黑色，体躯和四肢为白色；另一种全身均为白色，但有的羊腿部有时也出现色斑。杜泊羊一般无角，头顶平直，长度适中，额宽，鼻梁隆起，耳大稍垂，既不短也不过宽。颈短粗，前胸丰满，肩宽厚，背腰平阔，肋骨拱圆，臀部方圆，后躯肌肉发达。四肢较短而强健，骨骼较细，肌肉外突，体形呈圆桶状，肢势端正。长瘦尾（图 1-7、图 1-8）。

图 1-7　杜泊羊（一）

3. 品种特性

杜泊绵羊早期发育快，胴体瘦肉率高，肉质细嫩多汁，膻味

图 1-8　杜泊羊（二）

轻，口感好，特别适于肥羔生产，被国际誉为“钻石级”绵羊肉，具有很高的经济价值。同时，该品种羊板皮厚，面积大，皮板致密并富弹性，是制高档皮衣、家具和轿车内装饰等的上等皮革原料。初生重公羔(5.20±1.00)千克，母羔(4.40±0.90)千克；3 月龄重公羔(33.40±9.70)千克，母羔(29.30±5.0)千克；6 月龄重公羔(59.40±10.60)千克，母羔(51.40±5.00)千克；12 月龄重公羊(82.10±11.30)千克，母羊(71.30±7.30)千克；24 月龄重公羊(120.00±10.30)千克，母羊(85.00±10.20)千克。公羊性成熟一般在 5～6 月龄，小母羊初情期在 5 月龄。母羊发情期多集中在 8 月至翌年 4 月，发情周期为 14～19 天，平均为 17 天，发情持续期为 29～32 小时。母羊妊娠期为 145～152 天，平均为 148.6 天。正常情况下，产羔率约为 140%，但在良好的饲养管理条件下，可进行 2 年产 3 胎，产羔率 180%以上。同时，母羊泌乳力强，护羔性好。

4. 利用效果

杜泊羊由于品种特性突出，受到业界普遍关注，从 20 世纪 90

年代起，纷纷被世界上主要羊肉生产国引进。我国 2001 年开始引入，目前主要分布在山东、陕西、天津、河南、辽宁、北京、山西、云南、宁夏等地，用其与当地羊杂交，效果显著。

七、南非肉用美利奴羊

1. 育成简史

1932 年南非农业部为了育种项目，引入德国肉用美利奴品种母羊 10 只、公羊 1 只，通过对其羊毛品质和体形外貌上的不断选育，1971 年确认育成了独特的非洲品系，并被命名为南非肉用美利奴羊。

2. 外貌特征

体格大，成熟早，胸宽、深，背腰平直，肌肉丰满，后躯发育良好。公羊、母羊均无角（图 1-9）。

图 1-9　南非肉用美利奴羊

3. 品种特性

南非肉用美利奴羊属于肉毛兼用型细毛羊（综合育种指数加权系数，产肉：产毛＝60：40），成年公羊体重 100～135 千克，成年母羊70～85千克；剪毛量成年公羊4.5～6千克，成年母羊3.4～4.5千克；净毛率45%～67%；羊毛长度8.5～11.0厘米，细度66～70支。在正常饲养管理条件下，产羔率130%～160%，母性强，泌乳力好。南非肉用美利奴羊生长发育快，早熟，肉用性能好。在放牧条件下，100日龄羔羊体重平均达35.0千克，在集约化饲养条件下，100日龄公羔体重平均达56.0千克。屠宰率50.0%～55.0%。

4. 利用效果

我国从20世纪90年代开始引进，主要分布在新疆、内蒙古、吉林和宁夏等地。新疆刘守仁院士等（2004）利用南非肉用美利奴公羊与体格大、产肉性能相对较高的中国美利奴母羊杂交，经2～3代进行横交选育，培育出中国美利奴羊肉用品系，该品系羊体格大，躯体长而宽厚，胸深，肩平，背腰臀部宽厚，肌肉丰满。甘肃李发弟等（2014）利用南非肉用美利奴公羊与甘肃高山细毛羊进行复杂育成杂交，以期保证在羊毛品质不下降的情况下培育出适合高寒牧区的天祝肉用美利奴新品种。

八、布鲁拉美利奴羊

1. 育成简史

布鲁拉美利奴羊来源于澳大利亚新南威尔士州南部高原，Seears兄弟的“布鲁拉”羊场的中毛型美利奴羊，它是由Seears兄弟和澳大利亚联邦科学与工业研究组织（CSIRO）共同育成。

2. 外貌特征

布鲁拉美利奴羊属于中毛型美利奴羊，具有该型羊的特点，剪毛量和羊毛品质与澳洲美利奴羊相同，所不同的是繁殖率极高。公羊有螺旋形大而外延的角，母羊无角。

3. 品种特性

布鲁拉美利奴羊，用腹腔镜观测结果，1.5岁布鲁拉美利奴母羊的排卵数平均为3.39个，2.5～6.5岁的母羊为3.72个，最大

值为 11 个。据对 522 只布鲁拉美利奴母羊（2～7 岁）统计，一胎产羔平均为 2.29 只。

4. 利用效果

从 20 世纪 70 年代开始，新西兰、美国、加拿大等多次从澳大利亚引入布鲁拉美利奴羊。新西兰引入的布鲁拉美利奴羊，用于纯繁和交配当地的罗姆尼、柯泊华斯、派仑代、考力代、美利奴等商品羊，以增加母羊的排卵数和产羔率。捷克与斯洛伐克近几年亦进口布鲁拉美利奴羊，与本国美利奴羊杂交，以培育多胎细毛羊新品种。我国新疆建设兵团自 2008 年引入布鲁拉美利奴羊，与体格大、产肉性能相对较高的中国美利奴母羊杂交，培育出了中国美利奴羊多胎品系。

九、东佛里生乳用羊

1. 育成简史

原产于荷兰和德国西北部，是目前世界绵羊品种中产奶性能最好的品种。

2. 外形特征

该品种体格大，体形结构良好。公羊、母羊均无角，被毛白色，偶有纯黑色个体出现。体躯宽长，腰部结实，肋骨拱圆，臀部略有倾斜，尾瘦长无毛。乳房结构优良、宽广，乳头良好（图 1-10）。

3. 品种特性

成年公羊体重 90～120 千克，成年母羊 70～90 千克。成年公羊剪毛量 5～6 千克，成年母羊 4.5 千克以上，羊毛同质。成年公羊毛长 20 厘米，成年母羊 16～20 厘米，羊毛细度 46～56 支，净毛率 60%～70%。成年母羊 260～300 天产奶量 500～810 千克，乳脂率 6%～6.5%。产羔率 200%～230%。对温带气候条件有良好的适应性。

4. 利用效果

近年来，我国北京、辽宁、甘肃等地已有引进。

图 1-10　东佛里生乳用羊

十、波尔山羊

1. 育成简史

原产于南非共和国，是目前世界上公认的最理想的肉用山羊品种之一。

2. 外形特征

理想型的波尔山羊，体躯为白色，头、耳和颈部为浅红色至深红色，但不超过肩部，并有完全的色素沉着，广流星（前额及鼻梁部有一条较宽的白色）明显；除耳部以外，种用个体的头部两侧至少要有直径为 10 厘米的色块，两耳至少要有 75%的部位为红色，并要有相同比例的色素沉着。波尔山羊具有强健的头，眼睛清秀，棕色，鼻梁隆起，头颈部及前肢比较发达，体躯长、宽、深，肋部发育良好并完全开展，胸部发达，背部结实宽厚，臀腿部丰满，四肢结实有力。前额下陷，口窄，颌短，耳折叠，背下陷，前肢 X 肢势，蹄内向或外向，长而粗糙的被毛，粗大的奶头等为损征。

3. 品种特性

初生重一般为 3～4 千克，公羔比母羔重约 0.5 千克；断奶体

重一般可达20～25千克；7月龄时公羊体重为40～50千克，母羊为35～45千克；周岁时，公羊体重为50～70千克，母羊为45～65千克；成年公羊体重为90～130千克，母羊为60～90千克。屠宰率可达56.2%。母羔6月龄性成熟；公羔3～4月龄性成熟，但需到5～6月龄或体重约为32千克时方可用作种用。在良好的饲养条件下，母羊可以全年发情。发情周期为18～21天，妊娠期平均为148天。波尔山羊每胎平均产2羔，其中50%的母羊产双羔，10%～15%的产3羔，如果用多胎性选择和良好的管理相结合，产羔率可达225%。

4. 利用效果

从1995年开始，我国先后从德国、南非、澳大利亚和新西兰等国引入波尔山羊3000多只，分布在陕西、江苏、四川、河南、山东、贵州等20多个省、市、区，种羊引入后，各地都很重视，加强饲养管理，采用繁殖新技术，如胚胎移植技术、密集产羔技术等，加快了纯种波尔山羊的繁殖速度，促进了波尔山羊业在我国的发展。同时，很多省（区）用波尔山羊与当地山羊开展了杂交改良试验工作，取得了明显效果。

十一、萨能山羊

1. 育成简史

萨能山羊是世界上最著名的奶山羊品种，原产于瑞士伯尔尼州的萨能山谷，除十分炎热或酷寒的地区外，现已广泛分布到世界各地，具有早熟、繁殖力强、泌乳性能好等特点。原产地属阿尔卑斯山区，灌木丛生，牧草繁茂，处处泉水，气候凉爽，适宜放牧，当地居民主要经营奶畜业，为家庭和游客提供鲜奶，生产干酪和出口种羊。优越的自然条件、国家的重视和支持、当地人民的精心选择和良好的培育，从而形成了这一高产奶山羊品种。

2. 外形特征

萨能山羊具有乳用家畜特有的楔形体形，体格高大，各部位轮廓清晰，结构紧凑细致，头长面直，眼大灵活，耳薄长向前方平伸。被毛色白，也有少数毛尖为土黄色者，由粗短有髓的毛组成，公羊的肩、背、股和腹部着生有粗毛。皮肤薄、有弹性，呈粉红色，随着年龄的增长，鼻端、耳和乳房上常出现大小不等的黑斑，但黑斑上的毛应是白色的。公羊、母羊大多有须而无角，颈粗短，有些个体颈部长有肉垂。胸部宽深，腰长平直，后躯发育好，尻部略显倾斜。母羊颈细长，腹大而不下垂，乳房发达，呈方圆形，基部宽广，向前延伸，向后突出，质地柔软，乳头大小适中。四肢结实，干燥少肉，姿势端正，蹄壁坚实呈蜡黄色。

3. 品种特性

成年公羊体高80～90厘米，体长95～114厘米，体重75～95千克；成年母羊体高75～78厘米，体长82厘米左右，体重50～65千克。

萨能山羊头胎多产单羔，经产羊多为双羔或多羔，产羔率为160%～220%。利用年限6～8年。泌乳期10个月左右，以产后2～3个月产奶量最高，产后305天的产奶量为600～1200千克，乳脂率3.2%～4.0%。

4. 利用效果

由于萨能山羊产奶量高，适应性广，20世纪80年代，陕西、四川、甘肃、辽宁、福建、安徽和黑龙江等省又从国外引入了大量的萨能山羊，作为父系品种，参与了关中奶山羊、崂山奶山羊等新品种的育成。现在我国的奶山羊绝大多数是萨能山羊及其与当地山羊的杂交种，生产性能因地区和饲养水平差异较大，一般一个泌乳期产奶量为400～1000千克。

第二节　国内主要绵羊、山羊地方品种

一、小尾寒羊

1. 育成简史

产于山东省西南部、河南省东部和东北部，以及河北省南部、

安徽北部和江苏北部一带。在山东省，中心产区主要分布在梁山、郓城、鄄城、巨野、嘉祥、东平、汶上等县。2006 年被农业部列入《国家级畜禽品种资源保护名录》中。

2. 外形特征

体形结构匀称，侧视略成正方形；鼻梁隆起，耳大下垂；短脂尾呈圆形，尾尖上翻，尾长不超过飞节；胸部宽深、肋骨开张，背腰平直。体躯长呈圆筒状；四肢高，健壮端正。公羊头大颈粗，有发达的螺旋形大角，角根粗硬；前体躯发达，四肢粗壮，有悍威、善抵斗。母羊头小颈长，大都有角，形状不一，有镰刀状、鹿角状、姜芽状等，极少数无角。全身被毛白色、异质、有少量干死毛，少数个体头部有色斑。按照被毛类型可分为裘毛型、细毛型和粗毛型三类，裘毛型毛股清晰、花弯适中美观（图 1-11）。

图 1-11　小尾寒羊

3. 生产性能

生长发育快，3 月龄公羔体重为 27 千克左右，母羔体重为 23 千克左右，成年公羊平均体重为 94.1 千克，成年母羊平均体重为 48.7 千克。小尾寒羊的产肉性能好，6 月龄时公羊的胴体重、屠宰率、净肉率分别约为17.6%、57.5%、41.83%，并且小尾寒羊肉质好、鲜嫩、多汁、没有膻味，肉味浓郁。繁殖力高，产羔率为177.6%～261%，大多数一胎产2羔，一胎产3～4羔也常见，最高一胎有产7羔者。

4. 利用效果

新中国成立60多年来，由于国家和产区各级业务部门的重视，科技人员和广大群众不间断地选育提高，群体扩大很快。特别是近20年来小尾寒羊相继被引入到国内20余省份，用于繁殖母羊或新品种培育的母本。

二、湖羊

1. 育成简史与现状

产于太湖流域，分布在浙江省的湖州市、桐乡、嘉兴、长兴、德清、余杭、海宁和杭州市郊，江苏省的吴江等县以及上海的部分郊区县。湖羊以生长发育快、成熟早、四季发情、多胎多产、所产羔皮花纹美观而著称，为我国特有的羔皮用绵羊品种，也是目前世界上少有的白色羔皮品种。2006年被农业部列入《国家级畜禽品种资源保护名录》中。

2. 外形特征

湖羊头狭长，鼻梁隆起，眼大突出，耳大下垂（部分地区湖羊耳小，甚至无突出的耳），公羊、母羊均无角。颈细长，胸狭窄，背平直，四肢纤细。短脂尾，尾大呈扁圆形，尾尖上翘。全身白色，少数个体的眼圈及四肢有黑色、褐色斑点（图1-12）。

3. 品种特性

湖羊生长发育快，4月龄公羔平均体重达31.6千克左右，母羔达27.5千克左右；1岁公羊体重为(61.66±5.30)千克，1岁母羊为(47.23±4.50)千克；2岁公羊体重为(76.33±3.00)千克，2岁母羊为(48.93±3.76)千克。羔羊生后1～2天内宰剥的羔皮成为"小湖羊皮"，毛色洁白光润，有丝一般光泽，皮板轻柔，花纹呈波浪形，为我国传统出口商品。羔羊生后60天以内时屠剥的皮称

图 1-12　湖羊

“袍羔皮”，也是上好的裘皮原料。

湖羊繁殖能力强，四季发情。性成熟很早，母羊 4～5 月龄性成熟，公羊一般在 8 月龄、母羊在 6 月龄可配种。可年产 2 胎或 2 年 3 胎，母性好，泌乳量高，产羔率平均为 229%。

4. 评价和展望

湖羊对潮湿、多雨的亚热带产区气候和常年舍饲的饲养管理方式适应性强，是生产高档肥羔和培育现代专用肉羊新品种的优秀母本品种。

三、多浪羊

1. 育成简史与现状

多浪羊是新疆维吾尔自治区的一个优良肉脂兼用型绵羊品种，主要分布在塔克拉玛干大沙漠的西南边缘，叶尔羌河流域的麦盖提、巴楚、岳普湖、莎车等县。因其中心产区在麦盖提县，所以又称麦盖提羊。2006 年列入农业部《国家级畜禽遗传资源保护名录》。

2. 外形特征

多浪羊头较长，鼻梁隆起，耳大下垂，眼大有神，公羊无角或有小角，母羊皆无角，颈窄而细长，胸深宽，肩宽，肋骨拱圆，背腰平直，躯干长，后躯肌肉发达，尾大而不下垂，尾沟深，四肢高而有力，蹄质结实。出生羔羊全身被毛多为褐色或棕黄色，也有少数为黑色、深褐色、白色。第一次剪毛后，体躯毛色多变为灰白色或白色，但头部、耳部及四肢仍保持初生时毛色，一般终生不变（图 1-13）。

图 1-13　多浪羊

3. 品种特性

多浪羊公羊初生重约为 6.8 千克，母羊约为 5.1 千克；周岁体重，公羊约为 59.2 千克，母羊约为 43.6 千克；成年体重公羊约为 98.4 千克，母羊约为 68.3 千克；屠宰率，成年公羊约为 59.8%，成年母羊约为 55.2%。成年公羊产毛量 3.0～3.5 千克，成年母羊 2.0～2.5 千克。被毛分为粗毛型和半粗毛型两种，粗毛型毛质较粗、干死毛含量较多；半粗毛型两型毛含量多、干死毛少。半粗毛型羊毛是较优良的地毯用毛。多浪羊性成熟早，在舍饲条件下常年

发情，初配年龄一般为 8 月龄，大部分母羊可以 2 年产 3 胎，饲养条件好时可 1 年产 2 胎，双羔率可达 50%～60%，三羔率 5%～12%，并有产四羔者。据调查，80%以上的母羊能保持多胎的特性，产羔率在 200%以上。

4. 评价和展望

多浪羊特点是生长发育快，早熟，体格硕大，肉用性能好，母羊常年发情，繁殖性能好。但与一些肉用绵羊品种比较，多浪羊还有许多不足之处，如四肢过高，颈长而细，肋骨开张不够理想，前胸和后腿欠丰满，有的个体还出现凹背、弓腰或尾脂过多，另外，该品种毛色不一致、毛被中含有干死毛等。今后应加强本品种选育，必要时可导入外血，使其向肉羊品种方向发展。

四、蒙古羊

1. 育成简史

原产于蒙古高原，除分布在内蒙古自治区以外，东北、华北、西北地区均有分布。

2. 外形特征

一般表现为体质结实，骨骼健壮，头略显狭长。公羊多有角，母羊多无角或有小角，鼻梁隆起。颈长短适中，胸深，肋骨不够开张，背腰平直，四肢细长而强健。短脂尾，尾长一般大于尾宽，尾尖卷曲呈 S 形。被毛为异质毛，多为白色，头、颈与四肢则多有黑色或褐色斑块（图 1-14）。

3. 品种特性

总的来说，蒙古羊从东北向西南体形由大变小。苏尼特左旗成年公羊、母羊平均体重约为 99.7 千克和 54.2 千克；乌兰察布市公羊、母羊约为 49 千克和 38 千克；阿拉善左旗成年公羊、母羊约为 47 千克和 32 千克。被毛属异质毛，主要为白色，也可见到花色者，一般一年剪毛 2 次，成年公羊剪毛量为 1.5～2.2 千克，成年母羊为 1.0～1.8 千克，春毛毛丛长度为 6.5～7.5 厘米，羊毛具有较大的绝对强度和伸度。产肉性能较好，质量高，成年羊满膘时屠

图 1-14　蒙古羊

宰率可达 47%～52%。5～7 月龄羔羊胴体重可达 13～18 千克，屠宰率 40.0% 以上。母羊一般年产 1 胎，1 胎 1 羔，产双羔者 3%～5%。

4. 利用效果

作为母本品种，曾参与新疆细毛羊、内蒙古细毛羊、东北细毛羊等品种的育成。

五、滩羊

1. 育成简史与现状

是我国独特的裘皮用绵羊品种，以产二毛皮著称。主要产于宁夏回族自治区盐池等县，以及分布于宁夏及宁夏毗邻的甘肃、内蒙古、陕西等地。为发展滩羊，提高品质，20 世纪 50 年代末在宁夏回族自治区建立了滩羊选育场。1962 年制定了发展区域规划及鉴定标准，广泛地开展滩羊选育工作。1973 年成立宁夏滩羊育种协作组。通过以上措施和科研活动，促使滩羊的数量和质量有了一定的发展和提高。2006 年滩羊列入农业部《国家级畜禽遗传资源保护名录》。

2. 外形特征

体格中等，体质结实。公羊鼻梁隆起，有螺旋形大角向外伸展，母羊一般无角或有小角。背腰平直，体躯窄长，四肢较短，尾长下垂，尾根宽阔，尾尖细长呈S状弯曲或钩状弯曲，达飞节以下。被毛绝大多数为白色，头部、眼周围和两颊多有褐色、黑色、黄色斑块或斑点，两耳、嘴端、四蹄上部也有类似的色斑，纯黑色、纯白者极少（图1-15）。

图1-15 滩羊

3. 品种特性

成年公羊体重约为47.0千克，成年母羊约为35.0千克。被毛异质，成年公羊剪毛量1.6～2.7千克，成年母羊0.7～2.0千克，净毛率65%左右。成年羯羊的屠宰率约为45.0%，成年母羊为40.0%。肉质细嫩，膻味轻，是我国最好的羊肉之一，尤其是剥取二毛皮的羔羊肉肉质细嫩，味道鲜美，备受人们青睐。

滩羊7～8月龄性成熟，每年8～9月为发情配种旺季。一般年产1胎，产双羔者很少。产羔率101.0%～103.0%。

4. 评价和展望

滩羊体质坚实，耐粗放管理，遗传性稳定，对产区严酷的自然条件有良好的适应性，具有一定的产肉、皮、毛能力，是优良的地方品种。但目前裘皮市场低迷，就产肉力而言，由于滩羊个体小，繁殖率低，晚熟，日均增重小，同时羯羊和经育肥的淘汰母羊胴体中脂肪含量偏高。滩羊今后发展方向应为划定保种区积极保种外，其余滩羊用良种肉羊进行改良，提高其早熟性、繁殖率，提高生长速度，改善肉质。

六、济宁青山羊

1. 育成简史与现状

济宁青山羊是鲁西南人们长期培育而成的优良的羔皮用山羊品种，所产羔皮叫猾子皮，原产于山东省西南部的菏泽和济宁两市的20多个县。

2. 外形特征

济宁青山羊公羊、母羊均有角，角向上并向后上方生长。颈部较细长，背直，尻微斜，腹部较大，四肢短而结实。被毛由黑、白两色毛混生而成青色，其角、蹄、唇也为青色，前膝为黑色，故有“四青一黑”的特征。因被毛中黑、白两色毛的比例不同又可分为正青色（黑毛数量占30%～60%）、粉青色（黑色数量占30%以下）、铁青色（黑毛数量60%以上）三种。

3. 品种特性

体格较小，公羊体高55～60厘米，母羊约50厘米；公羊体重约30千克，母羊约26千克。主要产品是猾子皮，羔羊出生后3天内屠宰，其特点是毛细短、长约2.2厘米，紧密适中，在皮板上构成美丽的花纹，花形有波浪、流水及片花，为国际市场的有名商品。皮板面积1100～1200厘米^2，是制造翻毛外衣、皮帽、皮领的优质原料。

成熟早、繁殖力高是该品种的重要特征。4月龄即可配种，母羊常年发情，年产2胎或2年产3胎，1胎多羔，平均产羔率约为293.65%。屠宰率约为42.5%。

4. 评价和展望

济宁青山羊是我国优异的种质资源，以其全年发情、多胎高产、羔皮品质好、早期生长快、遗传性稳定、耐粗抗病等品种特性而著称，但其生长速度慢，加上近几十年来，青猾子皮市场的下滑和肉羊生产的兴起，各地盲目引入其他品种进行改良，致使纯种数量急剧下降，对该品种的生存与保护带来严重威胁。

第三节　羊的杂交改良

一、级进杂交及其应用

当一个品种生产性能很低，又无特殊经济价值，需要从根本上改造时，可应用另一改良品种与其进行级进杂交。级进杂交是以两个品种杂交，即以改良品种公羊连续同被改良品种母羊及各代杂种母羊交配，一般来说，杂交进行到第 3～4 代时，杂种羊才接近或达到改良品种的生产性能指标和其他特性。生产中要根据提高生产性能或改变生产性能方向选择合适的改良品种，对引进的改良公畜进行严格的遗传测定，同时杂交代数不宜过多，以免外来血统比例过大，导致杂种对当地的适应性下降（图1-16）。

二、导入杂交及其应用

当原有种群生产性能基本上符合需要，局部缺点在纯繁下不易克服，此时宜采用导入杂交，导入杂交是在原有种群的局部范围内引入不高于 1/4 的外血，以便在保持原有种群的基础上克服个别缺点。例如，新疆细毛羊净毛率和羊毛长度差，导入 1/4 的澳洲美利奴羊血统后，净毛率、羊毛长度明显改进，且保持了原有品种的特性。生产中针对原有种群的具体缺点进行导入杂交试验，确定导入种公畜品种；对导入种群的种公畜严格选择（图 1-17）。

三、育成杂交及其应用

当原品种不能满足需要时，则利用两个或两个以上的品种进行

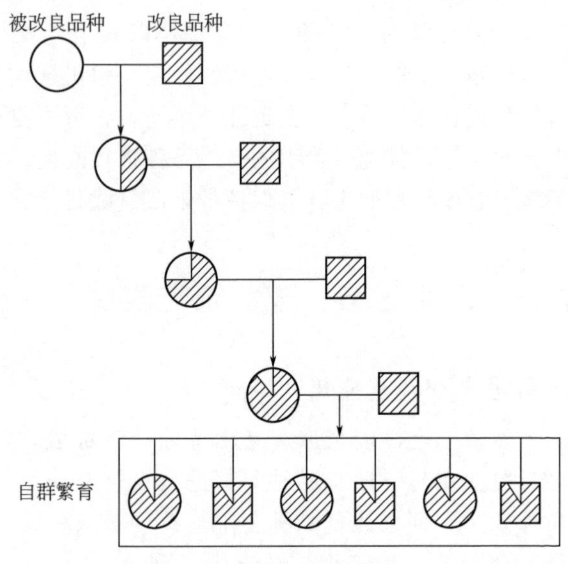

图 1-16　级进杂交

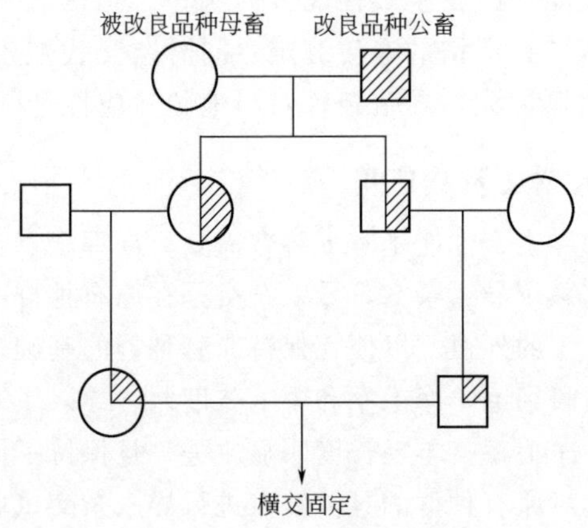

图 1-17　导入杂交

杂交，最终育成一个新品种。一般分为以下三个阶段。

(1) 杂交改良阶段　主要任务是以培育新品种为目标，选择参

与育种的品种和个体，较大规模地开展杂交，以便获得大量的优良杂种个体。

（2）横交固定阶段　这一阶段的主要任务是选择理想型杂种公母羊互交，即通过杂种羊自群繁育，固定杂种羊的理想特性。

（3）发展提高阶段　是品种形成和继续提高的阶段。主要任务是，建立品种整体结构，增加绵羊数量，提高品质和扩大品种分布区。

生产中要求外来品种生产性能好、适应性强；杂交亲本不宜太多以防遗传基础过于混杂，导致固定困难；当杂交出现理想型时应及时固定（图 1-18）。

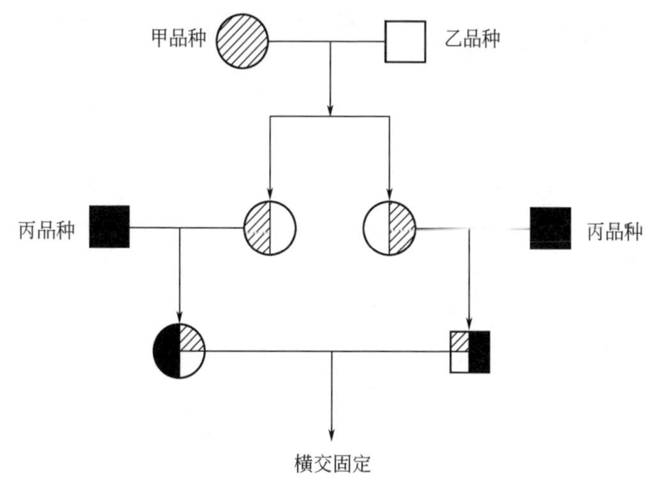

图 1-18　育成杂交

四、简单经济杂交及其应用

是两个种群进行杂交，利用 F_1 代的杂种优势获取畜产品。生产中在大规模的杂交之前，必须用少量的动物进行配合力试验，配合力是通过不同种群的杂交所能获得的杂种优势程度，是衡量杂种优势的一种指标；配合力有一般配合力和特殊配合力两种，应筛选最佳特殊配合力的杂交组合（图 1-19）。

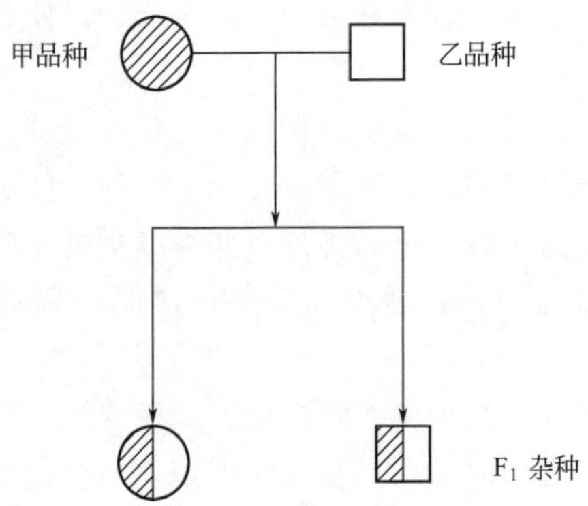

图 1-19　简单经济杂交

五、三元杂交及其应用

是两个种群的杂种一代和第三个种群相杂交，利用含有三种群血统的多方面的杂种优势。在羊的三元杂交中，第一次杂交注重繁殖性状（如羊的产仔数），第二次杂交强调生长性状（如羊的日增重等）（图 1-20）。

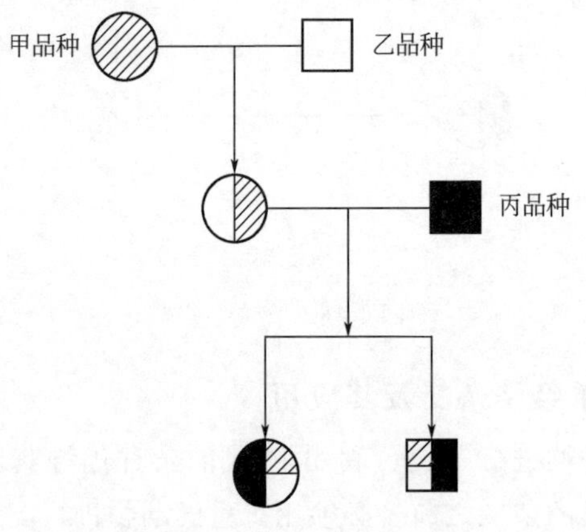

图 1-20　三元杂交

六、轮回杂交及其应用

指轮回使用几个种群的公畜和它们杂交产生的各代母畜相杂

交，以便充分利用在每代杂种后代中继续保持的杂种优势（图 1-21）。

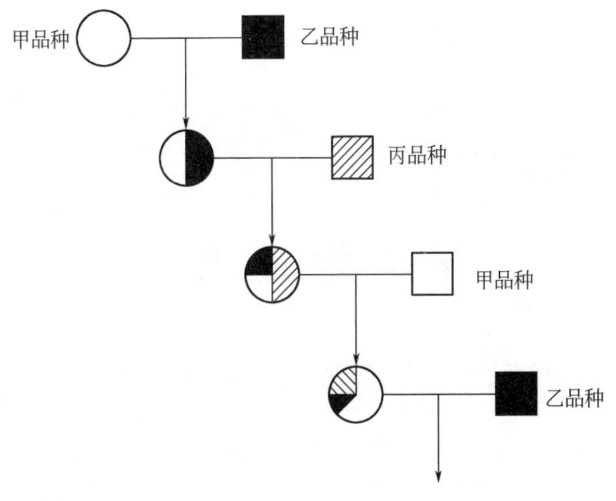

图 1-21　轮回杂交

七、生产性双杂交及其应用

四个种群（品种或品系）分为两组，先各自杂交，在产生杂种后杂种间再进行第二次杂交，现代育种常用近交系、专门化品系或合成系相互杂交。因遗传基础广泛，优良基因互作的概率提高，产生显著的杂种优势；整个繁育体系中纯种少、杂种多；培育曾祖代和祖代成本高、风险大；配合力测定复杂（图 1-22）。

♂A×B♀　♂C×D♀

♂AB × CD♀

$(A_{(1/4)}B_{(1/4)}C_{(1/4)}D_{(1/4)})$

图 1-22　生产性双杂交

第二章　养羊设施化

养羊设施化属于高投入、高产出，资金、技术密集型的产业，它指利用人工建造的设施，使传统养羊业逐步摆脱自然的束缚，是走向现代工厂化养羊生产的必由之路，同时也是羊产品打破传统养殖业的季节性，进一步满足多元化、多层次消费需求的有效方法。首先要求养殖场选址布局科学合理，羊舍、饲养和环境控制等生产设施设备满足标准化生产需要，其次还必须能产生效益。

第一节　羊场建设总体规划和设计

羊场的科学规划设计，是生产出优质羊产品的保证，可以使建设投资较少、生产流程通畅、劳动效率高、生产潜力得以发挥、生产成本较低。反之，不合理的规划设计将导致生产指标无法实现，羊场直接亏损、破产。

羊场的规划完成后并经建设主管、城乡规划、环境保护等有关部门批准，即可进行羊场的具体工艺设计和场内羊舍、办公管理、库房等生产生活建筑与水、暖、电等基础设施的工程设计和建设。

一、羊场的规划原则

羊场规划的主要内容包括羊场场址选择、羊场工艺设计、羊场总平面布置、羊场基础设施工程规划四个方面。羊场的规划原则要有利于羊的生产，安全的防疫卫生条件和防止对外部环境的污染是羊场规划建设与生产经营面临的首要问题，应按以下原则进行。

① 根据羊场的生产工艺要求，结合当地气候条件、地形地势及周围环境特点，因地制宜，做好功能分区规划。合理布置各种建（构）筑物，满足其使用功能，创造出经济合理的生产环境。

② 充分利用场区原有的自然地形、地势，建筑物长轴尽可能顺场区的等高线布置，尽量减少土石方工程量和基础设施工程费用，最大限度地减少基本建设费用。

③ 合理组织场内、场外的人流和物流，创造最有利的环境条件和低劳动强度的生产联系，实现高效生产。

④ 保证建筑物具有良好的朝向，满足采光和自然通风条件，并有足够的防火间距。

⑤ 利于羊粪尿、污水及其他废弃物的处理和利用，确保其符合清洁生产的要求。

⑥ 在满足生产要求的前提下，建（构）筑物布局紧凑，节约用地，少占或不占耕地。并应充分考虑今后的发展，留有余地。特别是对生产区的规划，必须兼顾将来技术进步和改造的可能性，可按照分阶段、分期、分单元建场的方式进行规划，以确保达到最终规模后总体的协调和一致。

二、羊场的功能分区及其规划

羊场的功能分区是否合理，各区建筑物布局是否得当，不仅影响基建投资、经营管理、生产组织、劳动生产率和经济效益，而且影响场区的环境状况和防疫卫生。因此，应认真做好羊场的分区规划，确定场区各种建筑物的合理布局。

1. 羊场的功能分区

羊场通常分为生活管理区、辅助生产区、生产区和隔离区。生活管理区和辅助生产区应位于场区常年主导风向的上风处和地势较高处，隔离区位于场区常年主导风向的下风处和地势较低处（图 2-1）。

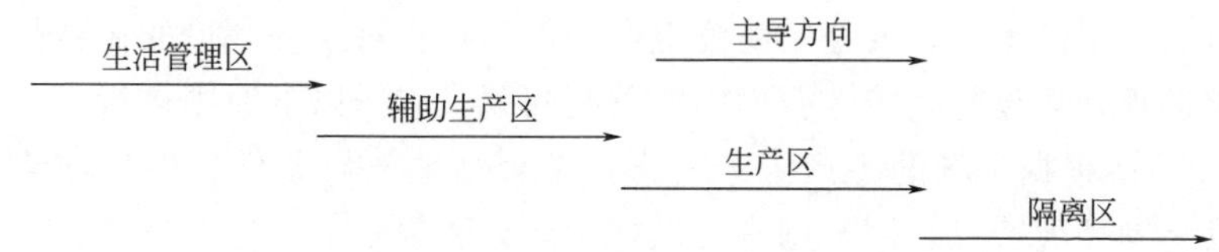

图 2-1　按地势、风向的分区规划图

2. 羊场的规划布置

（1）生活管理区　主要包括管理人员办公室、技术人员业务用房、接待室、会议室、技术资料室、化验室、食堂、职工值班宿舍、厕所、传达室、警卫值班室以及围墙和大门，外来人员第一次更衣消毒室和车辆消毒设施等（图 2-2）。

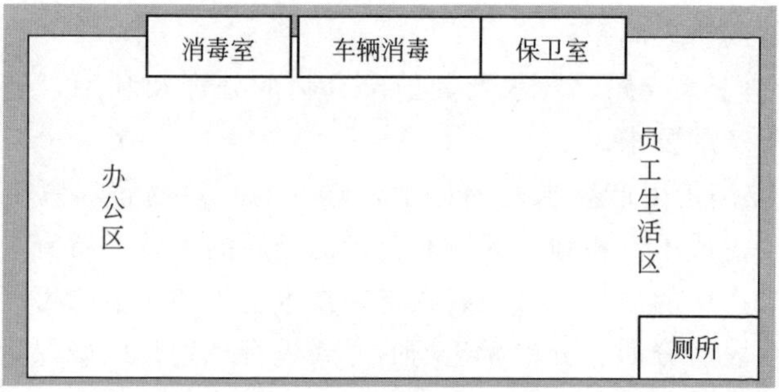

图 2-2　生活管理区大体规划

对生活管理区的具体规划因羊场规模而定。生活管理区一般应位于场区全年主导风向的上风处或侧风处，并且应在紧邻场区大门内侧集中布置。羊场大门应位于场区主干道与场外道路连接处，设施布置应使外来人员或车辆经过强制性消毒，并经门卫放行才能进场。

生活管理区应和生产区严格分开，与生产区之间有一定缓冲地带，生产区入口处设置第二次人员更衣消毒室和车辆消毒设施。

（2）辅助生产区　主要是供水、供电、供热、设备维修、物资仓库、饲料储存等设施，这些设施应靠近生产区的负荷中心布置，与生活管理区没有严格的界限要求。对于饲料仓库，则要求仓库的卸料口开在辅助生产区内，仓库的取料口开在生产区内，杜绝外来车辆进入生产区，保证生产区内外运料车互不交叉使用。

（3）生产区　主要布置不同类型的羊舍、剪毛间、采精室、人工授精室、肉羊装车台、选种展示厅等建筑。这些设施都应设置两个出入口，分别与生活管理区和生产区相通。

（4）隔离区　隔离区内主要是兽医室、隔离羊舍、尸体解剖室、病尸高压灭菌或焚烧处理设备及粪便和污水储存与处理设施。隔离区应位于全场常年主导风向的下风处和全场场区最低处，与生产区的间距应满足兽医卫生防疫要求。绿化隔离带、隔离区内部的粪便污水处理设施和其他设施也需有适当的卫生防疫间距。隔离区内的粪便污水处理设施与生产区有专用道路相连，与场区外有专用大门和道路相通。

3. 羊场主要建筑构成

（1）生产建筑设施　生产建筑设施包括种公羊舍、母羊舍、羔羊舍、育肥羊舍、病羊隔离舍等。

（2）辅助生产建筑设施　辅助生产建筑设施包括更衣室、消毒室、兽医室、药浴池、青贮窖（塔）、饲料加工间、变配电室、水泵房、锅炉房、仓库、维修间、粪便污水处理设施等。

（3）生活和管理建筑　生活和管理建筑包括管理区内的办公用房、食堂、宿舍、文化娱乐用房、围墙、大门、门卫、厕所、场区其他工程等。

4. 生产工艺流程

规模化舍饲养羊的目的在于摆脱分散、传统的季节性生产方式，建立工厂化、程序化、常年均衡的养羊生产体系。其生产工艺可概括为四阶段、三自由、两计划，即按羊群不同生产阶段有针对性地进行饲养管理，划分为配种妊娠、产羔哺乳、育成和育肥四阶段；实现自由饮水、自由运动和羔羊自由采食；实行计划配种、计划免疫。规模化舍饲养羊生产工艺流程如图 2-3 所示。

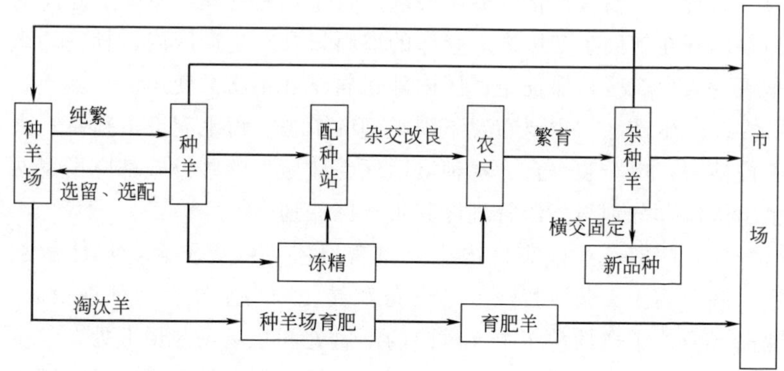

图 2-3 规模化舍饲养羊生产工艺流程图

5. 羊场规划的主要技术经济指标

羊场规划的技术经济指标是评价场区规划是否合理的重要内容。新建场区可按下列主要技术经济指标进行，对局部或单项改建、扩建工程的总平面设计的技术经济指标可视具体情况确定。

（1）占地估算　按存栏基础母羊计算，占地面积为 15～20 米^2/只，羊舍建筑面积为 5～7 米^2/只，辅助和管理建筑面积为3～4 米^2/只。按年出栏商品肉羊计算，占地面积为 5～7 米^2/只，羊舍建筑面积为 1.6～2.3 米^2/只，辅助和管理建筑面积为 0.9～1.2 米^2/只。

（2）所需面积　羊舍建筑以 50 只种母羊为例，建筑面积 147 米^2，运动场 850 米^2，不同规模按比例折算，具体参数见表 2-1。

表 2-1　羊场建筑物占地面积

羊舍构成	存栏数/只	羊舍面积/米^2	运动场面积/米^2
待配及妊娠母羊舍	25	75	150
哺乳母羊及产羔室	25＋50	100	350
青年羊舍	50	40	200

续表

羊舍构成	存栏数/只	羊舍面积/米^2	运动场面积/米^2
饲料间	—	10	—
观察室	—	8	—
人工授精室	—	6	—

(3) 羊舍高度　2～2.5 米。

(4) 门窗面积　窗户与羊舍面积之比为 1∶12。

(5) 羊场的规模　按年终存栏数来说，大型场为 5 万～10 万只，中型场 1 万～5 万只，小型场 1 万只以下，养羊专业户一般饲养 500～5000 只。

(6) 建筑密度　小于或等于 35%。

(7) 绿地率　大于或等于 30%。

(8) 运动场面积　按每只成年羊 6 米^2 估算，其他羊不计。

(9) 造价指标　300～450 元/米^2。

第二节　羊舍规划建设

羊舍是羊只生活的主要环境之一，羊舍的建设是否利于肉羊生产的需要，在一定程度上成为养羊成败的关键。羊舍的规划建设必须结合不同地域和气候环境进行。

一、羊舍建设的基本要求

第一，要结合当地气候环境，以保温防寒为主；第二，尽量使建设成本降低，经济实用；第三，创造有利于羊的生产环境；第四，圈舍的结构要有利于防疫；第五，保证人员出入、饲喂羊群、清扫栏圈方便；第六，圈内光线充足、空气流通、羊群居住舒适。同时，主要圈舍应选择南北朝向，后备羊舍、产羔舍、羔羊舍要合理布局，而且要留有一定间距。

1. 地点要求

根据羊的生物学特性，应选地势高燥、排水良好、背风向阳、通风干燥、水源充足、环境安静、交通便利、方便防疫的地点建造羊舍。山区或丘陵地区可建在靠山向阳坡，但坡度不宜过大，南面应有广阔的运动场。低洼、潮湿的地方容易发生羊的腐蹄病和滋生各种微生物病，诱发各种疾病，不利于羊的健康，不适合羊舍建设。羊舍应接近放牧地及水源，要根据羊群的分布而适当布局。羊舍要充分利用冬季阳光采暖，朝向一般为坐北朝南，位于办公室和住房的下风向，屋角对着冬、春季的主导风向。用于冬季产羔的羊舍，要选择背山、避风、冬春季容易保温的地方。

2. 面积要求

各类羊只所需羊舍面积，取决于羊的品种、性别、年龄、生理状态、数量、气候条件和饲养方式。一般以防寒（冬季）、防暑（夏季）、防潮、通风和便于管理为原则。

羊舍应有足够的面积，使羊在舍内不感到拥挤，可以自由活动。羊舍面积过大，既浪费土地，又浪费建筑材料；面积过小，舍内拥挤潮湿、空气污染严重有碍于羊体健康，管理不善，生产效率不高。

各类羊只羊舍所需面积，见表 2-2。

表 2-2 各类羊只羊舍所需面积

羊别	面积/(米^2/只)	羊别	面积/(米^2/只)
单饲公羊	4.0～6.0	育成母羊	0.7～0.8
群饲公羊	1.5～2.0	去势羔羊	0.6～0.8
春季产羔母羊	1.2～1.4	3～4 月龄羔羊	0.3～0.4
冬季产羔母羊	1.6～2.0	育肥羯羊、淘汰羊	0.7～0.8
育成公羊	0.7～0.9	—	—

农区多为传统的公、母、大、小混群饲养，其平均占地面积应为 0.8～1.2 米^2。产羔室可按基础母羊数的 20%～25%计算面积。

运动场面积一般为羊舍面积的 2～2.5 倍。成年羊运动场面积可按 4 米^2/只计算。

在产羔舍内附设产房，产房内有取暖设备，必要时可以加温，使产房保持一定的温度。产房面积根据母羊群的大小决定，在冬季产羔的情况下，一般可占羊舍面积的 25%左右。

3. 高度要求

羊舍高度要依据羊群大小、羊舍类型及当地气候特点而定。羊数愈多，羊舍可愈高些，以保证足量的空气，但过高则保温不良，建筑费用亦高，一般高度为 2.5 米，双坡式羊舍净高（地面至天棚的高度）不低于 2 米。单坡式羊舍前墙高度不低于 2.5 米，后墙高度不低于 1.8 米。

4. 通风采光要求

一般羊舍冬季温度保持在 0℃以上，羔羊舍温度不超过 8℃，产羔室温度在 8～10℃比较适宜。由于绵羊有厚而密的被毛，抗寒能力较强，所以舍内温度不应过高。山羊舍内温度应高于绵羊舍内温度。为了保持羊舍干燥和空气新鲜，必须有良好的通气设备。羊舍的通气装置，既要保证有足够的新鲜空气，又能避贼风。可以在屋顶上设通气孔，孔上有活门，必要时可以关闭。在安设通气装置时要考虑每只羊每小时需要 3～4 米^3 的新鲜空气，以降低舍内的温度。

羊舍内应有足够的光线，以保证舍内卫生。窗户面积一般占地面面积的 1/15，冬季阳光可以照射到室内，既能消毒又能增加室内温度；夏季敞开，增大通风面积，降低室温。在农区，绵羊舍主要注重通风，山羊舍要兼顾保温。

5. 造价要求

羊舍的建筑材料以就地取材、经济耐用为原则。土坯、石头、砖瓦、木材、芦苇、树枝等都可以作为建筑材料。在有条件的地区及重点羊场内应利用砖、石、水泥、木材等修建一些坚固的永久性羊舍，这样可以减少维修的劳力和费用。

6. 内外高差

羊舍内地面标高应高于舍外地面标高0.2～0.4米，并与场区道路标高相协调。场区道路设计标高应略高于场外路面标高。场区地面标高除应防止场地被淹外，还应与场外标高相协调。场区地形复杂或坡度较大时，应作台阶式布置，每个台阶高度应能满足行车坡度要求。

二、羊舍类型

羊舍形式按其封闭程度可分为开放舍、半开放舍和密闭舍；从屋顶结构来分有单坡式、双坡式及圆拱式；从平面结构来分有长方形、正方形及半圆形；从建筑用材来分有砖木结构、土木结构及敞棚围栏结构等（图2-4）。

单坡式羊舍的跨度小，自然采光好，适用于小规模羊群和简易羊舍选用；双坡式羊舍跨度大，保暖能力强，但自然采光、通风差，适合于寒冷地区采用，是最常用的一种类型。在寒冷地区，还

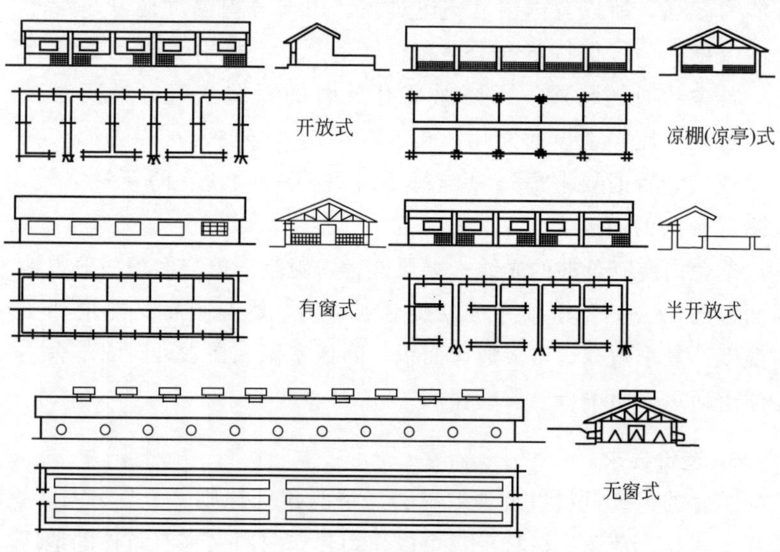

图2-4　羊舍建筑形式

可选用拱式、双折式、平屋顶等类型；天气炎热地区可选用钟楼式羊舍。

在选择羊舍类型时，应根据不同类型羊舍的特点，结合当地的气候特点、经济状况及建筑习惯全面考虑，选择适合本地、本场实际情况的羊舍形式。

1. 开放式羊舍

指一面（正面）或四面无墙的羊舍。前者也叫前敞舍（棚），敞开部分朝南，冬季可保证阳光照入舍内，而在夏季阳光只照到屋顶，有墙部分则在冬季起挡风作用；四面敞开叫凉棚。开放式羊舍只起到遮阳、避雨及部分挡风作用，其优点是用材少、施工易、造价低。适合于中国长江以南天气较热地区肉羊的饲养。

(1) 单坡开放式羊舍（羊棚）　这类羊舍建筑简便、实用，东、西、北有墙，北边有窗，南边开放，设有运动场，运动场可根据分群饲养需要隔成若干圈。羊棚深度为 4～4.5 米，供羊只遮阳、避雨、避风、挡雪之用。饲槽、水槽一般设在运动场内（图 2-5）。

① 简易羊棚　建造容易，造价低，而且房顶雨水全流到圈外，阴雨天易保持棚内地面干燥，空气新鲜。由于饲喂在运动场内，阴雨多的地区饲槽上面可盖成开放式防雨遮阳棚，这种羊棚保暖性差；寒冷地区，天冷时可在羊棚前面运动场上边加盖塑料大棚。

敞棚一般建成单坡式，前高 2.0～2.5 米，后高 1.7～2.0 米，深 4～5 米，长度可参照所容纳的羊数确定，其他方面的要求与单坡开放式羊舍相同。优点是造价比单坡开放式羊舍低，结构简单，建造容易。缺点是保暖性差，防疫难度大。适合于小规模（100 只以内）农区肉羊的饲养。

② 半棚式塑料暖棚配合运动场　羊舍建筑仿照简易羊棚，不同之处是后半个顶为硬棚单坡式，前半顶为塑料拱形薄膜顶。拱的材料既可用竹竿也可用钢筋。羊舍依羊数确定，保证每只羊的占地面积在 1 米^2 以上，太小不利于羊生长，太大投资多。运动场应设在羊舍的南边，并紧靠羊舍，面积为羊舍的 1.5～2 倍，内设饮水、饲草设备，最好在羊舍旁边设一间储草房（图 2-6）。

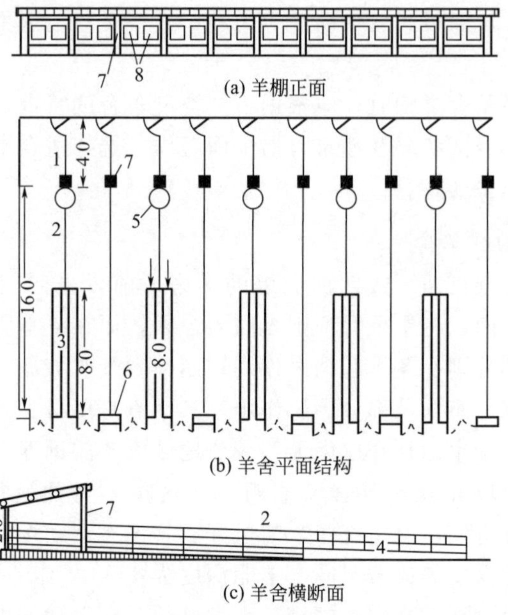

(a) 羊棚正面

(b) 羊舍平面结构

(c) 羊舍横断面

图 2-5　单坡开放式羊舍示意图（每栏养羊 24～35 只）（单位：米）

1—羊棚；2—运动场；3—饲喂通道；4—饲槽（单侧饲喂式）；
5—水槽（连通式）；6—盐槽；7—羊棚立柱；8—后墙窗

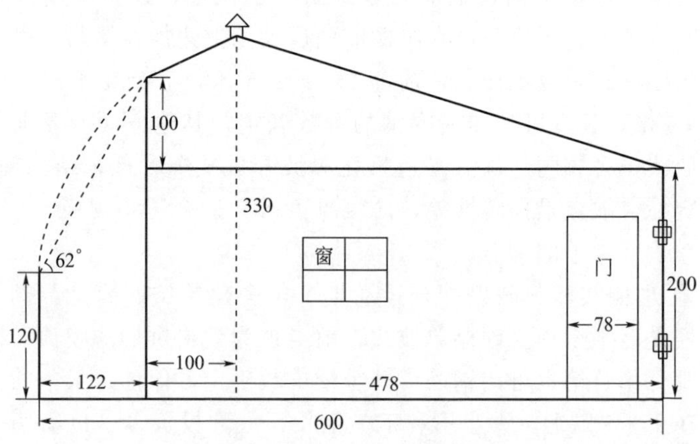

图 2-6　半棚式塑料暖棚侧面示意图（单位：厘米）

半棚式塑料暖棚配合运动场具有方便、简洁、经济、耐用几方面的优点，比较适合我国中部和南部地区肉羊的饲养，可以用于中、小规模肉羊的饲养。

（2）双坡开放式羊舍　也称为凉棚，起到遮阳、避雨及部分挡风作用，其优点是用材少、施工易、造价低。适合于天气较热的地区羊的饲养。既可用于中小规模羊的饲养，也适合于规模化羊的饲养。但缺点是防疫难度大。

2. 半开放式羊舍

指三面有墙，正面上部敞开，下部仅有半截墙的羊舍。羊舍的开敞部分在冬天可加以遮拦形成封闭状态，从而改善舍内小气候。半开放舍适合于中部和西部部分地区肉羊的饲养，具有建设成本低，在不同季节可以进行调整等优点。

（1）单坡半开放式羊舍　前墙高 1.8～2.0 米，后墙高 2.2～2.5 米。羊舍宽度 5～6 米，长度依羊数而定；门高 1.8～2 米，宽 1～1.5 米（怀孕后期、哺乳羊、大型种公羊 1.5～2 米）。窗高 0.6～0.8 米，宽 1～1.2 米，窗间距不超过窗宽的 2 倍。窗的采光面积宜为地面面积的 1/20～1/10；前窗距地面高度 1～1.2 米，后窗距地面高度 1.4～1.5 米。

地面以黏土地为宜，亦可铺成石灰混土地面。舍内地面宜高出舍外 20～30 厘米，并略呈斜坡状，后高前低，利于积水排出。运动场面积为羊舍面积的 1～1.2 倍，运动场地面宜比羊舍低 15～30 厘米，而比运动场外高 30 厘米左右。墙或围栏高，公羊为 1.5 米，母羊为 1.2～1.3 米；门宽 1～1.5 米，高 1.5 米。

（2）双坡半开放式羊舍　这种羊舍，屋顶中间由起脊的两坡组成，西、东、北面有墙，北面留窗，南面墙高 1.2～1.5 米，留有舍门。棚内设有饲槽、水槽、盐槽，紧靠北墙舍内留有 1.7 米的操作通道。这种羊舍面积大（舍深 10 米），造价较高，饲养管理条件好，适合各种肉羊的饲养（图 2-7、图 2-8）。

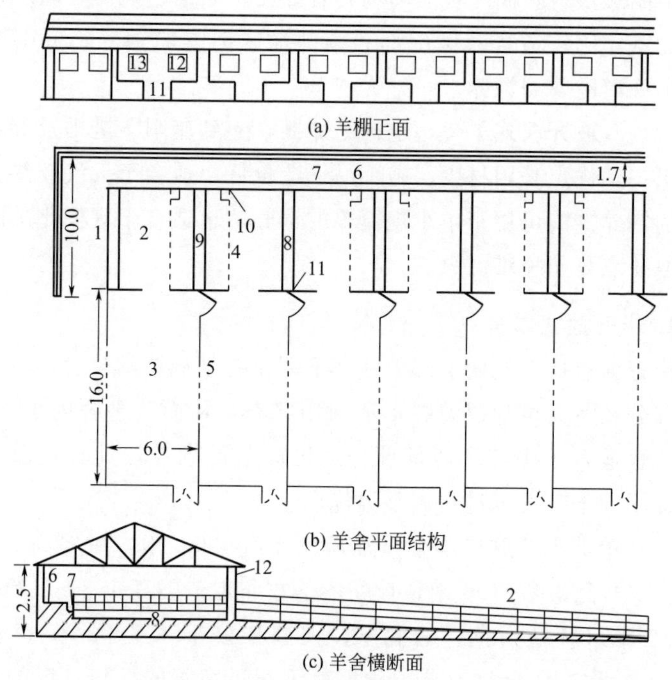

图 2-7　双坡半开放式（带羔）母羊舍示意图（单位：米）

1—缓冲间；2—羊栏；3—运动场；4—羔羊补饲栏；5—隔栏；6—管理通道；7—水槽（水沟式）；8—饲槽（对头饲喂式）；9—羔羊槽；10—盐槽；11—矮墙；12—羊棚立柱；13—后墙窗

3. 封闭式羊舍

指通过墙体、屋顶、门窗等围护结构形成全封闭状态的羊舍，具有较好的保温隔热能力，便于人工控制舍内环境。密闭舍包括有窗密闭舍和无窗密闭舍。主要适合北方寒冷地区肉羊的饲养。分为单坡封闭式羊舍和双坡封闭式羊舍，双坡封闭式羊舍屋顶由中间起脊的双坡组成，羊舍四周有墙，北墙留有窗，南墙留门通往运动场，舍内饲养设备齐全，饲养操作全在室内，这种羊舍密闭性好、跨度大，也可设计增温、通风设备，但造价高，是寒冷地区工厂化

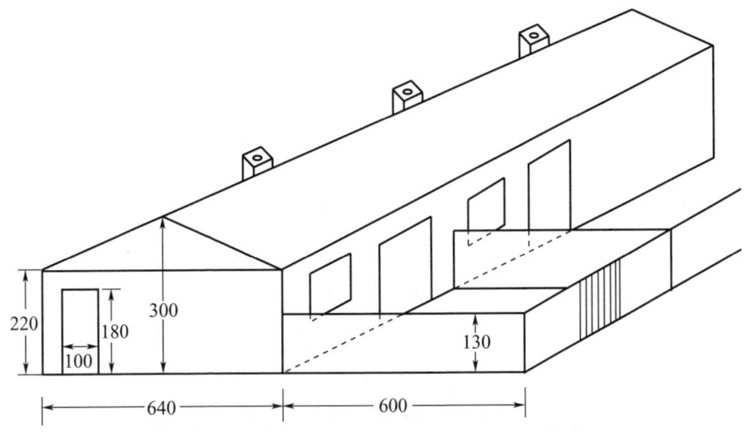

图 2-8　双坡半开放式侧面示意图（单位：厘米）

养羊的理想圈舍，特别适用于待产母羊（图 2-9）。

三、羊舍布局

羊舍修建宜坐北朝南，东西走向。羊场布局以产房为中心，周围依次为羔羊舍、青年羊舍、母羊舍与带仔母羊舍。公羊舍建在母羊舍与青年羊舍之间，羊舍与羊舍相距保持 15 米，中间种植树木或草。隔离病房建在远离其他羊舍地势较低的下风向。羊场内清洁通道与排污通道分设。办公区与生产区隔开，其他设施则以方便防疫，方便操作为宜。

1. 羊舍的排列

（1）单列式　单列式布置使场区的净污道路分工明确，但会使道路和工程管线线路过长。此种布局是小规模肉羊场和因场地狭窄限制的一种布置方式，地面宽度足够的大型肉羊场不宜采用（图 2-10）。

（2）双列式　双列式布置是羊场最经常使用的布置方式，其优点是既能保证场区净污道路分流明确，又能缩短道路和工程管线的长度（图 2-11）。

（3）多列式　多列式布置在一些大型肉羊场使用，此种布置方

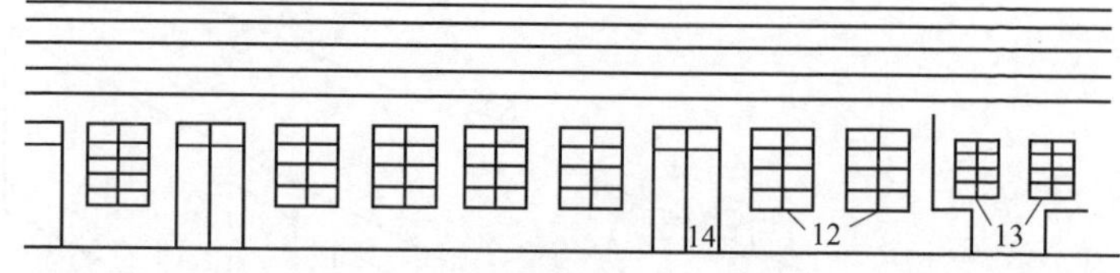

(a) 正面结构

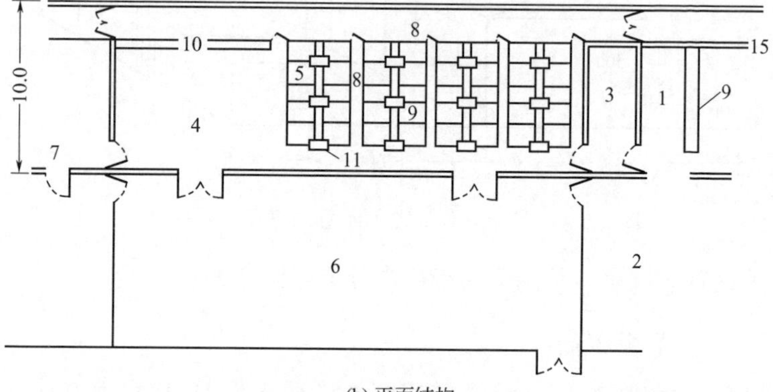

(b) 平面结构

图 2-9 双坡封闭式（产羔）羊舍示意图（单位：米）

1—临产母羊圈；2—临产母羊运动场；3—接羔室；4—新生母仔圈；5—母仔栏（固定式）；6—新生母仔运动场；7—4～7 天带仔母羊圈；8—管理通道；9—饲槽（对头饲喂式）；10—饲槽（单侧饲喂式）；11—水槽（连通式）；12—窗；13—后墙窗；14—门；15—水槽（水沟式）

式应重点解决场区道路的净污分道，避免因线路交叉而引起互相污染（图 2-12）。

2. 羊舍朝向

羊舍朝向的选择与当地的地理纬度、地段环境、局部气候特征及建筑用地条件等因素有关。适宜的朝向一方面可以合理地利用太阳辐射能，避免夏季过多的热量进入舍内，而冬季则最大限度地允许太阳辐射能进入舍内以提高舍温；另一方面，可以合理利用主导风向，改善通风条件，以获得良好的羊舍环境。

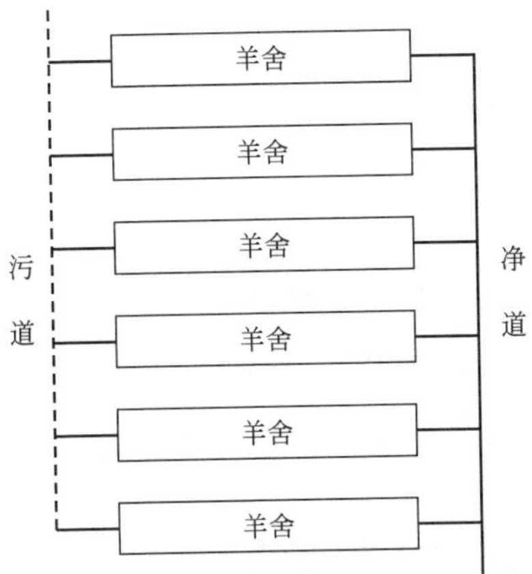

图 2-10　单列式羊舍

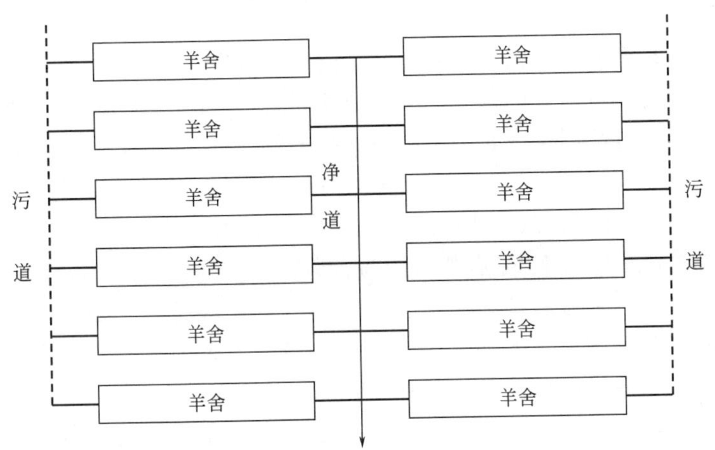

图 2-11　双列式羊舍

羊舍要充分利用场区原有的地形、地势，在保证建筑物具有合理的朝向，满足采光、通风要求的前提下，尽量使建筑物长轴沿场区等高线布置，以最大限度减少土石方工程量和基础工程费用。生产区羊舍朝向一般应以其长轴南向，或南偏东或偏西 10°以内为宜。

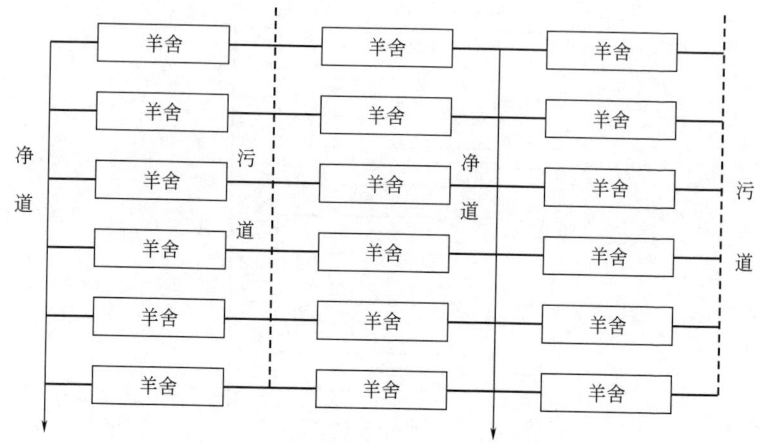

图 2-12　多列式羊舍

（1）朝向与光照　光照是促进肉羊正常生长、发育、繁殖等不可缺少的环境因子。自然光照的合理利用，不仅可以改善舍内光温条件，还可起到很好的杀菌作用，利于舍内小气候的净化。我国地处北纬 20°～50°，太阳高度角冬季小、夏季大，为确保冬季舍内获得较多的太阳辐射热，防止夏季太阳过分照射，羊舍宜采用东西走向或南偏东或西 15°左右朝向较为合适。

（2）朝向与通风及冷风渗透　羊舍布置与场区所处地区的主导风向关系密切，主导风向直接影响冬季羊舍的热量损耗和夏季舍内和场区的通风，特别是在采用自然通风系统时。从室内通风效果看，若风向入射角（羊舍墙面法线与主导风向的夹角）为零时，舍内与窗间墙正对这段空气流速较低，有害空气不易排除；风向入射角改为 30°～60°时，舍内低速区（涡风区）面积减少，改善舍内气流分布的均匀性，可提高通风效果。从冬季防寒要求看，若冬季主导风向与羊舍纵墙垂直，则会使羊舍的热损耗最大。因此，羊舍朝向要求综合考虑当地的气象、地形等特点，抓住主要矛盾，兼顾次要矛盾和其他因素，来合理确定（图 2-13～图 2-15）。

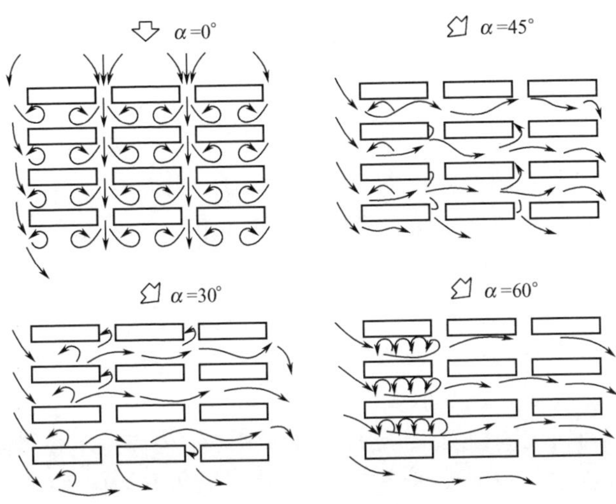

图 2-13　不同入射角羊舍群气流示意图

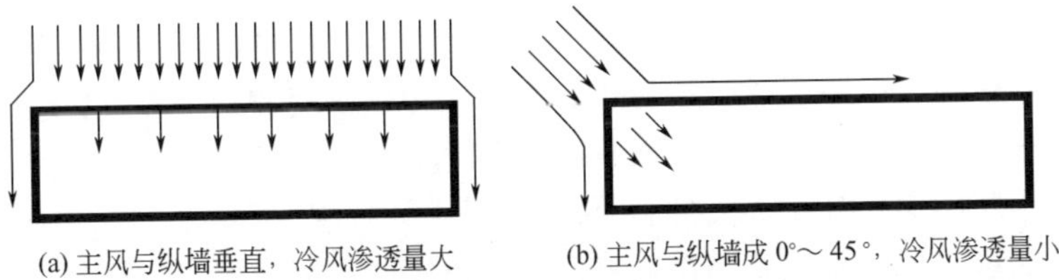

图 2-14　羊舍朝向与冬季冷风渗透量的关系

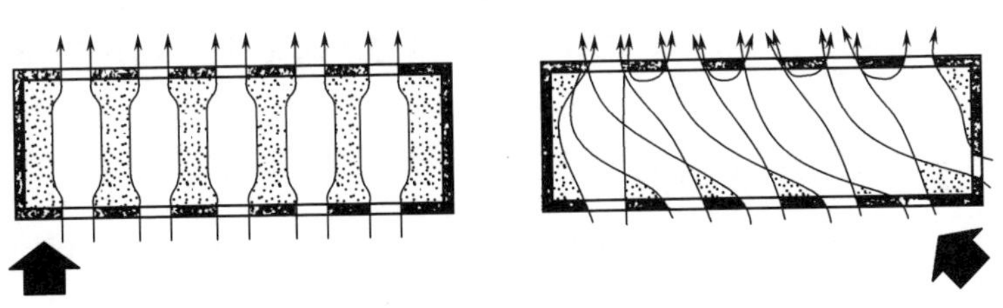

图 2-15　羊舍朝向与夏季舍内通风效果的关系

3. 羊舍间距

具有一定规模的肉羊场，生产区内有一定数量和不同用途的羊舍。除个别采用连栋形式的羊舍外，排列时羊舍与羊舍之间均有一定的距离要求。若距离过大，则会占地太多、浪费土地，并会增加道路、管线等基础设施投资，管理也不便。若距离过小，会加大各舍间的干扰，对羊舍采光、通风防疫等不利。适宜的羊舍间距应根据采光、通风、防疫和消防几点综合考虑。

在我国，采光间距（L）应根据当地的纬度、日照要求以及羊舍檐口高度求得，采光一般以 $L=1.5\sim2H$ 计算即可满足要求。纬度越高的地区，系数取大值。

通风与防疫间距要求一般取 $3\sim5H$（H 为南排羊舍檐高），可避免前栋排出的有害气体对后栋的影响，减少互相感染的机会，羊舍经常排放有害气体，这些气体会随着通风影响相邻羊舍。

防火间距要求没有专门针对农业建筑的防火规范，但羊舍的建造大多采用砖混结构、钢筋混凝土结构和新型建材围护结构，其耐火等级在二级至三级，所以可以参照民用建筑的标准设置。耐火等级为三级和四级的民用建筑间最小防火间距是 8 米和 12 米，所以羊舍间距如在 $3\sim5H$ 之间，可以满足上述各项要求。

羊舍的间距主要是由防疫间距来决定。一般来说，每相邻两栋长轴平行的羊舍间距，无舍外运动场时，两平行侧墙的间距以控制在 8～15 米为宜；有舍外运动场时，相邻运动场栏杆的间距以控制在 5～8 米为宜。每相邻两栋羊舍端墙之间的距离以不小于 15 米为宜。

四、羊舍基本构造

羊舍的基本构造包括基础、地基、地面、墙、门窗、屋顶和运动场。

1. 基础和地基

基础是羊舍地面以下承受羊舍的各种负载，并将其传递给地基的构件。基础应具备坚固、耐久、防潮、防震、抗冻和抗机械作用

能力。在北方通常用毛石作基础，埋在冻土层以下，埋深厚度30～40厘米，防潮层应设在地面以下60毫米处。

地基是基础下面承受负载的土层，有天然、人工地基之分。天然地基的土层应具备一定的厚度和足够的承重能力，沙砾、碎石及不易受地下水冲刷的沙质土层是良好的天然地基。

2. 地面

地面是羊躺卧休息、排泄和生产的地方，是羊舍建筑中重要组成部分，对羊只的健康有直接的影响。通常情况下羊舍地面要高出舍外地面20厘米以上。由于中国南方和北方气候差异很大，地面的选材必须因地制宜就地取材。羊舍地面有以下几种类型。

（1）土质地面属于暖地面（软地面）类型　地面柔软，富有弹性也不光滑，易于保温，造价低廉。缺点是不够坚固，容易出现小坑，不便于清扫消毒，易形成潮湿的环境。只能在干燥地区采用。用土质地面时，可混入石灰增强黄土的黏固性，粉状石灰和松散的粉土按3∶7或4∶6的体积比加适量水拌合而成灰土地面。也可用石灰∶黏土∶碎石、碎砖或矿渣＝1∶2∶4或1∶3∶6拌制成三合土。一般石灰用量为石灰土总重的6%～12%，石灰含量越大，强度和耐水性越高。

（2）砖砌地面属于冷地面（硬地面）类型　因砖的孔隙较多，导热性小，具有一定的保温性能。成年母羊舍粪尿相混的污水较多，容易造成不良环境，又由于砖砌地面易吸收大量水分，破坏其本身的导热性，地面易变冷变硬。砖地吸水后，经冻易破碎，加上本身易磨损的特点，容易形成坑穴，不便于清扫消毒。所以用砖砌地面时，砖宜立砌，不宜平铺。

（3）水泥地面属于硬地面　其优点是结实、不透水、便于清扫消毒。缺点是造价高，地面太硬，导热性强，保温性差。为防止地面湿滑，可将表面做成麻面。水泥地面的羊舍内最好设木床，供羊休息、宿卧。

（4）漏缝地板　漏缝地面能给羊提供干燥的卧地，集约化羊场和种羊场可用漏缝地板。国外典型漏缝地面羊舍，为封闭双坡式，跨度为6.0米，地面漏缝木条宽50毫米、厚25毫米，缝隙22毫米。双列食槽通道宽50厘米，可为产羔母羊提供相当适宜的环境条件。我国有的地区采用活动的漏缝木条地面，以便于清扫粪便。木条宽32毫米、厚36毫米，缝隙宽15毫米；或者用厚38毫米、宽60～80毫米的水泥条筑成，间距为15～20毫米。漏缝网眼应小于羊蹄面积，以便于清除羊粪而羊蹄不至于掉下为宜。漏缝地板羊舍需配以污水处理设备，造价较高。国外大型羊场已普遍采用。这类羊舍为了防潮，可隔日抛撒木屑，同时应及时清理粪便，以免污染舍内空气。

3. 墙

墙是基础以上露出地面将羊舍与外部隔开的外围结构，对羊舍保温起着重要作用。我国多采用土墙、砖墙和石墙等。土墙造价低，导热小，保温好，但易湿不易消毒，小规模简易羊舍可采用。砖墙是最常用的一种，其厚度有半砖墙、一砖墙、一砖半墙等，墙越厚保暖性能越强。石墙，坚固耐久，但导热性大，寒冷地区效果差。国外采用金属铝板、胶合板、玻璃纤维材料建成保温隔热墙，效果很好。

墙要坚固保暖。在北方墙厚为24～37厘米，单坡式羊舍后墙高度约1.8米，前高2.2米。南方羊舍可适当提高高度，以利于防潮防暑。一般农户饲养量较少时，圈舍高度可略低些，但不得低于2.0米。地面应高出舍外地面20～30厘米，铺成斜垮台以利排水。

墙壁根据经济条件决定用料，全部砖木结构或土木结构均可。无论哪种结构都要坚固耐用。潮湿和多雨地区可采用墙基和边角用石头，砖垒一定高度，上边用土坯或打土墙建成。木头紧缺地区也可用砖建拱顶羊舍，既经济又实用。

4. 门窗

羊舍门、窗的设置既要有利于舍内通风干燥，又要保证舍内有足够的光照，要使舍内硫化氢、氨气、二氧化碳等气体尽快排出，同时地面还要便于积粪出圈。羊舍窗户的面积一般占地面面积的

1/15，距地面的高度一般在 1.5 米以上。门宽度为 2.5～3 米，羊群小时，宽度为 2～2.5 米，高度为 2 米。运动场与羊床连接的小门，宽度为 0.5～0.8 米，高度为 1.2 米。

5. 屋顶

屋顶具有防雨水和保温隔热的作用。要求选用隔热保温性好的材料，并有一定厚度，结构简单，经久耐用，保温隔热性能良好，防雨、防火，便于清扫消毒。其材料有陶瓦、石棉瓦、木板、塑料薄膜、稻（麦）草、油毡等，也可采用彩色钢板和聚苯乙烯夹心板等新型材料。在寒冷地区可加天棚，其上可储存冬草，能增强羊舍保温性能。棚式羊舍多用木椽、芦席，半封闭式羊舍屋顶多用水泥板或木椽、油毡等。羊舍净高（地面至天棚的高度）2.0～2.4 米。在寒冷地可适当降低净高。羊舍屋顶形式有单坡式、双坡式等，其中以双坡式最为常见。单坡式羊舍，一般前高 2.2～2.5 米，后高 1.7～2.0 米，屋顶斜面呈 45°。

6. 运动场

运动场是舍饲或半舍饲规模羊场必需的基础设施。一般运动场面积应为羊舍面积的 2～2.5 倍，成年羊运动场面积可按 4 米^2/只计算。其位置排列根据羊舍建筑的位置和大小可位于羊舍的侧面或背面，但规模较大的羊舍宜建在羊舍的两个背面，低于羊舍地面 60 厘米以下，地面以沙质土壤为宜，也可采用三合土或者砖地面，便于排水和保持干燥。运动场周边可用木板、木棒、竹子、石板、砖等做围栏，高 2.0～2.5 米。中间可隔成多个小运动场，便于分群管理。运动场地面可用砖、水泥、石板和沙质土壤，不得高于羊舍地面，周边应有排水沟，保持干燥和便于清扫。并有遮阳棚或者绿植，以抵挡夏季烈日。

五、羊舍建筑设计

1. 羊舍的平面布置形式

羊舍平面设计的主要依据是肉羊场生产工艺和相关的建筑设计规范与标准。其内容主要包括圈栏、舍内通道、门、窗、排水系统、粪尿沟、环境调控设备、附属用房，以及羊舍建筑的平面尺寸确定等。

（1）圈栏的布置　根据工艺设计确定每栋羊舍应容纳的肉羊占栏只数、饲养工艺、设备选型、劳动定额、场地尺寸、结构形式、通风方式等，选择栏圈排列方式（单列、双列或多列）并进行圈栏布置。单列和双列布置使建筑跨度小，有利于自然采光、通风和减少梁、屋架等建筑结构尺寸，但在长度一定的情况下，单栋舍的容纳量有限，且不利于冬季保温。多列式布置使羊舍跨度较大，可节约建筑用地、减少建筑外围护结构面积，利于保温隔热，但不利于自然通风和采光。南方炎热地区为了自然通风的需要，常采用小跨度羊舍；而北方寒冷地区为保温的需要，常采用大跨度羊舍。

（2）舍内通道的布置　舍内通道包括饲喂道、清粪道和横向通道。饲喂道和清粪道一般沿羊栏平行布置，两者不应混用；横向通道与前两者垂直布置，一般是在羊舍较长时为管理方便而设的。通道的宽度也是影响羊舍跨度和长度的重要因素，为节省建筑面积，从而降低工程造价，在工艺允许的前提下，尽量减少通道的数量。通道的宽度要求不同，饲喂道一般在1.2～1.4米、清粪道宽度一般在0.9～1.2米，采用三轮车推粪时宽度在1.2～1.5米。横向通道一般较宽，在1.2～2.0米。

（3）排水系统的布置　羊舍一般沿羊栏布置方向设置粪尿沟以排出污水，宽度一般为0.3～0.5米，如不兼作清粪沟，其上可设篦子，沟底坡度根据其长度可为0.5%～2%（过长时可分段设坡），在沟的最低处应设沟底地漏或侧壁地漏，通过地下管道排至舍内的沉淀池，然后经污水管排至舍外的检查井，通过场区的支管、干管排至粪污处理池。羊床坡向粪尿沟，坡度在2%～3%之间，便于排除清洗羊舍的水，同时不影响羊只的采食。值班室、饲料间等附属用房也应设地漏和其他排水设施。

（4）附属用房和设施布置　羊舍一般在靠场区净道的一侧设值班室、饲料间等，有的羊舍在靠场区污道一侧设羊体消毒间。这些附属用房，应按其作用和要求设计其位置及尺寸。大跨度的

羊舍，值班室和饲料间可分设在南、北相对位置；跨度较小时，可靠南侧并排布置。青贮饲料和块根饲料间等，可以突出设在羊舍北侧。

(5) 羊舍平面尺寸确定　羊舍平面尺寸主要是指跨度和长度。影响羊舍平面尺寸的因素有很多，如建筑形式、气候条件、设备尺寸、走道、肉羊饲养密度、饲养定额、建筑模数等。通常，需首先确定围栏或笼只、羊床等主要设备的尺寸。如果设备是定型产品，可直接按排列方式计算其所占的总长度和跨度；如果是非定型设备，则须按每圈容羊只数、肉羊占栏面积和采食宽度标准，确定其宽度（长度方向）和深度（跨度方向）。然后考虑通道、粪尿沟、食槽、附属房间等的设置，即可初步确定羊舍的跨度与长度。最后，根据建筑模数要求对跨度、长度作适当调整（图 2-16）。

在设计实践中，考虑到设备安装和工作方便。羊舍跨度一般为 6～15 米，长度一般在 50～80 米范围内。如采用大群散养模式，羊群规模为 200 只时，可以建造长度 45 米、跨度 9 米的羊舍。

(6) 水、暖、电、通风等设备布置　根据肉羊圈栏、饲喂通道、排水沟、粪尿沟、清粪通道、附属用房等的布置，分别进行水、暖、电、通风等设备工程设计。饮水器、水龙头、冲水水箱、减压水箱等用水设备的位置，应按圈栏、粪尿沟、附属用房等的位置来设计，满足技术需要的前提下力求管线最短。照明灯具一般沿饲喂通道设置，产房的照明须方便接产；通风设备的设置，应在通风量计算的基础上进行。

(7) 门窗和各种预留孔洞布置　羊舍大门可根据气候条件、围栏布置及工作需要，设于羊舍两端山墙或南北纵墙上。西、北墙设门不利于冬季防风，应设置缓冲用的门斗。羊舍大门、值班室门、圈栏门等的位置和尺寸，应根据羊种、用途等决定。窗的尺寸设计应根据采光、通风等要求经计算确定，并考虑其所在墙的承重情况和结构柱间距进行合理布置。除门窗洞外，上下水管道、穿墙电线、进出风口、排污口等，也应该按需要的尺寸和位置在平面设计

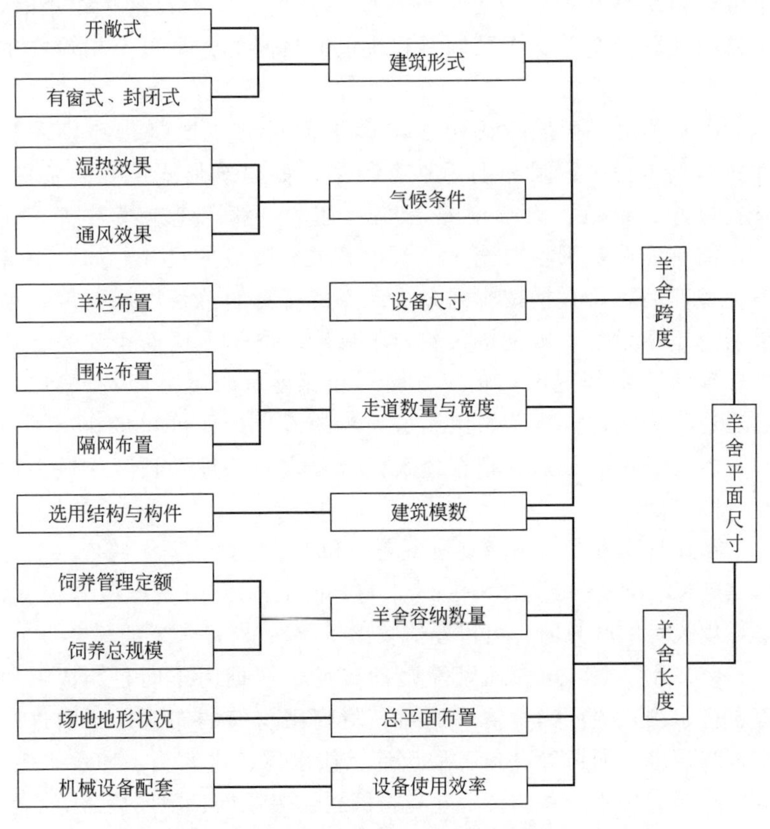

图 2-16 影响羊舍建筑平面尺寸的因素

时统一安排。

2. 羊舍剖面设计内容

羊舍剖面设计主要是确定羊舍各部位、各种构（配）件及舍内的设备、设施的高度尺寸。

(1) 确定舍内地坪标高　一般情况下，舍内饲喂通道的标高应高于舍外地坪 0.30 米，并以此作为舍内地坪±0.000 标高。场地低洼或当地雨量较大时，可适当提高饲喂通道的高度。有车和肉羊出入的羊舍大门，门前应设坡度不大于 15%的坡道，而不能设置

台阶。舍内地面坡度，一般在羊床部分应保证 2%～3%，以防羊床积水潮湿；地面应向排水沟有 1%～2%的坡度。

（2）确定羊舍的高度　羊舍的高度是指舍内地坪面到屋顶承重结构下表面的距离。羊舍高度不仅影响土建投资，而且影响舍内小气候调节，除取决于自然采光和通风设计外，还应考虑当地气候和防寒与防暑要求，也取决于羊舍的跨度。寒冷地区一般以 2.2～2.7 米为宜，跨度 9.0 米以上时可适当加高；炎热地区为有利通风，羊舍不宜过低，一般以 2.7～3.3 米为宜。

（3）确定羊舍内部设备及设施的高度尺寸　主要是指羊栏、笼具、食槽、水槽、饮水器等的安置高度，因羊品种、年龄不同而异。具体尺寸可以参照本书其他各章节有关规定，或根据设备厂家提供的产品资料确定。

（4）确定羊舍结构构件高度　屋顶中的屋架和梁为承重构件，在建筑设计阶段可以按照构造要求进行构件尺寸的估算，最终的构件尺寸须经结构计算确定。

（5）门窗与通风洞口设置　门的竖向高度根据人、羊和机械通行需要综合考虑。确定窗的竖向位置和尺寸时，应考虑夏季直射光对羊舍的影响。应按入射角、透光角计算窗的上下缘高度。

在高密度饲养的羊舍里，会产生大量的有害气体和粉尘微粒，因此羊舍通风是舍内环境调控的主要手段。羊舍通风方式分为机械通风、自然通风及机械自然混合通风。

机械通风的通风量根据羊群的类别和不同的季节由工艺设计提出，风机洞口和进排风洞口的大小、形状与位置等需要在剖面设计中考虑。与湿帘配套的羊台纵向机械通风系统具有风流均匀、旋涡区小、有利于防疫、风机台数少、土建造价低、管理方便等一系列优点。

自然通风虽然受外界气候条件影响较大，通风不稳定，但经济实用。为了充分和有效地利用自然通风，在羊舍剖面设计中，根据通风要求选择适宜的剖面形式和合理布置通风口的位置。根据通风原理的不同，自然通风又分为热压通风和风压通风两种方式。热压通风效果取决于热压大小，而热压大小取决于舍内外的温差和上下进排风口的中心距离，在温差一定的情况下，要提高热压通风效果，在羊舍剖面设计时，要设法加大进排风口的中心距。

风压通风是自然气流遇到建筑受阻而发生绕流现象，致使气流的动能和势能发生变化。在建筑迎风面形成正压，背风面形成负压。在羊舍剖面设计时，结合当地主导风向，将进风口设置在正压区，排风口设在负压区，可以取得良好的通风效果。如果将进风口设在上风向羊舍墙壁的上部，把排风口设在下风向羊舍墙壁的上部，则可以使风压和热压通风迭加。

根据自然通风研究资料，进排风口面积相等时，面积愈大，则进风量愈大，通风效果愈好。因此，在南方炎热地区，为满足夏季通风需要，将进、排风口的面积设计成相等；而在冬冷夏热地区，考虑冬季防寒需要，将位于背风面的排风口面积设计得小一些，但不宜小于进风口面积的一半，此时进风量只减少一半。

3. 羊舍立面设计

羊舍立面设计是在平面设计与剖面设计的基础上进行的。主要表示羊舍的前、后、左、右各方向的外貌，重要构配件的标高和装饰情况。立面设计包括屋顶、墙面、门窗、进排风口、屋顶风帽、台阶、坡道、雨罩、勒脚、散水及其他外部构件与设备的形状、位置、材料、尺寸和标高。

羊舍首先要满足“饲养”功能这一特点，然后再考虑技术条件和经济条件，运用某些建筑学的原理和手法，使羊舍具有简洁、朴素、大方的外观，创造出内容与形式统一的、能表现农业建筑特色的建筑风格。

第三节　羊场设施设备

羊场的设施设备包括各种栅栏、饲料和饮水设施、防疫设施、饲料加工设施设备等。

一、各种用途的栅栏

1. 分群栏

当羊群进行羊只鉴定、分群及防疫注射时，常需将羊分群，分群栏可在适当地点修筑，用栅栏临时隔成。设置分群栏便于开展工作，节省劳动力，这是羊场必不可少的设备。分群栏有一窄长的通道，通道的宽度比羊体稍宽，羊在通道内只能成单行前进，不能回转向后。通道长度为6～8米，在通道两侧可视需要设置若干个小圈，圈门的宽度相同，由此门的开关方向决定羊只的去路（图2-17）。

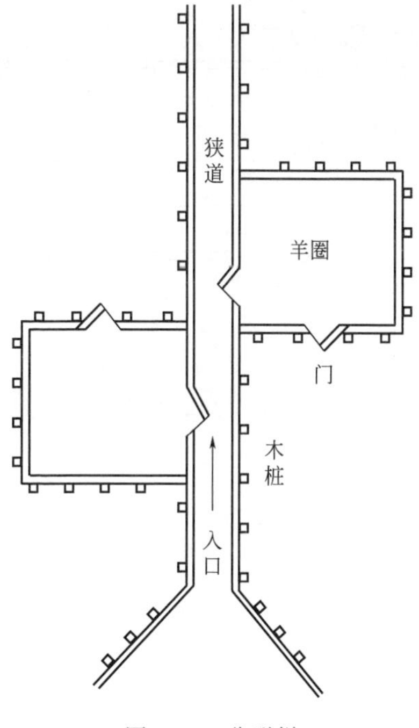

图2-17　分群栏

2. 母子栏

母子栏是羊场产羔时必不可少的一项设施。有活动的和固定的两种，大多采用活动栏板，由两块栏板用合页连接而成（图2-18）。

可用钢筋制成，也可用木条、铁丝网或木板制成。每块栏板高100厘米、长120～150厘米，栏板厚2.2～2.5厘米，板宽7.5厘米，然后将活动栏在羊舍一角成直角展开，并将其固定在羊舍墙壁上，可围成1.2米×1.5米大小的母子间，供一母双羔或一母多羔使用。活动母子栏依产羔母羊的多少而定，一般按10只母羊一个活动栏配备。如将两块栏板成直线安置，可供羊隔离使用，也可以围成羔羊补饲栏，应依需要而定。产羔母羊群所需母子栏的数量一般为母羊数的10%～15%。

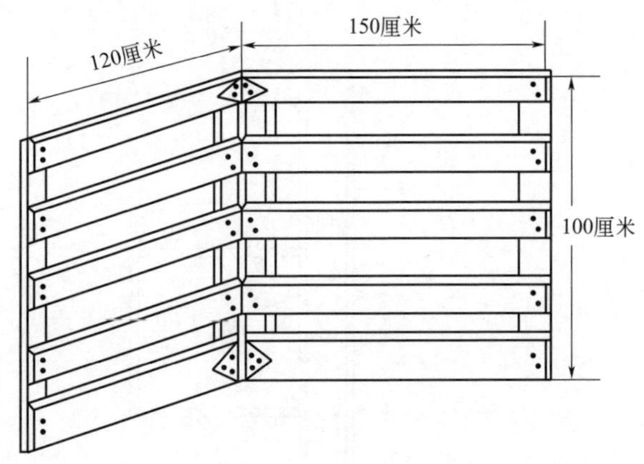

图2-18 活动母子栏

3. 羔羊补饲栅

用于给羔羊补饲，栅栏上留一小门，小羔羊可以自由进出采食，大羊不能进入，这种补饲栅用木板制成，板间距离15厘米，补饲栅的大小要依羔羊数量多少而定（图2-19）。

4. 羔羊补饲栏

母羊舍内或舍外棚下的一角可以安装羔羊补饲栏，以供羔羊自由进出采食。其主要包括支撑柱、围栏、围栏上可以开关的门（供管理人员进出）、补饲槽和羔羊通过孔。其中羔羊通过孔为矩形结构，有2种规格以供不同大小的羔羊进出，一种高25厘米，宽19厘米，底边距地面高度为10厘米，供小羔羊通过；另一种高27厘

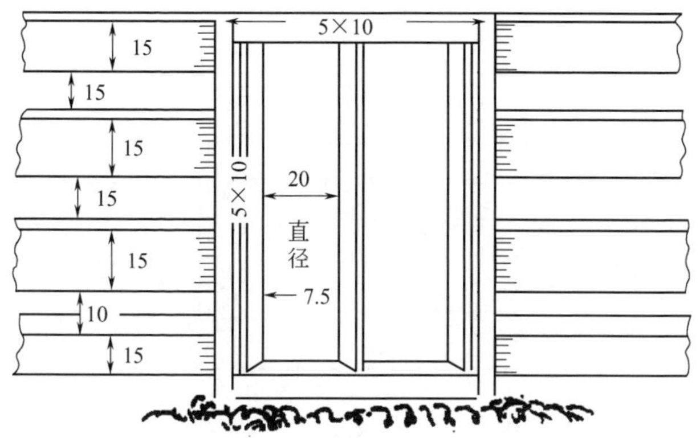

图 2-19　羔羊补饲栅（单位：厘米）

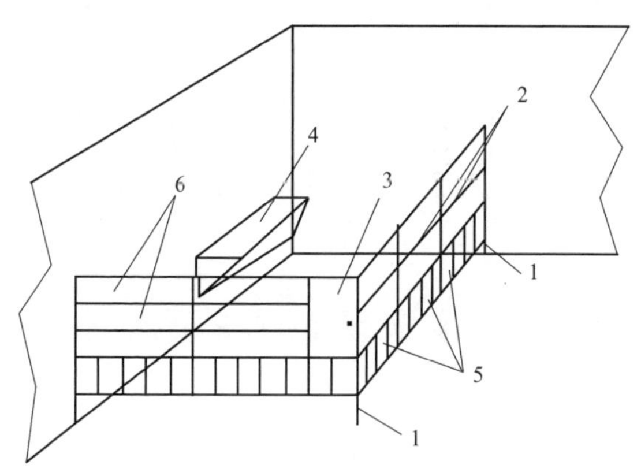

图 2-20　羔羊补饲栏示意图

1—支撑柱；2—围栏；3—门；4—羔羊补饲槽；5—通过孔；6—格栅

米，宽 24 厘米，底边距地面高度为 20 厘米，供较大的羔羊通过。若以上 2 种孔均不能通过的羔羊就可断奶了（图 2-20）。

5. 活动围栏

活动围栏可供随时分隔羊群之用。在产羔时，也可以用活动围栏临时间隔为母子小圈、中圈等。通常有重叠围栏、折叠围栏和铁管钢筋制作的围栏等几种类型（图 2-21、图 2-22）。

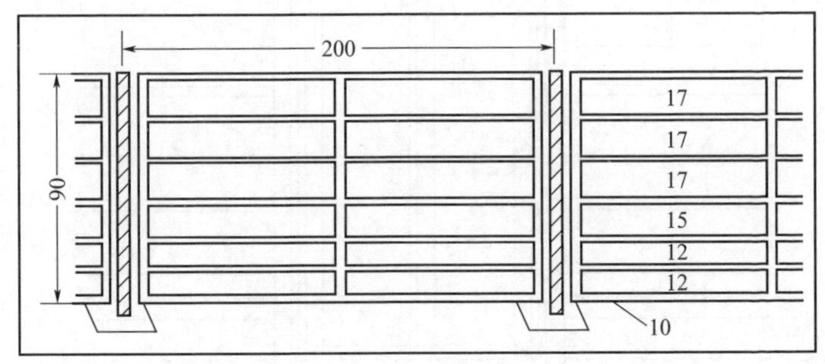

图 2-21 隔栏（单位：厘米）

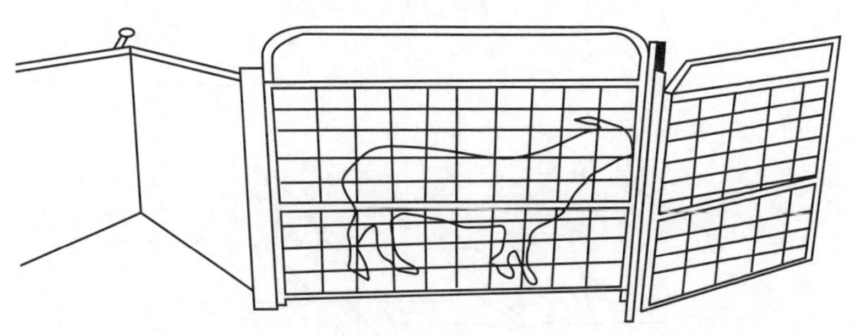

图 2-22 澳式铁网、铁板活动羊栏结构图

6. 栏杆与颈枷

羊舍内的栏杆材料可用木料，也可用钢筋，形状多样，公羊栏杆高 1.2～1.3 米，母羊栏高 1.1～1.2 米，羔羊栏高 1.0 米，靠饲槽部分的栏杆，每隔 30～50 厘米的距离，留一个羊头能伸出去的空隙，该空隙上宽下窄，母羊上部宽、下部宽分别为 15 厘米、10 厘米，公羊为 19 厘米与 14 厘米，羔羊为 12 厘米与 7 厘米。

每 10～30 只羊可安装一个颈枷，以防止羊只在喂料时抢食和有利于打针、修蹄、检查羊只时保定，颈枷可上下移动，也可左右移动（图 2-23、图 2-24）。

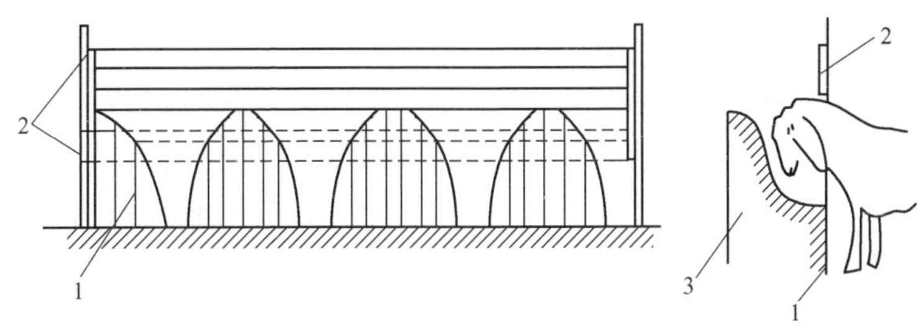

图 2-23 铁制羊栏颈枷示意图

1—铁制羊栏；2—活动铁框；3—水泥砖饲槽

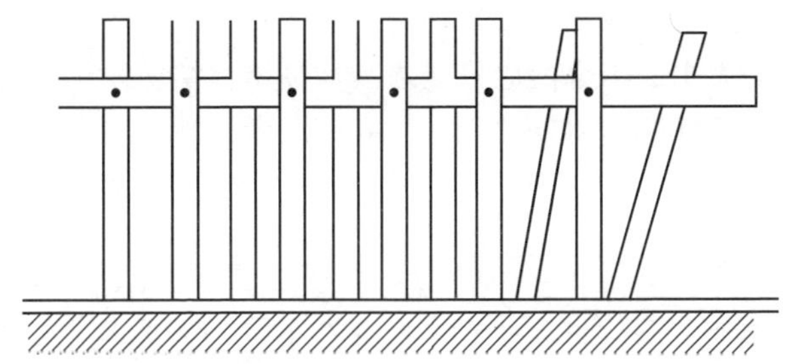

图 2-24 木制羊栏颈枷示意图

7. 围栏的规格

运动场和羊舍的围栏采用网格状围栏或 50 厘米以下栏间距不大于 8 厘米、50 厘米以上栏间距 25 厘米左右的横隔围栏，以便羔羊管理。栏高一般为 1 米，当饲养小尾寒羊公羊时栏高 1.2 米并将材料加大 1 倍。当使用便于机械投料的单沿限羔饲槽时，由于饲槽的高槽沿高于羊床 30～50 厘米，饲槽上围栏横杆之间的距离以 25 厘米为宜，或在高槽沿 25 厘米之上安装网格围栏。限羔横杆按前述方法安装。

二、饲槽

饲槽是羊舍内最基本的设施之一。主要用来饲喂精料、颗粒料、青贮料、青草或干草。根据建造方式主要分为固定式和移动式两种。羊舍饲槽建筑材料可用木材、钢筋、水泥和砖等。饲槽建造得是否科学，对提高饲料的利用率、保持草料卫生和不浪费草料，都是极其重要的，特别是大规模工厂化养羊更重要。建造时必须符合以下要求：第一，既可保证羊只自由采食，又能防止羊只跳进槽内把草料弄到槽外，造成污染和浪费；第二，槽深要适度，保证羊嘴能够到槽底的各处，以便羊只把槽中饲料全部吃净；第三，槽沿圆滑，槽底呈弧形，槽沿上设置隔栏，结实牢固、经久耐用，减少维修麻烦。

1. 固定式长方形饲槽

（1）一般设置在羊舍或运动场，用砖石、水泥等砌成，平行排列。以舍饲为主的羊舍内应修建永久性饲槽，结实耐用，可根据羊舍结构进行设计建造（图 2-25）。用水泥做成固定长槽上宽下窄，槽底呈圆形。便于清理和洗刷，槽上宽 50 厘米左右。离地面 40～

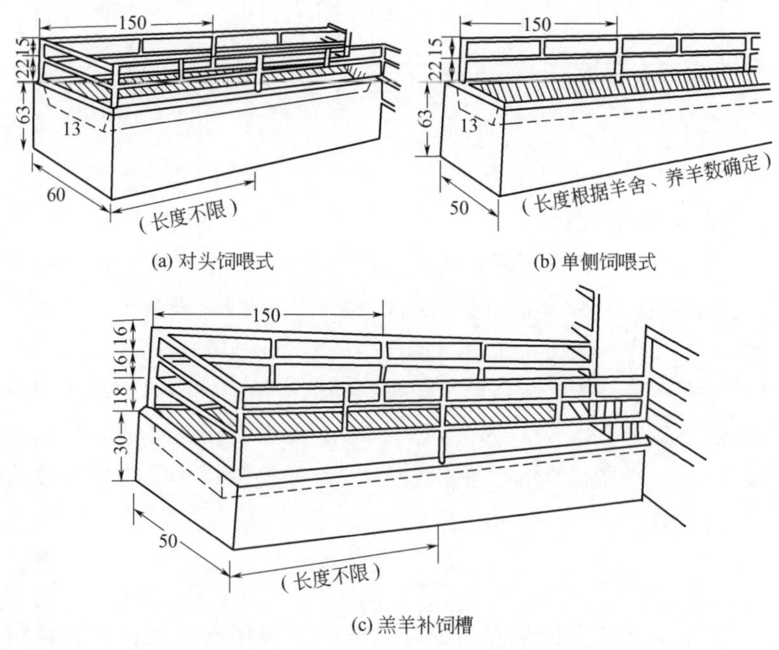

图 2-25 固定式永久饲槽（单位：厘米）

50 厘米。槽深 20～25 厘米。在饲槽上方设颈枷固定羊头，可限制其乱占槽位抢食造成采食不均，也可打针、刷拭、修蹄等。颈枷可用钢筋制成，一般每隔 30～40 厘米设 1 个，大小以能固定羊头为宜，上宽下窄（上宽 18 厘米，下宽 10～12 厘米）。在颈枷上方可设置 1 个活动木板或铁杆，当羊进入槽位，头伸进颈枷时，可将木板或铁杆放下系住，正好落在羊颈部上方。一般木板或铁杆距槽边距离为 25～30 厘米。槽长依羊只数量而定，一般可按大羊 30 厘米、羔羊 20 厘米计算。

固定式饲槽由砖或石块与水泥砌成，或用混凝土模具制成，或铁铸成，槽长 20～35 厘米/只（图 2-26）。

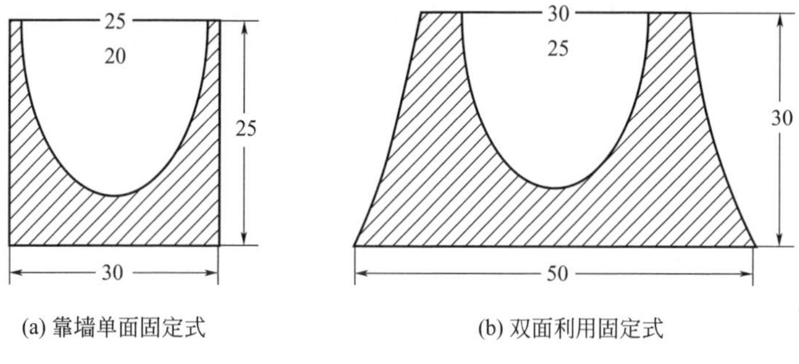

(a) 靠墙单面固定式　　(b) 双面利用固定式

图 2-26　固定式饲槽（单位：厘米）

（2）单列式羊舍饲喂通道和饲槽在羊舍一边，双列式羊舍饲喂通道和饲槽在羊舍中间，其宽度根据所使用机械大小确定。若要增加饲养量，也可以将羊舍分隔若干区域，羊床中间用饲喂通道分隔，从而形成多个“⊔⊔⊔”型饲喂通道，但这种通道不利于机械作业。

推荐使用一种便于机械投料的单沿限羔饲槽（图 2-27、图 2-28），其包括高槽沿、低槽沿和弧形槽体。高槽沿位羊床一侧，之上加围栏固定于基墙上；低槽沿设置于饲喂通道一侧；饲喂通道和饲槽的高槽沿、低槽沿和弧形槽体均高于羊床，可有效防止羊在采食饲草时将前腿伸进饲槽；根据羊只的大小，高槽沿高于羊床 30～50 厘米、高于低槽沿 10 厘米，槽深 5～8 厘米即可；低槽沿

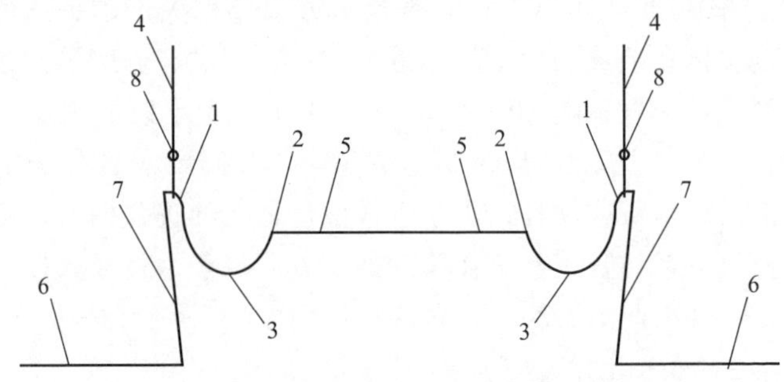

图 2-27　便于机械投料的单沿限羔饲槽示意图

1—高槽沿；2—低槽沿；3—弧形槽体；4—围栏；5—饲喂通道；6—羊床；7—基墙；8—限羔横杆

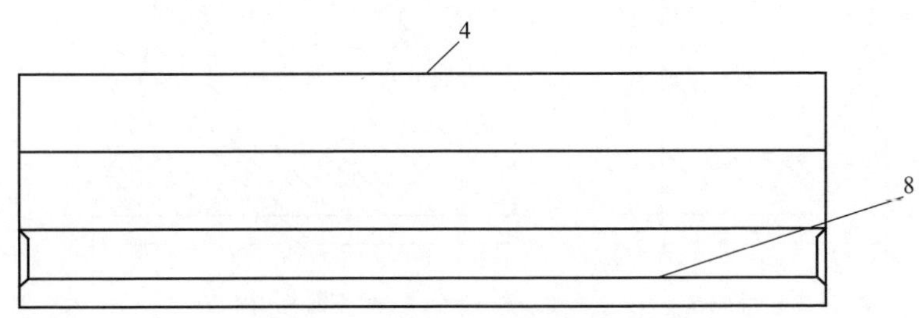

图 2-28　围栏和限羔横杆示意图

4—围栏；8—限羔横杆

与饲喂通道处于同一水平面，便于机械投料和清扫；高槽沿与其上面围栏的固定横杆之间配有可上下调节的限羔横杆，根据所饲养羊只头的大小上下调节限羔横杆高低，可以有效防止羔羊通过羊栏进入饲槽。

2. 移动式饲槽

移动式饲槽大多用木料或铁皮制作，坚固耐用、制作简单、便于携带，长 150～200 厘米，上宽 35 厘米，下宽 30 厘米。既可以饲喂草料，也可以供羊只饮水之用，一般用于冬季羊舍内饲喂。移动式饲槽具有移动方便、存放灵活的特点。适合于个体养

羊少的农户或小规模养羊场。常见的移动式饲槽形式和尺寸见图2-29、图2-30。

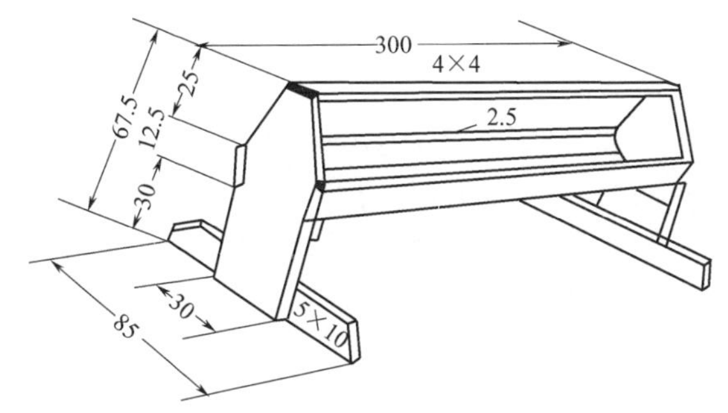

图 2-29　木制饲槽（单位：厘米）

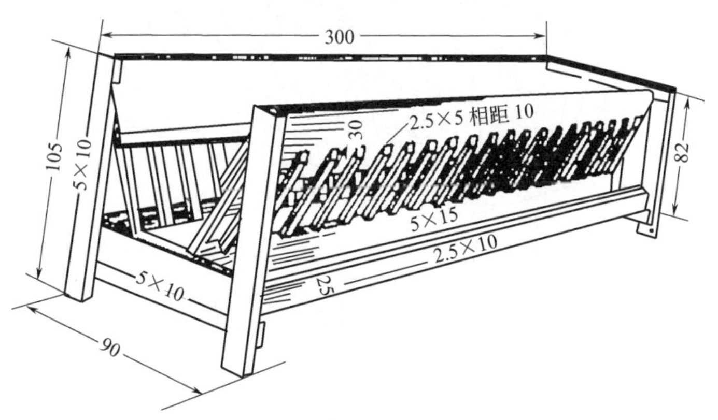

图 2-30　移动式联合草料架（单位：厘米）

3. 固定式圆形饲槽

一般在羊群运动场或专门的饲养场使用，用砖、石、水泥砌成，先在地面上砌一个 15 厘米宽的槽边，在槽底盘边上 15 厘米处砌向圆心一个馒头状的土堆，表面要坚固光滑。在土堆的基部四周每 15 厘米竖一块砖，在土堆上，羊只从竖砖的中间采食。圆形饲槽具有添加草料方便、不浪费、减少草屑对被毛的污染等优点。

三、草料架

草料架形式多种多样。有专供喂粗料用的草架（图 2-31、图 2-32），有供喂粗料和精料两用的联合草料架，有专供喂精料用的料槽。利用草料架养羊能减少浪费和草屑污染羊毛。可以靠墙设置固定的单面草料架，也可以在饲养场设置若干排草架，草架隔栅可用木料或钢材制成，隔栏间距离为 9～10 厘米。有的地区因缺少木料、钢材，常就地利用芦苇及树枝修筑简易草料架进行喂养。草料架有直角三角形、等腰三角形、梯形和正方形等，为比较实用的草料架和饲槽（图 2-33、图 2-34）。

图 2-31　活动草架

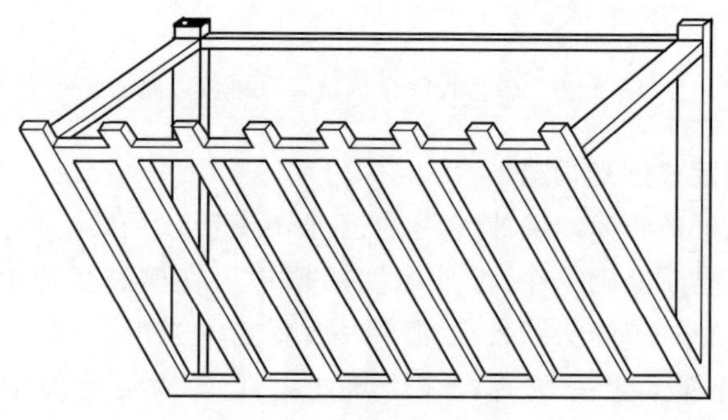

图 2-32　单面固定草架

图 2-33　长方形两面草料架

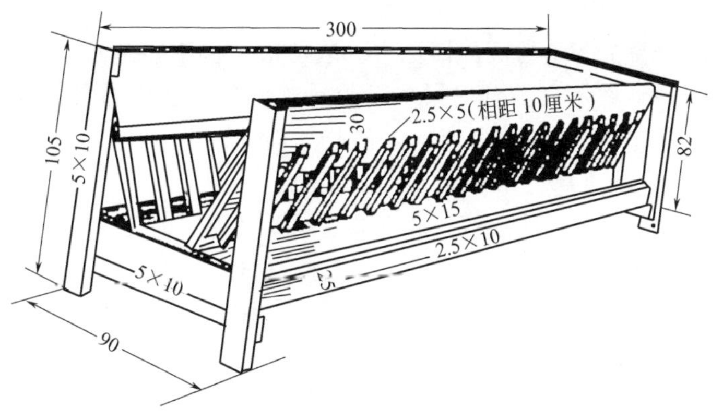

图 2-34　移动式联合草料架（单位：厘米）

四、堆草圈

为储备干草或农作物秸秆，供羊冬春季补饲，羊场应建有堆草圈。堆草圈用砖或土坯砌成，或用栅栏、网栏围成，上面盖以遮雨雪的材料即可。堆草圈的地面应高出地面一定高度，向南有各种木制草架斜坡，便于排水。有条件的羊场可建成半开放式的双坡式草棚，四周的墙用砖砌成，屋顶用石棉瓦覆盖，这样的草棚防雨、防潮的效果更好。草堆下面应用钢筋架或木材等物垫起，不要让草堆直接接触地面，草堆与地面之间应有通风孔，这样能防止饲草霉变，减少浪费。

五、药浴设备

1. 药浴池

为了防治疥癣等外寄生虫病，每年要定期给羊群药浴。没有淋药装置或流动式药浴设备的羊场，应在不对人、畜、水源、环境造成污染的地点建药浴池，药浴池一般为长方形水沟状，用水泥筑成，池深 0.8～1 米、长 5～10 米，上口宽 0.6～0.8 米，底宽0.4～0.6 米，以单羊通过而不能转身为宜。池的入口端为陡坡，方便羊只迅速入池。出口端为台阶式缓坡，以便浴后羊只攀登。

入口端设漏斗形储羊圈，也可用活动围栏。出口设滴流台，以使浴后羊身上多余药液流回池内。装药液量应不能淹没羊的头部。储羊圈和滴流台大小可根据羊只数量确定。但必须用水泥浇筑地面。在药浴池旁安装炉灶，以便烧水配药。在药浴池附近应有水源。

农户小型羊场药浴池一般可修建在羊舍周围，长为 1～1.2 米，宽为 0.6～0.8 米，深为 0.8 米。先按设计尺寸挖一个长方形坑，底部和四周分别用石板平铺，然后用水泥抹缝，也可用砖或石料铺底砌墙，用砂浆抹面（图 2-35、图 2-36）。

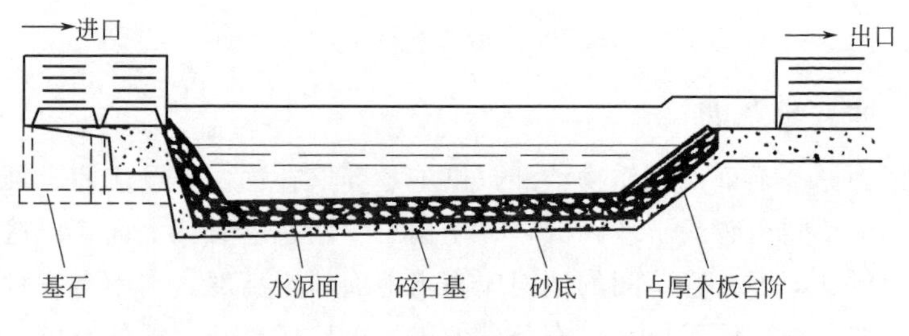

图 2-35　药浴池纵剖面

2. 小型药浴槽、浴桶、浴缸

小型浴槽容量约为 1400 升，可同时将两只成年羊（小羊 3～4 只）一起药浴，并可用门的开闭来调节入浴时间。这种类型适宜小

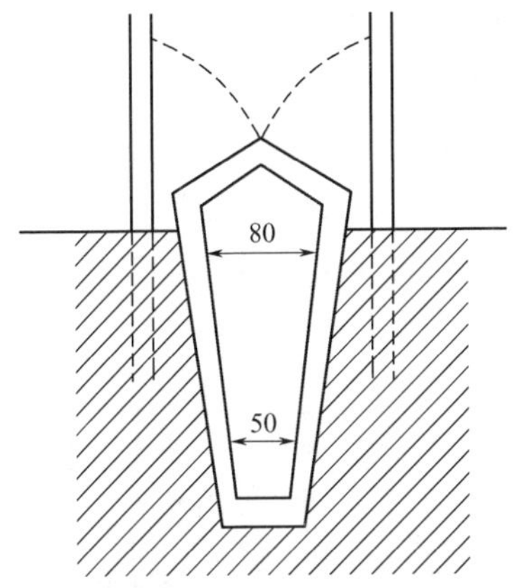

图 2-36 药浴池横剖面（单位：厘米）

型羊场使用（图 2-37）。

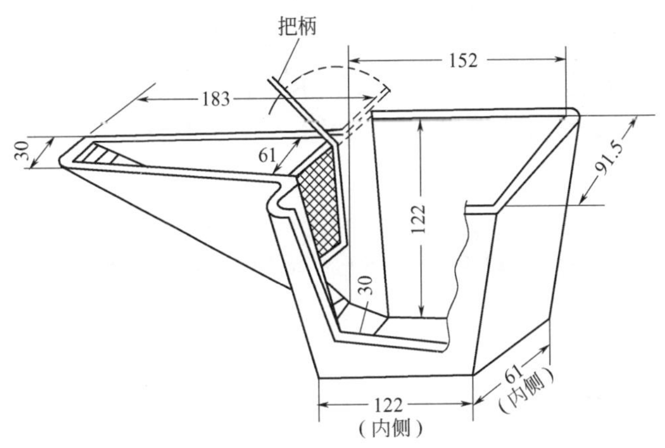

图 2-37 小型药浴槽（单位：厘米）

3. 帆布药浴池

用防水性能良好的帆布加工制作。药浴池为直角梯形，上边长 3.0 米、下边长 2.0 米，深 1.2 米，宽 0.7 米，外侧固定套环。安装前按浴池的大小形状挖一土坑。然后放入帆布药浴池，四边的套环用铁钉固定，加入药液即可进行工作。用后洗净，晒干，以后再用。这种设备，体积小、轻便，可以反复使用。

4. 淋浴式药淋装置

我国近年来研制的9AL-8型药淋装置，是通过机械对羊群进行药淋的。该药淋装置由机械和建筑两部分组成，圆形淋场直径为8米，可同时容纳250～300只羊药浴（图2-38）。

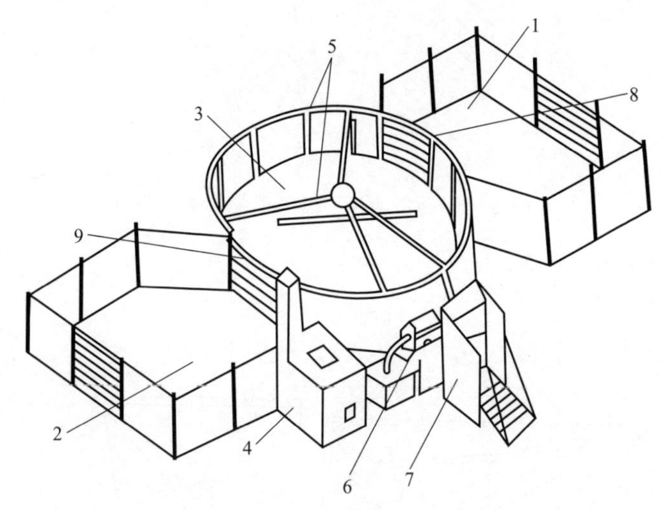

图2-38 淋浴式药淋装置示意图

1—未浴羊栏；2—已浴羊栏；3—药浴淋场；4—炉灶及加热水箱；5—喷头；6—离心式水泵；7—控制台；8—药浴淋场入口；9—药浴淋场出口

六、饲料青贮设施

饲料青贮设施主要有青贮窖和青贮袋两种，应在羊舍附近修建。

1. 青贮窖

青贮窖是最普遍的一种青贮设施。按照窖的形状，可分为圆形窖（图2-39）和长方形窖（图2-40）两种。按照窖的位置，可分为地上式、半地下半地上式和地下式三种。生产中多采用地下式。储量多时，以长方形窖为好。但在地势低平、地下水位

图 2-39 农户小型青贮窖

图 2-40 青贮窖

较高的地方，建造地下式窖易积水，可建造半地下、半地上式。青贮窖壁、窖底应用砖、水泥砌成。窖壁光滑、坚实、不透水、上下垂直，窖底呈锅底状。窖的大小根据饲养规模和饲喂量确定。

2. 青贮袋

小型养殖场可采用质量较好的塑料薄膜制成袋（图 2-41），装

图 2-41 青贮袋

填青贮饲料，袋口扎紧，堆放在畜舍内。袋宽 50 厘米、长 80～120 厘米，每袋装 40～50 千克。袋储方法简单，储存地点灵活，饲喂方便。但使用时应当注意，塑料布厚度须在 0.12 毫米以上；不可使用再生塑料；注意防鼠。

七、饲料库

规模较大的羊场应建有饲料库，库内通风良好、干燥、清洁，夏季防潮防饲料霉变。饲料库地面及墙壁要平整，四周应设排水沟，建筑形式可以是封闭式、半敞开式或棚式。饲料库应靠近饲料加工车间且运输方便。

八、供水设施

在没有自来水的地区，应在羊舍附近修建水井、水塔或储水池，并通过管道引入羊舍或运动场。水源与羊舍应相隔一定距离，以防止污染。运动场或羊舍内应设可移动的木制、铁制水槽或用砖、水泥砌成的固定水槽。水槽是发展舍饲养羊，特别是大规模工厂化养羊不可缺少的设备。水槽的建造和要求与饲槽相同。其形式见图 2-42，也可安装鸭嘴式自动饮水器。饮水槽置于舍内往往由于管理不善将水溢出槽外，增大羊舍湿度。由于高湿对羊只生产不利，只能将饮水槽置于舍外。冬季舍外饮水系统防冻是关键。保温

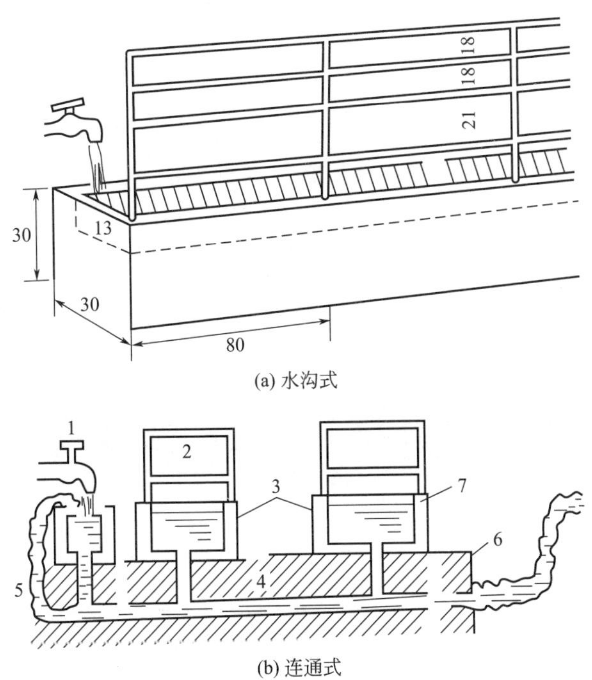

(a) 水沟式

(b) 连通式

图 2-42 水槽（单位：厘米）

1—水龙头；2—羊栏；3—水槽；4—水管；5—软管（水位控制及排污水用）；6—地平线；7—水平线

的饮水系统可防冻并能给羊只饮温水，有利于提高羊只生产性能，但需加热装置，造价太高。比较低廉的冬季防冻的舍外饮水系统是将有可能受冻的水管部分加工成“W”形或“几”字形，将水龙头置于最低处并保持开的状态，这样关掉上水阀门后水管中无水停留，也就不怕冻了。

九、人工授精室

大、中型羊场应建造人工授精室。人工授精室应设有采精室、精液处理室和输精室。为节约投资，提高棚舍利用率，也可在不影响母羊产羔及羔羊正常活动的情况下，利用一部分产羔室，再增设一间输精室即可。

1. 采精室

在采精室内操作，可不受气温、日光、风、灰尘、雨雪等影响。采精室总面积约 10 米^2，采精区（除安全区外）面积为 2.5 米×2.5 米。采精室应保持整洁（图 2-43）。

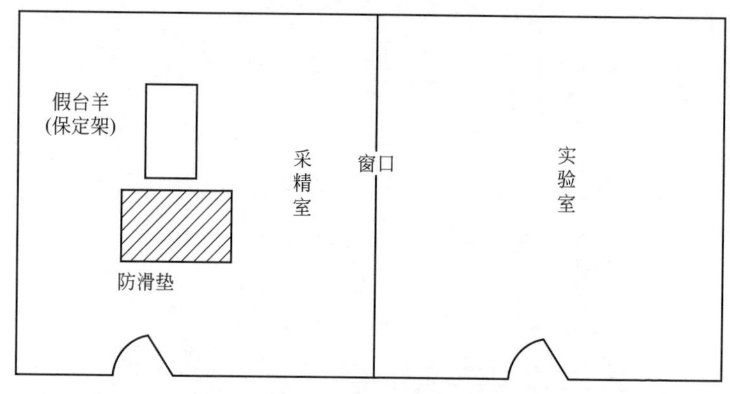

图 2-43　羊人工授精采精室平面简图

（1）采精室地面　应为混凝土地面，地面应既有利于冲刷，又能防滑。

（2）墙壁与屋顶　墙壁与屋顶应洁净，不落灰、不掉墙皮。

（3）母羊保定架　一般为木制或钢管作支架，能将台羊很好地保定（图 2-44）。

图 2-44　母羊保定架

为了方便采精用品的放置，可在采精室离台羊较近的墙壁上，安装一个搁架，搁架高 130 厘米，以便采精人员直接拿到它，同时防止公羊将其撞倒。

2. 精液处理室

精液处理室通常与采精室只一墙之隔，在隔墙上装一个两边都能打开的柜子，这样在精液处理室准备好的采精用品可放在柜子内，然后从采精室取出；同样采到的精液放入柜内后，可从精液处理室取出。

3. 输精室

输精室要求光线充足，窗户面积不小于 1.5 米^2，下缘距地高 0.5 米。装有输精用母羊固定架。如果配种母羊头数不多，采精室

图 2-45 臭氧发生机

可与输精室合用。

十、疫病防控的装备

主要有臭氧发生机、消毒机和高质量的高腰鞋套。

1. 臭氧发生机

主要用于消毒室，若用臭氧发生机则可不用紫外线灯，臭氧到处渗透、不留死角，但在湿度高时效果好（图 2-45）。

2. 消毒机

主要有固定式和移动式。固定式一般电动，用于大门口等固定场所，市售汽车清洗机使用效果较好。移动式一般为柴油机或汽油机驱动，市售各种用于喷洒和清洗的机器均可用，也可以将三轮车改装为运输和消毒两用车（图 2-46）。

图 2-46 消毒机

3. 高质量的高腰鞋套

目前绝大多数羊场所用的一次性鞋套基本没有防病的作用。主要原因，一是鞋套质量太差，刚走几步就破损；二是用法不正确，外来人员刚进消毒室就套鞋套，鞋底未接触到消毒液。因此，必须

用高质量的高腰鞋套。同时，必须改变目前一次性鞋套的用法，外来人员首先在消毒室充分消毒，出消毒室进入场区前再套鞋套，以确保效果（图 2-47）。

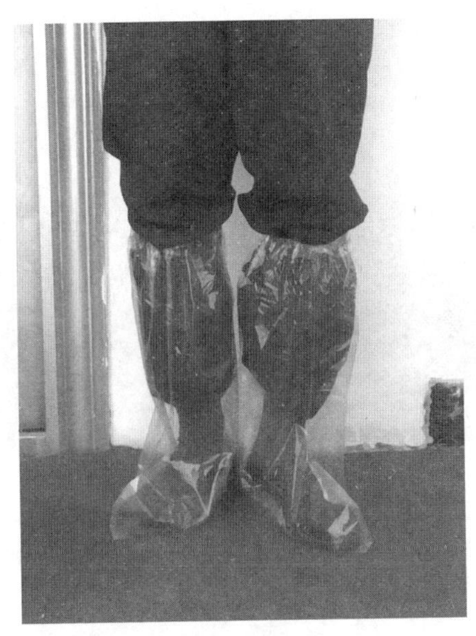

图 2-47　高腰鞋套

十一、几种主要的养羊机械

没有先进的养羊机械，就没有高效益的养羊业。尤其是在以盈利为目的的肉羊饲养场，更需要通过使用适宜的养羊机械，来提高劳动生产率，降低生产成本。

1. 牧草收获机械

目前国内使用的牧草收获机械主要有畜力收获机械系统、传统收获机械系统、小方草捆收获机械系统、大圆草捆收获机械系统、集垛收获机械系统等，因其性能不同，可供不同条件的养羊场选择。但无论选用何种机具收获牧草，都要尽可能做到适时收获，及时处理，干燥均匀而迅速，减少各作业环节所造成的花、叶损失（图 2-48～图 2-50）。

图 2-48　玉米收割机

图 2-49　牧草收割机

2. 饲草饲料加工机械

（1）青贮饲料收获调制机械　此类机械按调制工艺可分为分段收获调制和联合收获调制两种。分段收获调制机械的主体机具是铡

图 2-50 牧草打捆机

草机，工作原理是先用机械或人工收获青饲作物，再用切碎机切碎装入青贮设施压紧密封，虽收获时间长，劳动生产率低，但设备简单，成本低，易推广。联合收获调制机械是在收获的同时进行切碎，抛入自卸拖车拉回场内直接卸入或用风机吹入青贮设施，此工艺能做到全盘机械化，劳动生产率高，青贮饲料质量高，适宜大型饲养场用。以上两种机械在国内均有定型产品可供选择，如北京琉璃河农具厂生产有 ZC-1.0、ZC-0.5、ZC-6.0 等型号铡草机，赤峰市农牧机械厂生产有 4QS-2、9QS-5、9QS-10 等型号通用式青饲收获机。

(2) 袋装青贮装填机 其工艺是在传统青贮饲料生产方式（如青贮窖、壕或塔等方式）改革后发展起来的，在发达国家已得到广泛应用。它把切碎机和装填机组合在一起，减少了专用运输设备，生产操作方便灵活，适用于牧草、饲料作物、作物秸秆等青饲料的青贮和半干青贮，也可用于农作物秸秆的氨化处理。中国农业科学院草原研究所研制的 9DT-1.0 型袋装青贮装填机，其整机重约 650

千克，每小时可生产青贮饲料20袋（每袋重50千克），可用电动机或拖拉机带动，并配有规格为1300毫米×650毫米×0.14毫米的无毒塑料青贮袋，其中70%可重复使用2次，适合各类羊场、专业户使用，在气候潮湿、多雨、地下水位高的地区尤为实用。

（3）饲料热喷机　这是一种将秸秆、秕壳、劣质蒿草、灌木等进行热喷加工，达到消毒、除臭、提高其利用率等目的的新设备。其原理是将准备热喷加工的物料，由自动设备装入高压罐内，关闭球阀密封，通入饱和蒸汽，保持含水率25%～40%，压力392～1176千帕，温度145～190℃，作用3～8分钟，使物料的机械强度锐减，分散度倍增；当突然降压时，饲料喷爆出来碎成粉末，从而为提高家畜采食量和消化率创造了条件。经热喷处理的物料原来含有的有毒物质均消失，色、香、味等物理性状大为改观，家畜的采食率、消化率和利用率均有较大幅度提高。此机械适于能源有保证，秸秆、灌木、干枝叶来源充足的农区、垦区等处的大中型羊场及牛、羊集中产区。

（4）粗饲料压粒、压块机　粗饲料（包括牧草和各类作物秸秆）经过复合化学处理、压粒、压块后，更适于集约化程度高的养羊生产。其待点是，压制后的草块堆集密度可达300～400千克/米^3，能节约存放空间，便于装载、储存、运输和饲喂作业；压制过程中可掺入氢氧化钠、氨水等碱性物质进行复合化学处理，也可渗入各种添加剂及必要的营养物质，以便配制全价饲料；压制成的草块或草颗粒可加快牲畜采食速度，采食量提高30%以上，减少饲料浪费，降低饲喂总成本10%以上。目前的压粒、压块机组大体包括粉碎机、粗饲料和精料及各种添加成分的喂入与计量装置、化学处理剂调节剂量及喷洒装置、混合机、压粒压块机、冷却器等。

第三章 羊的生产规范化

生产规范化，就是建立、健全、完善、优化养羊生产过程中不同种类羊的饲养管理规章制度，达到羊吃饱、吃好、吃便宜的目标。通过“规范化”的实施，向科学技术要效益，向科学管理要效益，从而更好地促进养羊业向高产、优质、高效方向发展。

第一节 羊饲养管理的一般原则

一、饲养的一般原则

1. 多汁饲料合理化搭配

尽可能采用多种饲料，发挥营养物质的互补作用，包括青饲料（青草、青贮饲料）、粗饲料（干草、农作物秸秆）、精饲料（能量饲料、蛋白质饲料）、添加剂饲料（矿物质、微量元素、非蛋白氮）。

2. 保证饲料品质，合理调制饲料

限制适口性差或有害物质在日粮中的使用量，并注意脱毒处理，如棉籽饼、菜籽饼。

在羊的日粮中使用优质青、粗及多汁饲料，特别是秸秆类粗饲

料，既要防止霉变，又要在饲喂前铡短或揉碎。

3. 更换饲料应逐步过渡

当日粮饲料成分突然变化时，特别是从高比例粗饲料日粮突然转变为高比例精饲料日粮时，瘤胃微生物区系不能适应突然改变，易引发疾病。

日粮成分的改变应逐渐进行，至少要过渡2～3周，过渡时间的长短取决于饲喂精料数量、精饲料加工的程度及饲喂次数。

4. 制定合理的饲喂制度

制定合理的饲喂方式、饲喂量及饲喂次数。

定时定量，形成良好的条件反射，提高饲料的消化率和饲料的利用率。

5. 保证清洁的饮水

提供饮水的井要建在没有污染的非低洼地方，周围20～30米范围内不得设置渗水厕所、渗水坑、粪坑和垃圾堆等污染源。

利用降水、河水时，应修建带有沉淀、过滤处理的储水池，取水点附近20米内，不设置厕所、粪坑等污染源。

二、管理的一般原则

1. 注意卫生，保持干燥

在舍内补饲时，应少喂勤添，防止投饲草过多，羊在采食时呼出的气体使草受潮，其他羊不吃而造成浪费。羊群经常活动的运动场，应选择高燥、通风、向阳的地方。

2. 保持安静，减少应激

羊易受惊吓，必须注意保持羊舍及周围环境安静，以避免影响其采食活动。

3. 夏季防暑，冬季防寒

夏季应在羊运动场安装遮阳网，有必要时羊舍内还可以进行机械通风。当环境气温低于0℃以下时应注意挡风保暖。

4. 合理分群，便于管理

根据羊群内羊的体况、月龄、性别等进行分群，便于管理。

5. 适当运动，增强体质

种公羊必须每天驱赶运动 2 小时以上。

舍饲羊要有足够的畜舍面积和运动场地，供羊自由进出、活动。

第二节　羊日常管理技术

一、羊群的组成与周转

适度的羊群规模对于合理利用牧场、草地、羊舍和人工等资源具有重要意义。羊群数目因牧区、农区舍饲、山区及羊的品种、性别、年龄和劳动力的多少而异，但均应以利于充分利用各方面资源为原则。

1. 羊群的组成

（1）羊群的结构

① 空怀和妊娠的繁殖母羊。

② 育成母羊断奶后到能够进入配种阶段的母羊。

③ 育成公羊断奶后到能够进入配种阶段的公羊。

④ 羔羊。

⑤ 种公羊。

（2）繁殖母羊群的结构

① 一胎和二胎母羊所占比例 30%～40%。

② 三胎和四胎母羊所占比例 50%～60%。

③ 高龄母羊所占比例 10%。

④ 年更新率 30%～35%。

（3）牧区羊群规模

① 母羊 400～500 只为一群。

② 育成母羊 200～300 只为一群。

③ 育成公羊 200 只为一群。

（4）舍饲羊群规模　舍饲养羊是在农区较为常见的羊饲养模式，可以根据人员、场地和饲草料储备情况选择合适的羊群规模，羊群从100～10000只不等。羊场的羊群结构合理与否直接影响着羊场的经济效益。一般应尽量减少种公羊的饲养比例。

① 采取本交配种的羊场公羊、母羊比例1∶30为宜。

② 采取人工授精的羊场公羊、母羊比例1∶100为宜。

2. 羊群周转

根据羊只不同月龄和不同的生产性能进行分群和周转，生产羊群的周转是否适时与合理，关系到养羊户经济效益的提高。因此，要想方设法地加快羊群的周转，提高生产效率。

（1）繁殖母羊周转　及时将配种妊娠的母羊转入妊娠母羊群；断奶后的母羊及时转入繁殖空怀母羊群；年龄大、生产力低的繁殖母羊及时淘汰。

（2）育成母羊周转　达到月龄和体重的育成母羊及时补充到繁殖母羊群。

（3）育成公羊周转　公羊达到体成熟后，进行采精检测；精液检测合格，符合种用条件的转入公羊群；精液不合格，体形不符合种用条件的，进行育肥或淘汰。

（4）羔羊周转　达到断奶月龄的要及时断奶，转入育成羊群；羔羊断奶后分群饲养，分为育成公羊和育成母羊。

二、编号

羊的个体编号是开展肉羊繁育和生产中不可缺少的技术工作，总的要求是简明、便于识别，不易脱落或字迹清晰，有一定的科学性、系统性，便于资料保存、统计和管理。羊的编号常采用金属耳标或塑料耳标，也有采用墨刺法、耳缺法或烙角法编号。

1. 插耳标法

耳标用铝或塑料制成，有圆形和长方形两种。耳标上面有特制的钢字打的号码。耳标插于羊的耳基下部，避开血管打孔并用酒精消毒。为查找方便，可将公羊耳标挂于左耳，末位数字用单数，母

图 3-1 插耳标法

羊耳标挂于右耳，末位数字用双数（图 3-1）。

2. 耳缺法

不同地区在耳缺的表示方法及代表数字大小上有一定差异，但原理是一致的，即用耳部缺口的位置、数量来对羊进行个体编号。

数字排列、大小的规定可视羊群规模而异，但同一地区、同一羊场的编号必须统一。耳缺法一般遵循上大、下小、左大、右小的原则。

编号时尽可能减少缺口的数量，缺口之间的界限清晰、明了，编号时要对缺口认真消毒，防止感染。

3. 墨刺法

即用专用墨刺钳在羊的耳廓内刺上羊的个体号。这种方法简便经济，无掉号的危险。但常常由于字迹模糊而难于辨认，目前已很少用了。

4. 烙角法

即用烧红的钢字将编号依次烧烙在羊的角上。此法对公羊、母羊均有角的配种较为适用。本法无掉号的危险，检查起来也很方便，但编号时较耗费人力和时间。

三、羔羊去势与断尾

1. 去势

凡不宜作种用的公羔要进行去势，去势时间一般为 1～2 月龄，多在春、秋两季气候凉爽、晴朗的时候进行。幼羊去势手术简单、操作容易，去势后羔羊恢复快。其方法有阉割法和结扎法。

（1）去势目的　去势后性情温顺，管理方便。育肥效果好，饲料回报率高；去势羊较公羊肉品质更好，无膻味，肉质细嫩。

（2）去势方法

① 阉割法　将羊保定后，用碘酒和酒精对术部消毒，术者左手握紧阴囊的上端将睾丸压迫至阴囊的底部，右手用刀在阴囊下端与阴囊中隔平行的位置切开，切口大小以能挤出睾丸为宜。睾丸挤出后，将阴囊皮肤向上推，暴露精索，采用剪断或拧断的方法均可。并在精索断端涂以碘酒消毒，在阴囊皮肤切口处撒少量消炎粉即可。

② 结扎法　公羔 1 周大时，将睾丸挤在阴囊里，用橡皮筋或细绳紧紧地结扎在阴囊的上部，断绝血液的流通。半个月左右，阴囊及睾丸萎缩并自然脱落。此法简便易行、效果好。结扎后，要注意检查，以防止橡皮筋断裂或结扎部位发炎、感染。

2. 断尾

养羊业中羔羊的断尾主要是在种公羊与当地母羊杂交所生的杂交羔羊，为避免粪尿污染羊毛，或夏季苍蝇在母羊的外阴部下蛆而感染疾病和便于母羊配种。

（1）断尾时间　出生后 3～10 天内断尾。对于体弱羊应适当延长几天，待健壮后再进行。天气晴朗、干燥时进行断尾。

（2）断尾方法　主要包括结扎法和烧烙法。

① 结扎法　用旧自行车内胎、胶筋等横切成 0.2～0.3 厘米宽的胶条或橡皮筋。一人将羔羊贴身抱住，用手拉尾巴使其与身体平行方向伸直，另一人用胶条紧缠在羊尾的第四尾椎关节处（距尾根 4～5 厘米），阻断尾下段的血液流通，缠紧后约 10 余天尾端干萎

脱落。此法简单易行，便于操作。

10 天左右尾后段自行脱落，未脱落者可用剪刀剪下，并在断口处用碘酒消毒。

② 烧烙法 准备一特制的断尾铲和 2 块 20 厘米见方（厚 3～5 厘米）的木板，在一块木板一端的中部锯一个半圆形缺口，两侧包以铁皮。

术前用另一块木板衬在条凳上，由一人将羔羊背贴木板进行保定，另一人用带缺口的木板卡住羔羊尾根部（距肛门 3～4 厘米），并用烧至暗红的断尾铲将尾切断。

下切的速度不宜过快，用力应均匀，使断口组织在切断时受到烧烙，起到消毒、止血的作用。

尾断下后如仍有少量出血，可用断尾铲烫即可止血，最后用碘酒消毒。

四、剪毛

各养殖场应在适宜的时期组织好剪毛工作，以提高羊毛的产量和质量，同时也保证羊体健康并有利于育肥。

1. 剪毛次数

细毛羊、半细毛羊只在春季剪毛 1 次，如果每年剪毛 2 次，则羊毛的长度达不到精纺要求，羊毛价格低，影响养羊的总收入。

粗毛羊一般春、秋两季各剪毛 1 次，有的地方品种（如大尾寒羊）每年可能在春、夏、秋季剪毛 3 次。初夏时剪毛 1 次有利于肉羊增重。

2. 剪毛时间

过早剪毛，羊体易遭受冻害；过迟剪毛，一则会阻碍体热散发，羊体感到不适而影响增重，二则羊毛自行脱落造成经济损失，特别是舍饲圈养的羊群，常因为采食脱落的羊毛，在瘤胃形成毛团，阻塞瓣胃，而造成毛球病。

剪毛应在晴天进行，雨后不应立即剪毛。这是因为雨后羊毛潮湿，剪下的羊毛包装后易引起腐烂。

剪毛的具体时间依当地的气候条件而定。西北牧区春季剪毛，在5月下旬至6月上旬；青藏高原高寒牧区在6月下旬至7月上旬；农区在4月中旬至5月上旬；春季剪毛要在气候变暖并趋于稳定时进行；秋季剪毛多在9月进行。秋毛的经济价值比春毛要低，因此一些羊场常常忽视秋季剪毛。不剪秋毛对羊场的危害很大，因为秋毛中有髓毛的比例较高，不剪秋毛的羊，毛被中干死毛的比例也很高，造成来年春毛不符合收购标准，价值降低。秋季剪毛后药浴是羊场管理的重要环节，为的是驱除体外寄生虫。没剪秋毛的羊群往往在早春季节暴发疥癣。

3. 剪毛方法

绵羊剪毛的技术要求高，劳动强度大，在有条件的大、中型羊场，应提倡采用机械剪毛。

（1）手工剪毛　利用剪毛剪，一个人一天能剪20～30只羊，劳动强度大，工作效率低，适合小规模羊场。

（2）机械剪毛　一个熟练的剪毛工平均每天可剪260～350只羊，速度快、质量好，适合大规模羊场。

4. 剪毛注意事项

剪毛时要集中注意力，避免剪伤。剪伤后要立即涂浓碘伏，防止化脓生蛆、感染破伤风杆菌。

有疥癣病的羊只应最后剪毛，剪毛结束后剪毛工具和剪毛场所要彻底消毒。

羊在剪毛前12小时停止放牧、喂料和饮水，以免在剪毛过程中粪尿污染羊毛，或因饱腹在翻转羊体时引起胃肠扭转等事故。

五、驱虫和药浴

1. 驱虫

在羊的寄生虫病的防治过程中，多采取定期（每年2～3次）预防性驱虫的方式，以避免羊在轻度感染后进一步发展而造成严重危害。详见第六章。

2. 药浴

药浴是预防和治疗羊疥癣、羊虱等体外寄生虫病的重要措施。在有疥癣病发生的地区，对羊只每年可进行 2 次药浴。治疗性药浴，在夏末秋初进行。冬季对发病羊只可选择暖和天气，用药液局部涂擦。

（1）药浴时间　一般在剪毛后 7～10 天进行。选择晴朗的天气。药浴前停止放牧半天，并饮足水。

（2）药浴池建设　详细内容见第二章。

（3）药浴的药物　0.05％氧硫磷乳油（100 千克水加 50％辛硫磷乳油 50 克）。0.5％～1％敌百虫水浴液。药液配制应使用饮用水，加热到 60～70℃，药浴时药液温度为 20～30℃。

（4）药浴的方法

① 盆浴法　此方法常用于个别羊的皮肤病治疗。将药液盛在一个小型的容器中，如大盆、缸、大锅或特制的水槽。药浴时用人工方法，将羊逐个进行洗浴。这种方法适用于羊数量较少的农户。

② 池浴法　药浴时一个人负责推引羊只入池，另一个人手持浴叉负责池边照护，遇有背部、头部没有渗透的羊将其压入药液内浸湿，使其全身各部位都能彻底浸湿药液。当有挤压现象，要及时拉开，以防药液呛入羊肺或淹死在池内。如发现有被药水呛着的羊只时，要用浴叉把羊头部扶出水面，引导出池。羊在入池 2～3 分钟后即可出池，使其在广场停留 5 分钟后再放出。

③ 淋浴法　淋浴具有容量大、速度快、省工、安全等优点，但需一定的动力（电力和内燃机）和设备。淋浴装置由机械和建筑两部分组成。机械部分有动力、水泵、管道和喷头，喷头分上、下两部分，上喷头由上向下喷，下喷头由下向上喷。为喷得均匀，上喷头装在喷头架上，距地面 1.6 米，各个喷头喷水位置互相交叉，喷水时由于喷水的反作用，喷头架开始转动，使药液均匀地喷洒在所有羊体上部。一般上、下喷头交叉喷药。

建筑部分包括淋场、进水池、储配池、进羊栏、滤液栏和收容栏等。

淋浴前应先清洗好淋场进行试淋，待机械运转正常后，即可按规定浓度配制药液。淋浴时先将羊群赶进羊栏，然后分批进入淋场，开动水泵进行喷淋，经2～3分钟淋透全身后即可关闭水泵，将淋毕的羊只赶入滤液栏中滴净药液，再赶入收容栏待全群淋完后赶回羊舍（圈）。

（5）药浴注意事项

① 药浴应选在晴朗、暖和、无风天气，于日出后的上午进行，以便药浴后，羊毛很快干燥。

② 羊在药浴前8小时停止饲喂，入浴前2～3小时饮足水，防止羊口渴误饮药液。

③ 药浴前，应选用品质较差的羊3～5只试浴，无中毒现象，再按计划组织药浴。先浴健康羊，后浴病羊，妊娠2个月以上的母羊或有外伤的羊暂时不进行药浴。药液应浸满全身，尤其是头部。

④ 药浴后羊休息1～2小时，即可放牧，如遇风雨应及早赶回羊舍，以防感冒。药浴结束后2小时内不得母子合群，防止羔羊吮乳时中毒。

⑤ 药浴在剪毛后7～10天进行较好，过迟过早效果都不好。对患疥癣病的羊，第一次药浴后隔1～2周重复药浴1次。羊群若有牧羊犬，也应一并药浴。

⑥ 药浴期间，工作人员应佩戴口罩和橡皮手套，以防中毒。药浴结束后，药液不能任意倾倒，以防动物误食而中毒。

⑦ 妊娠2个月以上的母羊不能药浴，以免发生流产。

六、修蹄

修蹄是羊重要的保健工作。对舍饲养羊尤为重要，羊蹄过长或变形，会影响羊的行走，产生蹄病，甚至造成羊只残疾。每年春季至少要修蹄1次，或根据具体情况随时修蹄，以免造成蹄甲变形，导致蹄夹感染。修蹄对配种公羊尤为重要，蹄病或变形蹄会影响种公羊的配种和采精。

1. 修蹄时间

修蹄宜在雨后进行，或修蹄前在较潮湿的地带放牧，使蹄变软，以利修剪。

2. 修蹄工具

修蹄的工具主要有蹄刀、蹄剪。同时配备高锰酸钾、碘酒、烙铁等物品。

3. 修蹄方法

修蹄时，羊呈坐姿保定，背靠操作者。先从左前肢开始，术者用左腿架住羊的左肩，使羊的左前膝靠在人的膝盖上，左手握蹄，右手持刀、剪，先除去蹄下的污泥，再将蹄底削平，剪去过长的蹄壳，将羊蹄修成椭圆形。

修蹄时可用修蹄剪，先把较长的蹄甲修剪掉，然后将蹄周围的蹄角质修整得与蹄底接近平齐。

变形蹄必须每隔十几天修 1 次，连续修蹄 2～3 次，可以矫正蹄形。

修蹄时要细心操作，动作准确，有力，要一层一层地往下削，不可一次切削过深。如果修剪过深造成出血，可以涂碘酒消毒；若出血不止，可用烙铁烧成微红，将蹄底迅速烧烙一下，到止血为止。烧烫时动作要快，以免造成烫伤。

第三节　种公羊的饲养管理

人们通过长期的养羊实践总结出“公羊好，好一坡；母羊好，好一窝”，可见种公羊对提高羊群质量有重要的作用。利用经济杂交从事肉羊生产时，肉用种羊是做好肉羊生产的关键，对提高羊群的生产性能和繁殖育种有着非常重要的作用。

一、种公羊的饲养管理原则

种公羊的饲养应常年保持结实健壮的体质，达到中等以上种用体况，并具有旺盛的性欲，以及良好的配种能力和能够用于输精的精液品质。要达到这个目的，需做到以下工作。

合理搭配饲料，保证饲料的多样性，尽可能全年均衡地供给青绿多汁饲料。

注意补充矿物质和维生素。

日粮要保持较高的能量和蛋白水平，即使在非配种期，也不能单一饲喂粗饲料，必须补饲一定的混合精料。

公羊必须保证适度放牧和运动时间，防止过肥而影响配种。

二、种公羊的饲养管理要点

在实际羊生产中，一般把种公羊分为非配种期和配种期进行饲养管理。

1. 非配种期的饲养管理要点

种公羊在非配种期的饲养以恢复和保持良好的种用体况为目的。配种结束后，由于公羊的体况有不同程度的下降，为了使体况较快的恢复，在配种刚结束的1～2个月内，种公羊的日粮应与配种期的完全一致，但对日粮的组成可做适当的调整，增加优质青干草或青绿多汁饲料的比例，逐渐转为饲喂非配种期的日粮。每天应补饲0.5～1千克混合精料和一定的优质青干草，并保证每天进行1～2小时驱赶运动，为配种期奠定基础。

2. 配种期的饲养管理要点

种公羊在配种期消耗营养和体力最大，日粮要求营养全面、容积小且多样化、易消化、适口性好，特别要求蛋白质、维生素和矿物质的充足。种公羊配种期的饲养分为配种预备期和配种期两个阶段。

（1）配种预备期　是指配种前1～1.5个月，在此时期要着重加强公羊的补饲和运动，同时开始饲喂配种期的标准日粮。

1）饲养管理　开始按标准饲喂量的60%～70%逐渐增加，直至全部转为配种期日粮。饲喂量为，混合精料1.0～1.5千克，青贮料或其他青绿多汁饲料1.0～1.5千克，青干草足量。精料每天

分 2 次饲喂，补饲青干草用草架或饲槽饲喂。

混合精料组成为谷物饲料占 60%，以玉米为主，豆类和豆粕占 20%以上，麸皮 10%以上，并添加一定比例的预混料。

2）采精训练与精液检测　配种预备期内要进行公羊的采精训练和精液检测。

① 采精训练　采精前增强公羊运动，以适应配种期高强度采精、配种工作。对胆小的种公羊，用发情母羊引诱人工采精。排放公羊存留的死精，促进精子不断更新，以提高精子活力。

② 精液检测　精液检测的项目包括密度、活力、射精量、颜色和气味等。

正常精液颜色为乳白色。正常精液气味为无特殊气味。正常精液外观为肉眼可见云雾状翻滚。射精量为 0.5～1.5 毫升，平均 0.8 毫升，每毫升含有精子 10 亿～40 亿个，平均 30 亿个。当精子活力差时，应加强种公羊的运动，种公羊每天的运动时间要增加到 4 小时以上。

3）配种计划　在配种预备期内，要安排好配种计划，羊群的配种期不宜拖得过长，争取在 1.5 个月左右结束配种，配种越短，产羔期越集中，羔羊的年龄差别不大，这样便于管理。

（2）配种期　配种是公羊的主要任务。种公羊在配种期内要消耗大量的养分和体力，因此在此阶段饲养管理不到位，就不能很好地完成配种任务。

① 种公羊管理　配种期种公羊的管理要做到认真、细致。要经常观察种公羊的采食、饮水、运动及粪便情况，并保持饮水、饲料的清洁卫生，要经常观察公羊的食欲好坏，以便及时调整饲料。

种公羊必须单独组群饲养，除配种外，尽量远离母羊，更不能公、母混养，以防乱配。

种公羊舍应通风、向阳、干燥。高温、高湿都会对精液的品质产生不良影响。

配种期内要对公羊加强运动，通过运动增强种公羊的体质，并防止肢蹄变形，还能保证种公羊性欲旺盛、精液品质良好，减少疾病的发生。在配种期，种公羊的运动要增加到 4～6 小时。

种公羊配种采精要适度。一般 1 只公羊自由交配可承担 25 只母羊的交配任务，人工授精能承担 300～500 只母羊的配种任务。

公羊在采精前不宜吃得过饱，过饱会造成公羊爬跨困难，影响采精效果。

② 种公羊饲养　配种期最重要的任务是进行合理的补饲。日粮要求营养丰富全面，容积小且多样化，易消化、适口性好，特别要求蛋白质、维生素和矿物质要充分满足。种公羊个体间对营养的需要量相差很大，补饲量可根据公羊的体重大小、膘情和配种任务而定。

在配种期，体重 80～90 千克的种公羊每天需饲喂混合精料 1.2～1.4 千克，苜蓿干草或其他优质干草 2 千克，胡萝卜 0.5～1.5 千克，食盐 15～20 克，骨粉 5～10 克，血粉或鱼粉 5 克。

在配种任务较大时，为了提高种公羊的精液品质，可在饲料中加生鸡蛋 1～2 个，捣碎拌入料中饲喂。

三、种公羊的初配年龄和利用年限

公羊性成熟为 6～10 月龄，初配年龄 12～15 月龄，不同品种间会有所差别。

公羊利用过早会影响自身发育，利用过晚又会增加饲养成本，最好应在性成熟和体成熟之间的阶段开始配种为宜。

种公羊的利用年限一般为 6～8 年，但最佳利用年限为 4～5 年。

种公羊的利用年限也与公羊配种次数有关。公羊交配次数过多，可严重影响利用年限和精液品质。因此，必须严格控制公羊的交配次数。

第四节　育成羊的饲养管理

一、断奶期

羔羊断奶前后，由以母乳为营养来源，逐渐过渡到食用饲料，

此阶段的羔羊瘤胃发育极为迅速，但是尚未发育完善，对饲料的消化吸收能力还不强，这一时期的羔羊最容易发生消化不良、腹泻等疾病，若管理不当，会导致羔羊死亡。

另外，此时期羔羊的骨骼肌肉生长特别快，应提供优质的日粮。此时期育成羊的日粮应以混合精料为主，并要补给优质干草和适量的青饲料，日粮的粗纤维含量一般15%～20%为宜。此阶段饲养得好坏，是影响育成羊的体格大小、体形和成年后生产性能的重要阶段。

许多早熟的肉羊品种，其羔羊在断奶前后生长发育特别快，在较好的饲养条件下，日增重可达250克以上。

二、性成熟期

羊的性成熟期受遗传因素影响很大，早熟品种的肉羊4～6月龄就达到了性成熟。这一阶段的育成羊要按性别单独组群饲养，以防发生早配现象。

性成熟期的羔羊，生长速度最快，日增重可达300克左右。

育成羊的饲养方法不同于肥羔，更重视骨骼和内脏器官的发育。因此，育成羊的日粮应以优质干草为主，不能过于强调日增重，特别是育成母羊，如果过于肥胖，日后的产羔和哺乳性能都比较差。

从性成熟到初配的育成羊是形成种羊体形结构的关键时期，以大量的优质苜蓿干草或青干草为主，加上少量的精饲料，所组成的日粮，有利于形成结实、干燥、四肢健壮的种用体形。

精料型日粮（精料比例大于50%）不适于育成羊的饲养，日粮精饲料以0.2～0.3千克为宜。

三、配种期

确定恰当的初配年龄，是种羊合理使用的第一个关键环节。过早配种，影响育成羊的生长发育，使种羊的体形小、使用年限缩短；晚配种使育成期拉长，既影响种羊场的经济效益，又延长了世代间隔，不利于羊群改良。

一般认为，母羊育成羊期体重达到成年体重的70%～75%时，可以开始配种。

公羊最好在1岁半以后开始使用，早熟品种公羊，可以在1岁左右初配，但应限制使用。

为了检查育成羊的发育情况，在1岁半以下的羊群中，抽取10%～15%的羊，固定下来，每月称重，与该品种羊的正常生长速度相比较。

第五节　繁殖母羊的饲养管理

母羊达到配种年龄后，便进入配种—妊娠—分娩—哺乳—断奶—再次配种的周期性生产循环中。母羊的使用年限则视饲养管理条件而定，在正常条件下，母羊前8胎的繁殖能力较好，以2～6胎母羊的产羔率、泌乳力为最佳，母羊8胎后泌乳力明显下降，带羔能力和产羔后的恢复能力都较差。

为了充分发挥母羊的生产潜力，繁殖母羊场应强调母羊的阶段分群饲养技术。母羊生产周期可分为空怀期、妊娠前期、妊娠后期、哺乳期4个阶段。

一、空怀期饲养管理

空怀期是指母羊在羔羊断奶后，尚未配种前的恢复时期。母羊恢复期的长短视羊场产羔周期的长短、母羊生理恢复情况而定。母羊空怀期的营养水平视母羊体况而定。母羊体况可分为良好、中等、较差和极差4个等级。

体况良好的母羊可按照同等体重的母羊的维持需要量饲喂，发情即可配种。体况中等的母羊，可在维持需要的基础上适量增加精饲料，发情即可配种。体况较差或极差的母羊，在分析具体情况后，排除疾病，逐渐增加精饲料喂量，待母羊体况恢复到中等以上后，再发情配种。

二、妊娠前期饲养管理

妊娠前期是指妊娠的前3个月。

妊娠前期胎儿生长发育较为缓慢，只有其出生重的10%～20%，所需要的营养水平满足营养需要即可。过高的营养水平会影响胚胎发育，致使胚胎早期死亡。

降低饲养密度，防止采食时拥挤，造成母羊流产。

三、妊娠后期饲养管理

妊娠后期是指妊娠的后2个月。

在妊娠后期胎儿生长发育很快，母羊的营养必须跟上。母羊在妊娠期营养不足，可造成流产或胎儿被吸收。

妊娠后期的母羊营养，一方面是供给胎儿的生长发育；另一方面是母羊为哺乳时期储备营养泌乳。这一阶段营养不足，羔羊出生重小、成活率低。

妊娠期由于胚胎的发育和母体内营养物的储备，母羊和胎儿共增重可达7～8千克，双羔的可增重15～20千克。胎儿的发育需要的蛋白质也不少，妊娠期间纯蛋白质总储蓄量可达1.8～2.4千克，其中80%是在妊娠后期积蓄的。妊娠后期热能代谢比空怀母羊高出15%～20%，妊娠期钙、磷需要都增加，每50千克体重的母羊，钙每天增加到8.8克，磷每天增加4克。

维生素A、维生素D也不能缺乏，与钙磷配合起作用。否则，羔羊产下后软弱、抵抗力差；母羊瘦弱，泌乳不足。

四、哺乳期饲养管理

哺乳期是指羔羊出生到断奶这一时期，哺乳期为2.5～3个月。根据母羊泌乳规律和羔羊生长发育规律，把哺乳期分为前期（6周）和后期（4～6周）。

1. 母羊的泌乳力直接影响羔羊的增重和疾病抵抗力

哺乳期的羔羊每增重100克，就需母羊乳500克，而母羊生产500克的乳，就需要0.3千克的饲料单位、33克的可消化蛋白质、

1.2 克的磷、1.8 克的钙。吃奶多的羔羊，对疾病的抵抗能力强。

2. 母羊的营养水平是影响羊奶产量和质量的主要因素

补喂精料的母羊比不补喂精料的母羊产奶量明显提高，羊乳中含非脂肪固形物、蛋白质和钙、磷都高。母羊产乳量在最初的 2～3 周就达到高峰，随后逐渐下降。但在产羔后的 10～12 周产奶量还能达到高峰时的 50％～60％。乳成分也因泌乳阶段的不同而异，脂肪、蛋白质的含量有随着泌乳期的进展而增加的趋势。

3. 母羊的年龄影响产乳能力

1～2 岁的母羊产乳量低，以后则增加，6 岁以后则下降。脂肪、蛋白质的含量第二个泌乳期要比第三个高。产双羔的母羊比产单羔的母羊多产奶 40％，但是再增加哺羔数泌乳量增加很小。在同一品种内，体格大的母羊，泌乳量要高些。

到了哺乳后期，母羊泌乳能力下降，羔羊采食饲草饲料的能力日益增加，羔羊营养物质的主要来源已经不是母乳了，这一时期，母羊的生理负担在逐渐减轻。

对哺乳后期的母羊饲养管理的重点应该放在体质恢复和体况调整方面，要逐个评定母羊的体况，根据评定结果，制定饲养方案，为下一个产羔周期做好准备。

第六节　羔羊的饲养管理

一、羔羊出生前的准备工作

1. 棚舍准备

产羔工作开始前 3～5 天，必须对接羔棚舍、运动场、饲草架、饲槽、分娩栏等进行修理和清扫，并用 3％～5％的火碱或 10％～20％的石灰乳溶液进行比较彻底的消毒。消毒后的接羔棚舍，应当做到地面干燥、空气新鲜、光线充足、挡风御寒。

2. 产羔栏

羔棚舍内可分大、小两处，大的一处放母子群，小的一处放初

产母子群。运动场内亦应分成两处，一处圈母子群，羔羊小时白天可留在这里，羔羊稍大时，供母子夜间休息；另一处圈待产母羊群。

3. 饲草、饲料的准备

在牧区，从牧草返青时开始，在接羔棚舍附近，于避风、向阳、靠近水源的地方，用土墙、草坯或铁丝网围起来，作为产羔用草地，其面积大小可根据产草量、牧草的植物学组成，以及羊群的大小、羊群品质等因素决定，但至少应当够产羔母羊 1 个半月的放牧为宜。

有条件的羊场及农、牧民饲养户，应当为冬季产羔的母羊准备充足的青干草、质地优良的农作物秸秆、多汁饲料和适当的精料等，对春季产羔的母羊也应当准备至少可以舍饲 15 天所需要的饲草、饲料。

二、母羊和新生羔羊护理

母羊产后整个机体，特别是生殖器官发生着剧烈的变化，机体的抵抗力降低。为使母羊尽快复原，应给予适当的护理。在产后 1 小时左右给母羊饮 1～1.5 升的温水，3 天之内喂给质量好、易消化的饲料，减少精料喂量，以后逐渐转变为饲喂正常饲料。注意母羊恶露排出的情况。一般在 4～6 小时排净恶露。检查母羊的乳房有无异常或硬块。羔羊产出后，迅速将口、鼻、耳中的黏液抠出，让母羊舔净羔羊身上的黏液。羔羊出生后，羔羊脐带留 2 厘米，剩余部分剪去，并用碘酒进行脐带断端浸泡消毒。如果羔羊发生窒息，可将两后肢提起，使头向下，轻拍胸壁。进行人工呼吸，将羔羊仰卧，前后伸展前肢，同时用手掌轻压两肋和胸部。注意羔羊的保温。在寒冷地区或放牧地区出生的羔羊，应迅速擦干羔羊身体，用接羔袋背回接羔室放入母子栏内。尽快帮助羔羊吃上初乳。对于母羊和生后 3 天以内的羔羊，母、子不认的羊，应延长在室内母子栏内的饲养时间，直到羔羊健壮时再转群。为便于管理，母、子同群的羊可在母、子同一体侧编上相同的临时号码。

三、羔羊哺乳

1. 初乳

羔羊出生后，一定要尽早让羔羊吃上初乳，最好在生后 1 小时内让羔羊吃上初乳。初乳指母羊分娩 1～5 天内分泌的乳汁；初乳富含镁，有促进胎便排出的作用，羔羊吃了初乳，在 1～3 天内就逐渐排出黄色、黏性很高的胎便，胎便排不出来会造成羔羊便秘；初乳浓度很高，含有多种抗体，可使羔羊安全度过危险期，提高羔羊疾病抵抗力。产羔房里一般设有母子栏，其面积为 1～1.5 米^2。母、子在产羔栏内，至少共同生活 2～3 天。这样做，为的是让新生羔羊能确实吃到初乳，也有利于母子亲和，便于相互识别。

2. 哺乳间隔时间

分娩后 1 周内，母羊可让羔羊昼夜吃奶，2 次吃奶的间隔时间为 1 小时或更短，直到 20 天羔羊几乎每隔 1～2 小时就要吃 1 次奶。20 天以后，羔羊可以每隔 4 小时吃 1 次奶。

3. 羔羊人工哺乳技术

羔羊的人工哺乳往往是针对多羔、孤羔或弱羔进行的。

(1) 奶瓶法　将鲜奶加热到 40～42℃，装入消毒的奶瓶，逗引羔羊吸吮。这种方法简单、卫生、可控制奶量，特别适用于弱羔。但此方案费工费时，难以在大群中使用。

(2) 盆饮法　将鲜奶加热到 40～42℃，倒入消毒后的盆中，训练羔羊自饮。盆饮时首先要进行教奶。具体做法是，先让羔羊饥饿半天，一般是下午停奶，第 2 天早晨教其盆饮。

开始教奶时，一手按着羔羊的头，让嘴伸入盆中，使其自饮。但要注意，不要将鼻子按进奶中呛着羔羊。一般情况下，训练 1～2 次羔羊即可学会盆饮。

这种方法简便易行，省工省力，适合于大群羔羊一起哺乳，但羔羊吃得快时，容易发生食道沟反射不全或呛奶的现象。

(3) 哺乳器法　将哺乳器吊挂于离地面 50 厘米高处，让羔羊抬头就能吸吮到乳头，使其自由采食。这种方法容易使羔羊形成条

件反射，羔羊之间互相学习，很容易学会吃奶。

4. 人工哺乳注意事项

（1）定时　人工哺乳要按照哺乳方案严格执行。开始每隔 6 小时哺乳 1 次。1 月龄后可以每隔 8 小时哺乳 1 次，以后过渡到 12 小时 1 次，随着羔羊月龄和体重的增加，逐渐增加饲草饲料的喂量，喂奶次数可以减少到 1 天 1 次。人工哺乳要严格把握每只羔羊的哺乳量。哺乳不足则营养不良，生长发育缓慢；过量则消化不良，引起羔羊拉稀。

（2）定温　人工哺乳的奶以接近或稍高于母羊体温为宜，40～42℃最好。奶温过低最容易引起拉稀，过高会烫伤口腔黏膜，影响哺乳。

（3）卫生　羔羊哺乳工具要保持干净卫生，每次用完要用开水冲洗，使用前要再冲洗。每隔 2 天用热火碱消毒 1 次，每周用 0.5％的新洁尔灭溶液消毒 1 次。每次吃奶完毕，要用毛巾为羔羊擦干嘴巴，以防羔羊之间相互舔食，形成舔癖，引起脐带炎、睾丸炎、皮炎和口腔炎等疾病。这种毛病一旦养成，很难纠正，后患无穷。因此，千万不要轻视擦嘴这件小事。病羔应与健康羔羊隔离，用具也要与健康羔羊分开，不要相互混用，以免引起感染。

5. 羔羊早期断奶技术

传统的羔羊断奶时间为 2～3 个月，如采取提早训练采食和补饲的方法饲养羔羊，可使羔羊在 1～1.5 月龄安全断奶。早期断奶除可促进羊发育、加快生长速度外，还可以缩短母羊的繁殖周期，1 年 2 胎或 2 年 3 胎，达到多胎多产的目的。

羔羊在 10～15 日龄时，应训练采食嫩树叶或牧草，以刺激唾液分泌，锻炼胃、肠机能。并放置羔羊颗粒料，让其自由采食。

随着羔羊的生长发育和采食能力的提高，应逐渐减少哺乳次数，或间断性采取母子分居羊舍的方法，这样一般 40 天左右可完全断奶，比传统的3月龄断奶可提前一半时间，早期断奶的羔羊应单独关在一栏，继续补料，以加强早期断奶羔羊的培育。

四、羔羊补饲

1. 尽早训练羔羊吃草

1周龄的羔羊就可以训练吃草了，有利于促进羔羊消化器官的生长发育和心肺功能的健全。可在圈内设一个羔羊补饲栏，在栏内放一些优质干草和羔羊颗粒饲料，让羔羊自由采食。

2. 羔羊隔栏补饲

（1）隔栏补饲　隔栏补饲就是在母羊舍的运动场，选择阳光充足、平坦、干燥之处，用围栏隔出只供羔羊进出、母羊进不去的小区，用作羔羊补饲区，同时设羔羊补饲槽。

（2）羔羊提前补饲的好处　加快羔羊生长速度，为日后提高育肥效果打好基础，缩短育肥期限。缩小单羔、双羔以及三羔的羔羊个体大小的差别。多羔初生重较小，母羊供给的奶量也少，提前补饲有助于多羔的生长发育。减少羔羊打搅母羊索奶的频率，放牧母羊有足够的时间安心采食，从而使泌乳高峰持续较长时间，这样对母子都有利。母羊可以尽快恢复体况，提早断奶，提早配种，实现母羊1年产2羔的目标。补饲时间隔栏补饲最早可以提前到10日龄开始。

（3）怎样让羔羊习惯吃料　开始补饲时，白天在饲槽内放些羔羊开食料，量少而精。每天不管羔羊吃过没有，全部换上新的。

等羔羊学会吃料后，每天按羔羊的进食量投喂。投料量以放1次饲料，羔羊能在20～30分钟内吃完为准。

开始时每天每头羊为45～55克，后期达400～450克。全期每只羔羊可以消耗9～14千克的饲料。

根据羔羊有随母羊活动和模仿母羊动作的特点，开始也可以在饲槽内放一些母羊饲料，习惯后再喂羔羊专用饲料。1天饲喂1次或2次均可，早晚各1次更好。

第七节 肉羊育肥技术

一、育肥羊的饲养方式

1. 放牧育肥

我国劳动人民育肥羊的历史悠久，放牧育肥是我国肉羊育肥的主要方式。这是最经济最实用的饲养方式。在饲草资源丰富的草原、山区、半山区、丘陵地带，提倡夏秋季放牧抓膘，当年羔羊或淘汰母羊于入冬前上市屠宰。这样对于节省劳动力，降低饲养成本，提高养羊业的经济效益具有重要的意义。

(1) 育肥羊的来源

① 大羊可以利用架子羊或不留种用的成年羊。

② 羔羊可用断奶后不留作种用的公羔。

(2) 草场分配 羔羊宜在以豆科牧草为主的草场上放牧育肥，因为羔羊的增重主要靠蛋白质的增加。

成年羊和老年淘汰羊的活重增加，主要决定于脂肪组织，所以可放在以禾本科为主的草场。

(3) 成年羊放牧育肥 每天采食 7～8 千克青草，折合干物质为 2～2.4 千克，平均日增重 100 克以上，如果在人工草场上放牧育肥，平均日增重可达 200 克以上。

放牧育肥羊群要按年龄、性别分群，再按膘情好坏调整。

放牧育肥时期因群而异，羯羊群育肥一般在夏场结束；淘汰母羊群在秋场结束；中、下等膘情的羊群和当年羔羊，在放牧期之后适当补饲，达到上市标准后结束。

为了提高放牧育肥效果，可以采用放牧加补饲的方法。

第一期放牧育肥安排在 6 月下旬到 8 月下旬，第一个月完全放牧，第二个月每只羊每天晚上补精料 200 克。到育肥后期，补饲精料量增加到 400 克。

第二期放牧育肥安排在 9 月上旬到 10 月底，第一个月放牧加补饲 200～300 克，第二个月补饲量增加到 500 克，全期增重可以提高 30%～60%。

（4）羔羊放牧育肥　羔羊 2～3 月龄断奶后，除部分羔羊被选留作后备羊外，其余羔羊多半出售处理。这时体重小或体况差的羔羊通过适度育肥，而体重大的羔羊通过短期强度育肥，均可以大大提高出售价格。如果草场品质较差，如豆科牧草少、草株老黄等，归牧后应加草料补饲。

羔羊断奶后如果遇到天气炎热或雨季，只靠放牧增重较慢，因为羔羊在炎热天气里，食欲减退，每天采食青草量达不到 2.5 千克，或因雨季青草水分含量过高，干物质相对减少，羔羊得不到充分的营养。应适当加喂干草或补饲精料。另外，为了充分利用优质草场，提高单位面积的商品生产率，可采取羔羊分期上市的办法。

2. 舍饲育肥

舍饲育肥方式适用于农区。近年来推广的山区繁殖，平地育肥的生产布局，多半采用这种方式。舍饲育肥需要有一定的投入，如搭建羊圈、购置饲料加工机械等，但育肥效果好，可以按照肉羊饲养标准配制日粮，决定育肥强度，缩短育肥期，提高肉羊的屠体品质，生产高档羊肉。对比放牧育肥，相同月龄屠宰的羔羊，舍饲育肥活重提高 10%，胴体重提高 20%。

（1）舍饲育肥羊的来源与饲养管理　以羔羊为主。放牧羊群在特殊情况下，也可能转入舍饲育肥。如草原雨季来临，或干旱牧草生长不良时，羊群就以舍饲为主。

放牧羊群改为进圈育肥，一开始要有一个适应期，一般为10～15 天。先喂给以优质干草为主的日粮，逐渐加入精料，等羊只适应新的饲养方式后，改为育肥日粮。

肉羊育肥日粮的精饲料与粗饲料的配合比例，一般以 45%的精料和 55%的粗料为宜。增大育肥强度时，精料比例可以增加到 60%，甚至更高。

加大精料喂量，要注意过食引起的肠毒血症和日粮中钙、磷比例失调引起的尿结石症。

（2）舍饲育肥的投料方式

① 普通饲料槽 人工投料是设饲槽和草架，草和料分开添加，1天加料2次。可以根据育肥羊的采食情况，调整草料比例和投料量。

② 自动饲槽 草料按饲养标准预先混合配制，整个育肥期日粮品质保持不变，一次装满饲槽容器内，边吃边落，育肥羊不易挑拣。配合饲料可以做成粉粒状或颗粒状饲料。

粉粒状日粮，粗饲料（干草和秸秆等）不宜超过20%～30%，并要适当粉碎，粒子大小为10～15毫米。

颗粒饲料用于羔羊育肥，日增重可以提高25%，同时可以减少饲料的抛撒浪费。颗粒饲料养分齐全，而且通过消化道的速度，比一般饲料快，有利于增大羊的采食量，从而加快肉羊的生长速度。颗粒饲料中的粗饲料比例，羔羊料不超过20%，羯羊等用的料可以增加到60%。颗粒大小，羔羊用为1～1.3厘米，大羊用为1.8～2厘米。

颗粒饲料由于制作原料粉碎较细，育肥羊进食后的反刍次数有所减少，羔羊可能出现吃垫草等现象。这是因为长草有利于促进反刍，刺激瘤胃发育等作用。最好在羔羊圈设有草架。

(3) 羊舍垫料 在潮湿季节，舍饲育肥圈，特别是羔羊育肥圈，要铺垫一些秸秆、干草或其他吸水材料，以后直接往上添撒，每隔2米撒1行，1周撒2次，每次铺撒的位置要更换，随着羔羊的运动将垫草散开铺匀。

(4) 羊舍通风、防暑、保暖 圈舍要通气良好，夏季挡强光，冬季避风雪，讲究卫生，保持安静，不惊吓羊，为育肥创造良好的环境。

二、羔羊早期育肥技术

羔羊早期育肥技术，作为肉羊生产的一种形式，投入少、产出高、方式灵活，可以充分利用幼龄羔羊生长速度快、饲料转化效率高的有利条件。哺乳羔羊育肥的料肉比为（2～2.5）∶1，1.5月龄断奶羔羊为（2.5～3.5）∶1，而4月龄以上的当年羔羊为（4～

6)∶1。

1. 早期断奶羔羊的育肥技术

羔羊 1.5 月龄断奶，采用全精料育肥，育肥期为 50～60 天，羔羊 3 月龄左右屠宰上市。早期断奶羔羊育肥后上市，可以填补夏季羊肉供应淡季的空缺，缓解市场供需矛盾。

2. 早期断奶羔羊全精料育肥技术要点

（1）羔羊断奶前实行隔栏补饲　羔羊 1.5 月龄断奶前半个月实行隔栏补饲，或在早、晚有 2～4 小时的时间与母羊分开，让羔羊在一专用圈内活动，活动区内放有饲料槽和饮水器，其余时间仍然母子在一起。补饲的饲料应与断奶后的饲料相同，最好用羔羊颗粒饲料。

（2）做好预防注射　育肥羔羊常见的传染病有肠毒血症和出血性败血症。羊肠毒血症疫苗可以在产羔前给母羊注射，或在断奶前给羔羊注射。羔羊活动场要保持干燥卫生、通风良好。

（3）按比例配制日粮　根据羔羊的体重和育肥速度，配制全精料日粮。现提出早期断奶羔羊的饲料配方，仅供参考。玉米 83%，黄豆饼 15%，石灰石 1.4%，食盐 0.5%，微量元素 0.1%。育肥全期不变更饲料配方。

（4）让羔羊自由采食育肥饲料　最好采用自动饲槽，以防止羔羊四肢踩入饲槽，污染饲料，降低饲料摄入量，扩大球虫病和其他病菌的传染。自动饲槽应随羔羊日龄适当升高，以饲槽中没有饲料堆积或溢出为准。

（5）育肥期间羔羊不能断水　饮水器内始终保持有清洁的饮水，如果发现羔羊有啃食圈墙的现象，要在运动场内添设盐槽，槽内放有食盐，任羔羊自由采食。

三、肥羔生产技术

肥羔生产是指羔羊 2～3 月龄断奶、经过 90～150 天的育肥，羔羊于 6～8 月龄达到屠宰体重，宰前活重一般公羔为 50 千克、母羔为 40 千克，胴体重为 20～22 千克。

1. 育肥羔羊的利与弊

早期育肥羔羊有生长快、饲料报酬高等几方面的优点，其羔羊胴体偏小，水分含量较高。在烤羊肉串和涮羊肉等传统的羊肉加工烹饪上，人们更喜欢肥羔肉。

2. 肥羔生产方式

肥羔生产有自繁自养和移地育肥两种方式。

（1）自繁自养　由于羔羊断奶后环境变化不大，羔羊应激反应造成的损失较小，是一种比较安全可靠的饲养方式。但是，由于受羔羊来源的限制，很难实现全进全出，批量生产。

（2）移地育肥　就是收购断奶后的羔羊，按性别、体重大小、体质强弱分群饲养，经过育肥后达到上市标准。由于羔羊来源广泛，一年可以生产 3～4 批肥羔，如果交错安排，可以生产更多批次。羔羊异地育肥将是肥羔生产的主要方式。

3. 羔羊育肥技术要点

（1）预饲期　羔羊断奶，离开母羊，离开原来的生活环境，转移到新的环境和新的饲料条件，势必产生较大的应激反应。为了减缓这种应激反应，羔羊转出之前，应先集中，暂停给水给草，空腹一夜，第二天早晨称重后运出。装车运出速度要快，尽量减少耽搁。

羔羊并入育肥圈后的 2～3 周是关键时期，死亡损失最大。羔羊转运出来之前，如果已有补饲习惯，可以减低损失率。进入育肥圈后，要减少惊扰，给羔羊充分的休息，开始 1～2 天只喂一些容易消化的干草，保证羔羊的饮水。

预饲期一般为 15 天，分三步过渡。

① 预饲期第一步（1～3 天）。只喂干草，让羔羊适应新的环境。在这之后，仍以干草日粮为主，但逐步添加第二步日粮。

② 预饲期第二步（7～10 天）。从第 7 天进入第二步日粮，用的参考日粮为，玉米 25%，干草 64%，糖蜜 5%，油饼 5%，食盐 1%。这一配方含蛋白质 12.9%，总消化养分 57.10%，消化能

20.51 千焦，钙 0.78%，磷 0.24%，精、粗料比例为 36∶64。

③ 预饲期第三步（10～14 天）。喂到第 10 天，进入第三步，参考日粮为，玉米 39%，干草 50%，糖蜜 5%，油饼 5%，食盐 1%。这一配方含蛋白质 12.20%，总消化养分 61.60%，消化能 21.71 千焦，钙 0.62%，磷 0.26%，精、粗料比例为 50∶50。

预饲期的饲养管理有以下要点。

① 投喂饲料不宜用自动饲槽，用普通饲槽 1 天投喂 2 次。

② 每只羔羊占饲槽长度为 25～30 厘米，保证羔羊在投喂时，都能够到饲槽前吃料。

③ 投料量以在 30～45 分钟内吃完为准，量不够要添，量过多要清扫。

④ 羔羊吃食时要注意观察羔羊的采食行为和习惯，羔羊大小、品种和个体差异，通过调整，实施分群饲养。

⑤ 根据羔羊表现，如果发现日粮配方不够完善，应及时调整饲料种类和日粮配方。

⑥ 加大饲喂量和变更日粮配方都应在 2～3 天内完成，切忌变更过快。做好羔羊的疫苗注射和驱虫。

（2）正式育肥期　15 天的预饲期结束后进入正式育肥期。正式育肥期的长短，因羔羊品种、类型、个体大小及育肥期所采用的日粮类型而定。

肉羊品种，或肉羊与当地品种的杂交后代，其生长速度较快，如果提供较高的日粮标准，日增重可以达到 300 克左右，一般育肥 90 天，便能上市屠宰。

当地粗毛羊，生长速度较慢，日粮标准适度降低，一般育肥期为 150 天。

（3）育肥日粮类型　首先要根据肉羊品种、体质、体重大小，确定肉羊育肥计划，提出各种类型羔羊的增重要求，再决定所采用的日粮类型。以下介绍几种育肥日粮，仅供参考。

① 全精料型日粮　配方为玉米 96%、蛋白质平衡剂 4%，矿物质食盐舔块自由采食。本型日粮不含粗纤维，为了保证羔羊每天

能采食到一定的粗纤维，可以另给50～90克的秸秆或干草。如果羔羊圈用秸秆当垫草，每天更换垫草，也可以不另喂干草，因为羔羊每天都能吃进一些秸秆，这一点量可以满足羔羊的需要。

② 全价颗粒饲料型日粮　将粗饲料和精饲料按40∶60的比例，配合日粮，加工成颗粒饲料，采用自动饲槽填料，羔羊24小时自由采食，自由饮水。

颗粒饲料喂羊才能实现肉羊饲养的标准化，配制全价平衡日粮，使羔羊发挥最大的生长潜力，提高肉羊的饲料利用率，将是肥羔生产主要饲料形式。

③ 青贮饲料型日粮　此型日粮以玉米青贮为主，占到日粮的67.5%～87.5%，不适用于羔羊的短期强度育肥，可以用于育肥期较长的、初始体重较小的羔羊育肥。如断奶羔羊体重只有15～20千克，经过120～150天育肥达到屠宰体重，日增重在200克左右。见表3-1～表3-9。

表3-1　育肥羔羊不同营养水平全饲粮颗粒饲料配方

原料	配方1	配方2	配方3
玉米/%	42.00	23.50	11.50
小麦/%	12.80	10.00	6.00
菜籽粕/%	9.80	10.00	9.50
棉籽粕/%	7.50	7.50	7.20
玉米蛋白粉/%	3.70	1.50	0.60
青干草粉/%	12.57	26.29	34.02
玉米秸粉/%	9.43	19.71	25.51
磷酸氢钙/%	0.00	0.10	0.30
石粉/%	1.40	0.60	0.07
食盐/%	0.50	0.50	0.50
膨润土/%	0.00	0.00	4.50
微量元素与维生素预混料/%	0.30	0.30	0.30
总计/%	100.00	100.00	100.00

续表

原料		配方 1	配方 2	配方 3
营养水平	粗蛋白/(克/千克)	153.19	138.31	123.70
	消化能/(兆焦/千克)	12.46	11.33	10.09
	蛋能比/(克/兆焦)	12.30	12.21	12.26
	钙/(克/千克)	6.96	6.82	6.76
	磷/(克/千克)	3.45	3.31	3.26
	钙磷比	2.02	2.06	2.07

资料来源：李发弟等，2001。

表 3-2　育肥羔羊不同饲料组合全饲粮颗粒饲料配方

原料		配方 1	配方 2	配方 3	配方 4
玉米/%		44.88	44.87	44.60	44.59
小麦/%		4.00	4.00	—	—
干甜菜渣/%		—	—	4.00	4.00
棉籽粕/%		8.00	8.00	8.00	8.00
菜籽粕/%		—	5.70	—	5.70
大豆粕/%		7.50	—	7.50	—
玉米蛋白粉/%		4.00	5.90	4.30	6.20
苜蓿草粉/%		15.00	15.00	15.00	15.00
玉米秸粉/%		15.00	15.00	15.00	15.00
磷酸氢钙/%		0.13	—	0.20	0.07
石粉/%		0.69	0.73	0.60	0.64
食盐/%		0.50	0.50	0.50	0.50
微量元素与维生素预混料/%		0.30	0.30	0.30	0.30
总计/%		100.00	100.00	100.00	100.00
营养水平	粗蛋白/(克/千克)	148.09	148.06	147.89	149.26
	消化能/(兆焦/千克)	13.14	13.10	13.14	13.10
	钙/(克/千克)	5.39	5.39	5.39	5.39
	磷/(克/千克)	3.17	3.17	3.17	3.17

资料来源：李发弟等，2001。

表 3-3　分阶段育肥羊日粮的组成

第一阶段配方(25～35 千克体重)			第二阶段配方(35～50 千克体重)	
原料名称	比例/%（风干物质基础）	每只羊日饲喂量/克	比例/%（风干物质基础）	每只羊日饲喂量/克
玉米	14	155	8	116
豆粕	16.00	178	6	87
全株青贮	31.2(风干物质基础)	1123（含水分）	40(风干物质基础)	1871（含水分）
葵花头	5.00	56	8	116
干草	5.00	56	8	116
大麦秸秆	6.00	67	9	130
洋葱秧	5.00	56	7.4	107
苜蓿干草	16.00	178	12	173
石粉	0.00	0	0	0
磷酸氢钙	0.50	6	0.3	4
食盐	0.30	3	0.3	4
预混料	1.00	11	1	14
合计	100.00	1887	100	2738

资料来源：马友记等，2014。

表 3-4　商品肥羊饲料配方

饲料配方		营养水平	
饲料名称	配比/%	养分名称	含量
玉米	50.2	消化能/(兆焦/千克)	14.48
苜蓿干草	15.9	代谢能/(兆焦/千克)	11.72
菜籽饼	14.1	粗蛋白/%	14.90
麦衣子皮	10.6	可消化粗蛋白/(克/千克)	111.00
湖草	2.0	粗纤维/%	17.20
玉米青贮	6.7	钙/%	0.41
食盐	0.5	磷/%	0.37

资料来源：新疆商品畜育肥研究协作组。

表 3-5 育肥羊日粮的组成和营养水平

原料		组成比例
精料配方表	玉米/%	47
	豆粕/%	12
	次粉/%	10
	棉粕/%	10
	加浆玉米纤维/%	8
	菜粕/%	8
	磷酸氢钙/%	2
	钙粉/%	1.5
	食盐/%	1
	预混料添加剂/%	1
	总计/%	100
混合日粮营养水平	消化能/(兆焦/千克)	11.13
	粗蛋白/%	23.68
	钙/%	0.86
	磷/%	0.26

资料来源：马友记等，2014。

表 3-6 细毛淘汰羯羊舍饲每天每只育肥饲料配方

育肥/天 \ 饲料	玉米/克	亚麻饼/克	小麦/克	苜蓿草粉/克	小麦秕壳/克	骨粉/克	食盐/克
1～2	200	—	100	200	500	20	6
3～5	200	100	100	200	500	20	6
6～10	300	100	100	200	500	20	6
11～15	400	200	100	300	400	—	7
16～20	400	200	100	300	400	—	7
21～30	500	200	200	400	400	—	7
31～40	650	250	200	600	200	—	8
41～50	750	250	200	500	200	—	8
51～60	800	250	200	400	200	—	9
61～70	900	200	100	300	200	—	9
71～80	1000	150	—	200	200	—	10
81～90	1100	100	—	200	200	—	10

资料来源：新疆八一农学院。

表 3-7 育肥羔羊日粮配方（一）

原料成分	配比	营养成分	含量
玉米粉/%	50.00	粗纤维/%	8.10
麸皮/%	10.00	粗蛋白/%	19.60
棉仁粕/%	28.00	中性洗涤纤维/%	23.80
菜籽粕/%	9.00	酸性洗涤纤维/%	10.12
磷酸氢钙/%	2.00	钙/%	0.87
食盐/%	1.00	磷/%	0.62
合计/%	100.00	消化能/(兆焦/千克)	13.03
玉米秸	自由采食		

注：本配方适用于 30 千克育肥羔羊（引自《动物营养学报》）。

表 3-8 育肥羔羊日粮配方（二）

原料成分	配比	营养成分	含量
玉米/%	41.11	干物质/%	95.95
豆粕/%	14.12	粗蛋白/%	14.94
小麦麸/%	8.10	中性洗涤纤维/%	33.35
羊草/%	26.87	酸性洗涤纤维/%	15.32
苜蓿/%	6.58	钙/%	0.75
磷酸氢钙/%	0.92	磷/%	0.50
石粉/%	0.80	代谢能/(兆焦/千克)	9.67
食盐/%	0.50		
预混料/%	1.00		
合计/%	100.00		

注：本配方适用于 30 千克前后杜寒杂交羔羊，公羔羊日增重达到 292 克/天，母羔羊日增重能达到 246 克/天（引自《动物营养学报》）。

表 3-9 成年羊育肥日粮配方

原料成分	配比	营养成分	含量
玉米/%	19.00	粗蛋白/%	12.49
麸皮/%	6.00	钙/%	0.46
胡麻饼/%	6.00	磷/%	0.35
葵花饼/%	3.00	代谢能/(兆焦/千克)	11.25
干苜蓿/%	8.00		
玉米秸/%	31.00		
葵花盘/%	9.00		
青贮玉米/%	9.00		
饲料酵母/%	4.00		
预混料/%	2.00		

注：本配方适用于50千克以上体重杜寒、滩寒育肥羊（引自《黑龙江畜牧兽医》）。

四、饲养管理存在的十二个误区

1. 放牧破坏生态环境

许多人认为两者存在着必然的因果关系，因此，禁牧成为治理环境的一项措施，过度放牧确实给生态环境带来一定负面影响，但绝不是唯一关键的影响。关键是人为因素，人口膨胀对生产资料的总需求增加引起的生存压力导致了对环境的掠夺式经营，由无限制地乱开垦和乱挖掘造成的沙尘暴，以及虫害、鼠害、干旱等自然灾害，都是破坏生态环境的祸根。

2. 饲养规模太小

农户家中大都有丰富的农作物秸秆和农产品的加工副产品及富余的劳动力。若农户仅养三五只羊作为家庭副业，疏于管理，任其自由发展，有了病症胡乱用药，根本不考虑生产成本以及药物残留带来的负效应。这样不能保证羊肉的品质，养殖

效益很低。

3. 放牧不用补饲

有些人认为，羊是放牧动物，牧草是唯一的食物来源，不管草地上的可利用牧草资源多么贫乏，羊一年四季都要到那里去啃食，致使“冬乏春死”成为一种规律性的现象而长期存在。事实上，草食动物只有在良好的草地上放牧，才可以满足其营养需要。但是，在草地出现退化而缺乏基本的放牧要素条件下，在冬春枯草季节，不论是公羊，还是母羊，仅靠采食天然草地牧草难以满足维持营养或生产营养的需要，而且还因艰难的行走运动消耗大量的能量。因此，以放牧为主的羊群，特别是冬、春季节必须补充一定量的优质青干草和精饲料。

4. 舍饲就是简单的圈养

羊属草食家畜，在草地上牧食是其本能。但由于生态环境的恶化或人们出于某种需要（生产肥羔肉），将羊圈起来养，羊的采食方式由主动选择变成被动采食。食物来源是有限的饲料，活动地域受到严重限制。如果这些限制完全背离了肉羊的基本的生理特点，繁殖力、生产力、生活力会出现障碍或停滞，所以若不是出于某种特殊需要就不要舍饲。如果选择了舍饲，就要投入更多的人力、物力，根据羊的基本生理需要，创造适宜的生活环境，给予科学饲养管理，提高养羊效益。

5. 羊只混养，管理粗放

受传统放牧养羊习惯的影响，农户总是把不同年龄、品种、性别和体况的羊混养，这样很难满足不同个体的生长和生产需要，最终造成公母羊乱交乱配、小羊长不大、弱羊长不壮、病羊治愈慢的严重后果；尤其是公母羊乱交乱配极易形成近血缘交配，最终产下畸形胎和死胎，降低养羊效益。不少养羊户对肉羊管理粗放，要么把羊拴在秸秆垛旁边任其自由采食，要么把未经处理的饲草和秸秆直接扔进羊圈，有时候还忽略提供饮水。另外，养羊的废弃物是农区的优质厩肥，很多农户对羊圈长期不清扫，饲养环境恶劣，一旦抵抗力降低，羊群极易发病。

6. 羔羊过早强行断奶

许多养羊户将 1 月龄羔羊强行断奶，断奶后未能给予特别照顾，羔羊生长发育受到严重影响，死亡率高，养殖效益低。虽然羔羊大约到 7 周龄时能较好地消化粗饲料，但是此时断奶的羔羊仅靠采食粗饲料无法获得足够的营养，必须供给一定量的易消化全价配合饲料、足够的优质青干草和清洁饮水。另外，羔羊断奶应经过 7～10 天的逐渐适应期，切忌突然断奶，以防止羔羊出现严重的断奶应激现象。

7. 饲料营养供给不好

肉羊天生具有对特定饲料的喜好和厌恶，但肉羊的许多行为习性都会随着环境条件的变化而变化，即具有较大的可塑性。如长期放牧的羊，经过一段时间的舍饲后，再回到草场上，就不会啃食牧草，需要 1～2 周的训练才能恢复。在饲喂青贮饲料的初期，羊都不愿意接受，但经过 1～2 周的诱导训练，可逐渐适应而不再拒绝。但羊对饲料的选择能力是非常有限的，特别是在舍饲条件下只能是喂什么、吃什么，在饥饿无助或严重缺乏某种营养素的条件下，羊还会强迫自己采食并不喜欢的食物或异物。此外，硒、碘、锌、钴、锰等微量元素添加剂对补充营养、预防疾病、保障羊肉产品质量作用很大，不仅有利于羊的正常生长、繁殖，还可节省饲料，降低成本，提高养殖效益，因此应注意及时补充。

8. 把秸秆当作肉羊唯一的饲料

我国农区秸秆饲料丰富，因此，多数农户把秸秆当作肉羊唯一的饲料。其实不同来源的农作物秸秆营养价值差异很大，虽然花生蔓等秸秆具有较高的饲用价值，但大多数秸秆营养价值很低，如小麦秸、玉米秸秆和稻草的粗蛋白质含量仅为 3%～6%。秸秆还缺乏反刍动物所必需的维生素 A、维生素 D 和维生素 E 等。此外，秸秆大部分成分不能被家畜直接利用，即使是可直接利用部分，其

转化效率也很低。

9. 盲目种植牧草

有些供种单位和媒体在介绍牧草新品种时，只说牧草的优点，不讲缺点，带有明显商业广告意图。如牧草鲁梅克斯适口性差，饲用价值很低，可有的媒体硬把它说成是优质牧草，在一定程度上，误导了老百姓。种植牧草，应根据当地的气候和可利用的土地条件，选择那些经过当地试种，证明确实具有较高的营养价值、适应性好的优良牧草品种。

10. 精饲料比例高

羊属草食家畜，肉羊的精料饲喂量不是越多越好，不超过日粮的 60%为宜。对 7 周龄前的羔羊，在吸吮大量的母乳条件下，可补充一定量精饲料。这个年龄段羔羊的消化系统功能与单胃动物类似，但同时又别于单胃动物，大量饲喂精饲料容易引起消化不良。断奶后的羔羊或成年羊单独或大量饲喂精料既不经济，又有损其健康，易引起消化不良、酸中毒等症状。

11. 不需免疫、驱虫

不少养羊户认为肉羊不易生病，用不着预防接种，殊不知传染病对养羊业的危害最大。放牧的肉羊，由于接触牧草和地面，特别是在河边、沟边放牧常会感染多种寄生虫（如各种线虫、疥螨等）；症状较轻时，饲料转化率下降，羊只瘦弱，增重缓慢，严重时往往体重锐减，甚至死亡。由于部分养殖户不进行免疫注射和驱虫防病，使一些地方传染病呈散发或地方性流行，肉羊死亡率高，经济效益低下。因此，养殖户要根据当地发生传染病的情况，选用相应的疫苗及驱虫药，在适宜季节进行预防接种、驱虫。常用疫苗有羊三联四防苗、羊痘苗等；常用驱虫药物有阿维菌素、丙硫咪唑、虫克星、敌百虫等。

12. 忽视供给洁净的饮水

水是组成体液的主要成分，对机体正常物质代谢有重要作用。只有充足饮水，才能有良好的食欲，草料才能很好消化吸收，血液循环与体温调节才能正常进行。如肉羊长期饮水不足，就会引起唾液减少，瘤胃发酵困难，消化不良，体躯消瘦。因此，应按每只羊的日供水量为 3～5 升给羊提供深井水或流动而清洁的河水，使其自由饮用。

第四章

羊的繁殖高效化

现代化高效养羊的核心是母羊的高效繁殖。母羊的繁殖率高低，直接影响到养羊的经济效益。因此，在高效养羊生产体系中，不仅要对母羊实行高效繁殖，还同时要实行高频率繁殖，两者紧密相关，互为补充。这里所谓的繁殖高效化，是指每次每只母羊繁殖的羔羊数量、质量和生产效益的高效。要达到这种高效，不从根本上改变现有的养羊生产模式，不采用高效繁殖的生物工程配套技术，是不可能实现的。

第一节　羊的繁殖现象和规律

一、性成熟和初次配种年龄

公羊、母羊生长发育到一定的年龄，性器官发育基本完全，并开始形成性细胞和性激素，具备繁殖能力，这时称为性成熟。绵羊的性成熟一般在 7～8 月龄，山羊在 5～7 月龄。性成熟时，公羊开始具有正常的性行为，母羊开始出现正常的发情和排卵。

山羊的初配年龄一般在 10～12 月龄，绵羊在 12～18 月龄，但也受品种、气候和饲养管理条件的制约。但根据经验，以羊的体重达到成年体重70%～80%时进行第一次配种较为合适。

二、发情与排卵

母羊性成熟之后，所表现出的一种具有周期性变化的生理现象，称为发情。母羊发情征象大多不很明显，一般发情母羊多喜接近公羊，在公羊追逐或爬跨时站立不动，食欲减退，阴唇黏膜红肿、阴户内有黏性分泌物流出，行动迟缓，目光滞钝，神态不安等。处女羊发情更不明显，且多拒绝公羊爬跨，故必须注意观察和做好试情工作，以便适时配种。

母羊从上次发情开始到下次发情开始之间的时间间隔称为发情周期。羊的发情周期与其品种、个体、饲养管理条件等因素有关，绵羊的发情周期为14～29天，平均17天；山羊的发情周期为19～24天，平均21天。

从母羊出现发情特征到这些特征消失之间的时间间隔称为发情持续期，一般绵羊为30～40小时，山羊24～28小时。在一个发情持续期，绵羊能排出1～4个卵子，高产个体可排出5～8个卵子。

了解羊的发情征象及发情持续时间，目的在于正确安排配种时间，以提高母羊的受胎率。母羊在发情的后期就有卵子从成熟的卵泡中排出，排卵数因品种而异，卵子在排出后12～24小时内具有受精能力，受精部位在输卵管前端1/3～1/2处。因此，绵羊应在发情后18～24小时左右、山羊发情后12～24小时配种或输精较为适宜。

在实际工作中，由于很难准确地掌握发情开始的时间，所以应在早晨试情后，挑出发情母羊立即配种，如果第二天母羊还继续发情可再配1次。

三、受精与妊娠

精子和卵子结合成受精卵的过程叫受精。受精卵的形成意味着母羊已经妊娠，也称作受胎。母羊从开始怀孕（妊娠）到分娩，称为妊娠期或怀孕期。母羊的妊娠期长短因品种、营养及单双羔因素有所变化。山羊妊娠期正常范围为142～161天，平均为152天；

绵羊妊娠期正常范围为146～157天，平均为150天。但早熟肉毛兼用品种多在良好的饲养条件下育成，妊娠期较短，平均为145天。细毛羊多在草原地区繁育，饲养条件较差，妊娠期长，多在150天左右。

四、繁殖季节

羊的发情表现受光照长短变化的影响。同一纬度的不同季节，以及不同纬度的同一季节，由于光照条件不相同，羊的繁殖季节也不相同。在纬度较高的地区，光照变化较明显，因此母羊发情季节较短，而在纬度较低的地区，光照变化不明显，母羊可以全年发情配种。在我国北方地区，羊季节性发情开始于秋季，结束于春季。其繁殖季节一般是7月至翌年的1月，而8～10月为发情旺季。绵羊冬羔以8～10月配种，春羔以11～12月配种为宜。

第二节 与羊繁殖有关的生殖激素

生殖激素的作用是复杂的过程，如公羊、母羊的生殖器官的发育，精子、卵子的发生、发育和成熟，黄体的形成、退化，整个母羊发情周期中激素变化，精卵结合与受精，胎儿发育，母羊分娩、泌乳等都是在激素的调节下相互协同，按照严格的顺序和反馈机制进行的。可以说，羊繁殖的任何生理过程无一不是在激素的直接或间接控制下才得以实现的，它的功能常常很强，极少量的激素就可以发挥巨大的生理反应。因此，了解和掌握主要生殖激素的作用机理，各个激素之间的相互关系和对羊的反馈作用是十分重要的。激素不足或滥用激素会造成羊的体内生殖激素紊乱，致使公母羊出现短期或长期的不孕。

一、子宫收缩药物

1. 垂体后叶素

【作用与用途】本品是由猪、牛脑垂体后叶中提取的水溶液成分，含催产素和加压素（又称抗利尿素）。垂体后叶素对子宫平滑肌有选择作用，其作用强度取决于给药的剂量和当时的子宫生理状态。对于非妊娠子宫，小剂量能加强子宫的节律性收缩，大剂量可引起子宫的强直性收缩；对妊娠子宫，在妊娠早期不敏感，妊娠后期敏感性逐渐加强，临产时作用最强，产后对子宫的作用又逐渐降低。其作用特点是，对子宫的收缩作用强，而对子宫颈的收缩作用较小。此外，还能增强乳腺平滑肌收缩，促进排乳。本品所含的抗利尿素可使羊尿量减少，还有收缩毛细血管，引起血压升高的作用。本品适用于子宫颈已经开放，但宫缩乏力者，可肌内注射小剂量催产；产后出血时，注射大剂量，可迅速止血；治疗胎衣不下及排出死胎，加速子宫复原；新分娩而缺乳的母羊可作催乳剂。

【用法与用量】本品口服无效。注射液，羊 10～50 国际单位/次。治疗子宫出血时，用生理盐水或 5%葡萄糖注射液 500 毫升稀释后，缓慢静脉滴注。

2. 催产素

【作用与用途】对子宫收缩作用与垂体后叶素注射液的作用相同。

【用法与用量】用量与用法同垂体后叶素注射液。

3. 马来酸麦角新碱

【作用与用途】本品与垂体后叶素相比，对子宫作用显著而持久，可直接兴奋整个子宫平滑肌（包括子宫颈）。稍大剂量可使子宫产生强直性收缩。

【用法与用量】同垂体后叶激素注射液。

4. 氮前列烯醇

【作用与用途】本品为前列腺素的类似物，能溶解黄体，刺激发情和排卵。对妊娠子宫可加强其收缩，以妊娠晚期的子宫最敏感。可用于人工授精，促使羊同期发情，治疗持久黄体、催产或引产等。

【用法与用量】注射液，羊肌内或阴唇注射 0.5～1 毫克/次。子宫灌注每 12 小时 1 次。

二、类固醇激素

1. 己烯雌酚

【作用与用途】本品为人工合成的雌激素，可促进子宫、输卵管、阴道和乳腺的生长和发育。除维持成年母羊的性征外，还能使阴道上皮、子宫平滑肌、子宫内膜增生，刺激子宫收缩。小剂量可促进促黄体素的分泌；大剂量则可抑制促卵泡素的分泌，亦能抑制泌乳。该药对反刍动物有明显的促蛋白质合成的作用，还可增进体内水分、加速增重和加快骨盐的沉积等作用。

【用法与用量】片剂，羊 3～10 毫克/次。注射剂，羊 1～3 毫克/次。

2. 雌二醇

【作用与用途】本品口服无效，必须肌内注射。作用与己烯雌酚相同，但作用强烈。

【用法与用量】注射液，羊 1～3 毫克/次。

3. 黄体酮

【作用与用途】本品为天然黄体酮制剂，在乙醇或植物油中溶解，应避光保存。本品主要作用于子宫内膜，能使雌激素所引起的增殖期转化为分泌期，为孕卵着床做好准备；并抑制子宫收缩，降低子宫对缩宫素的敏感性，有“安胎”作用。此外，与雌激素共同作用，可促使乳腺发育，为产后分泌作准备。临床上常用于治疗习惯性流产、先兆性流产或促使母畜周期发情，也用于治疗卵巢囊肿。

【制剂、用法与用量】注射液，每支 1 毫升，含量为 50 毫克、20 毫克、10 毫克。肌内注射用量，羊 15～25 毫克/次。

复方黄体酮注射液，每毫升含黄体酮 20 毫克、苯甲酸雌二醇 2 毫克。用途、用量同黄体酮，治疗效果较好。

4. 甲孕酮（醋酸甲孕酮，安宫黄体酮 MAP）

【作用与用途】本品为人工合成孕激素，与黄体酮相比，口服后不易在肝脏中代谢失活，故口服有效。本品无明显雄激素活性，无雌激素活性，具有弱抗雌激素活性。用甲孕酮制成的阴道海绵栓，可用于繁殖季节的母羊同期发情。对幼龄母羊，可采用口服处理、繁殖季节，阴道埋植 50 毫克。

5. 复方己酸孕酮注射液（避孕针 1 号）

【作用与用途】人工合成孕激素，肌内注射后缓慢吸收，发挥长效作用。本品主要与雌二醇配合应用，每支含己酸孕酮 250 克、戊酸雌二醇 5 克。

6. 炔诺酮

【作用与用途】人工合成孕激素，口服有效，孕激素活性及抑制排卵的作用较孕酮为增强。每片含炔诺酮 0.6 克，炔雌醇 0.035 克。皮下埋植法同期发情处理母羊，可用此类药物。

7. 炔诺酮庚酸醋（庚炔诺酮）

【作用与用途】生物活性同炔诺酮，肌内注射后作用时间明显延长，具有长效孕激素和长效抑制排卵的活性。此外，尚有弱雌激素、弱雄激素和较强的抗雌激素的活性。本品主要作为长效避孕针的主要成分。庚炔诺酮避孕针，每支含庚诺酮 200 克，每 2 月注射 1 次，避孕 2 个月。复方庚炔诺酮人用避孕针，每支含庚炔诺酮 60 克或 80 克及戊酸雌二醇 5 克。

8. 18-甲基炔诺酮（高炔酮）

【作用与用途】本品为 19－去甲基睾丸酮类孕激素，口服有效。对母羊进行同期发情处理时，可皮下埋植处理。

9. 甲地孕酮（醋酸甲地孕酮，妇宁片）

【作用与用途】药理活性和化学结构与甲孕酮相似，口服有效。常用复方甲地孕酮避孕针（美尔伊注嘴寸液），内含甲地孕酮 25 毫克，雌二醇 3.5 毫克。本品为微结晶水混悬剂，肌内注射后，在注

射局部形成“储库”，缓慢吸收而发挥长效作用。

10. 氟孕酮（FGA）

【作用与用途】本品为合成孕酮，口服有效。用于母羊同期发情或非繁殖季节诱导发情，启动和刺激母羊卵巢的活性。繁殖季节阴道埋植40～45毫克，非繁殖季节阴道埋植45～60毫克。

三、抗类固醇激素及制剂

抗类固醇激素的作用，是与各种靶细胞膜上的受体相互作用，表现较强的抗雌激素、抗孕酮和抗雄激素等生物学作用。

1. 克罗米酚

【作用与用途】抗雌激素类药物，具有较强的抗雌激素作用和较弱的雌激素活性。在下丘脑水平拮抗雌二醇的反馈作用，增强促性腺激素释放激素的释放，使垂体前叶LH分泌增加，FSH释放也增加，诱发排卵。对子宫、子宫颈均表现抗雌激素作用。木品口服有效。

2. 米非司酮（RU_{486}，mlfepristone）

米非司酮与孕酮受体结合，能抑制孕酮对子宫内膜的作用。口服易吸收。目前，米非司酮是人用的新型的抗早孕药物。

3. 醋酸氯羟甲烯孕酮（CPA）

【作用与用途】具有较强的抗雄激素活性，能够抑制雄性动物促性腺激素的分泌，抑制睾丸合成雄性激素。可用于雄性性欲亢进等。

四、促性腺激素

1. FSH（促卵泡素）

【作用与用途】本品主要作用是刺激卵泡的生长和发育。与少量促黄体素合用可促使卵泡分泌雌激素，使母畜发情；与大剂量促黄体素合用，能促进卵泡成熟和排卵。促卵泡素能促进公畜精原细胞增生，在促黄体素的协同下，可促进精子的生成和成熟。

【制剂、用法与用量】注射液，每支含200国际单位或100国际单位，有效期2年。肌内注射用量，羊50～100国际单位/次，临用前用生理盐水稀释后注射。

2. 促黄体素（LH）

【作用与用途】促黄体素是从猪脑下垂体前叶所提取。它在促卵泡素作用的基础上，可促进母畜卵泡成熟和排卵。卵泡在排卵后形成黄体，分泌黄体酮，具有早期安胎作用。还可作用于公畜睾丸间质细胞，促进睾丸酮的分泌，提高性欲，促进精子的形成。

【制剂、用法与用量】粉针，每支含200国际单位或100国际单位。肌内注射量，羊10～50国际单位/次。临用前，用生理盐水稀释后注射，治疗卵巢囊肿，剂量加倍。

3. 人类绒毛膜促性腺激素（HCG）

【作用与用途】作用与促黄体素相似，能促进成熟的卵泡排卵和形成黄体。当排卵障碍时，可促进排卵受孕，提高受胎率。在卵泡未成熟时，则不能促进排卵。大剂量可延长黄体的存在时间，并能短时间刺激卵巢，使其分泌雌激素，引起发情。能促进公畜睾丸间质细胞分泌雄激素。用于促进排卵，提高受胎率；还用于治疗卵巢囊肿、习惯性流产等。

【制剂、用法与用量】粉针，每支含5000国际单位或2000国际单位或1000国际单位或500国际单位。临用时以生理盐水或注射用水溶解。肌内或静脉注射用量，羊100～500国际单位/次。治疗习惯性流产，应在妊娠后期每周注射1次，治疗性机能障碍、隐睾症，每周注射2次，连用4～6周。

4. 孕马血清促性腺激素（PMSG）

【作用与用途】主要作用与FSH（促卵泡素）相似，可促进卵泡的发育和成熟，并引起母畜发情。但也有较弱的LH（促黄体

素）的作用，可促使成熟卵泡破裂。对公畜主要表现为促黄体素作用，促进雄激素的分泌，提高性欲。临床上主要用于治疗久不发情、卵巢机能障碍引起的不孕症；对母羊可促使超数排卵，促进多胎，增加产羔数。

【制剂、用法与用量】粉针剂（兽用精制孕马血清促性腺激素），每支含500国际单位或1000国际单位或2000国际单位。肌内注射用量，羊300～500单位/次。1日1次或隔日1次。

5. 人绝经期促性腺激素（HMG）

【作用与用途】本品由绝经后妇女尿中提取。HMG不同于HCG，因为HMG中LH和FSH的比例为1∶1，而HCG中LH活性很高，FSH活性很小，是第三代的促性腺激素制剂。HMG主要用于促进排卵，治疗雄性不孕症。

五、促性腺激素释放激素

1. 促排卵2号（$LRH\text{-}A_2$）

【作用与用途】$LRH\text{-}A_2$为人工合成的促性腺激素释放激素的类似物，主要用于母羊诱导发情、周期发情，还可在精液中添加，提高受胎率。对公羊性欲衰退和生殖能力下降，亦有显著的疗效。

2. 促排卵3号（$LRH\text{-}A_3$）

【作用与用途】$LRH\text{-}A_3$为人工合成的促性腺激素释放激素，生理作用和应用效果、范围与$LRH\text{-}A_2$类似。

第三节 绵羊、山羊的发情调控技术

发情调控是工厂化高效养羊生产的关键技术，成功地人为调控母羊的发情周期，就能达到母羊繁殖的计划性和依市场组织生产，从而达到母羊的高效繁殖与养羊生产的高效益有机结合的目标。发情调控技术主要包括母羊诱导发情、同期发情和当年母羔诱导发情。

一、发情调控的适用范围

绵羊同期发情是一项重要的高新生物技术，同时也是实现一年两产或两年三产，依市场需要调整母羊配种期的必需技术措施。同期发情技术是一项组织严密、科学严谨的技术体系，只有按技术规程正确操作，才会产生应有的生产效益。

同期发情技术适用范围主要有如下几个方面。

(1) 减少发情鉴定时间和次数，合理利用圈舍、气候和草场资源，提高优秀公羊的利用率。

(2) 在绵羊高效繁殖体系中，对母羊实行1年2产或2年3产，依市场需求调整母羊配种期和产羔期。

(3) 在草场或配种时间有限制的地区，母羊批量集中发情，便于人工授精和品种改良的计划、组织和实施。

(4) 有利于养羊专业户和个体养羊者组织混合羊群的集中繁殖，不需试情，按自己拟定的繁殖计划集中配种和生产。

(5) 根据妊娠状况和妊娠周期合理安排饲养，依母羊妊娠需要调整日粮配方，提高管理水平。

(6) 定时计划输精，集中配种，集中产羔，有利于充分利用气候、草场和圈舍、劳力资源。

(7) 监视和人为控制母羊生产进程，减少初生羔羊死亡率，合理安排寄养哺育。

(8) 在工厂化、集约化绵羊生产体系中，对于批量生产商品羊，全年均衡供应和市场销售具有重要作用。

(9) 严格控制疾病。

(10) 胚胎移植技术程序中供体、受体的周期化处理。

(11) 实行排卵控制，克服不孕症。

(12) 实行集中产羔，与双羔技术、冷冻精液技术配合，提高产羔率。

(13) 处理当年母羊和初产母羊，使其正常发情、排卵，提高

繁殖率。

二、发情鉴定方法

通过对母羊的发情鉴定，可以判断其发情是否正常，这对配种时间的确定、防止失配或误配，以及即时发现繁殖障碍都是非常重要的。发情鉴定是根据母羊发情时，内外部的特征性生理变化进行的，其方法有观察法、检查法和试情法三种。

1. 观察法

在性激素的作用下，母羊发情时精神状态表现出一定变化。虽然绵羊发情时间短，征状不明显，但只要仔细观察，还是可以鉴定出来的。当母羊喜欢接近公羊，不断的摇动尾巴，公羊爬跨时站立不动，外阴部有少量黏液流出，就可认为是发情。山羊发情征状比绵羊明显，表现为兴奋不安，食欲减退，大声鸣叫，外阴部及阴道充血、肿胀、并有黏液流出。

2. 检查法

该法是通过对阴道黏膜、分泌物及了宫颈口的变化来判断是否发情。发情母羊阴道黏膜充血，表面光滑湿润，有透明黏液流出，子宫颈口充血、松弛、开张等。据郭伟涛等（1990）报道，绵羊发情期宫颈—阴道黏液 pH 值范围为 5.6～7.8，且变化有一定规律，即发情初期宫颈—阴道黏液 pH 较低，随后升高，到下次发情的前 2 天达到高峰，接着骤然降低到发情初期水平，可见，绵羊宫颈—阴道黏液 pH 值，可作为绵羊发情鉴定的指标之一。

3. 试情法

由于母羊发情征状不明显，发情持续期短，配种时不易发现，为了迅速准确地找出发情母羊，在大群生产上多采用试情的办法进行发情鉴定。

（1）试情前的准备　选择身体健壮，性欲旺盛的 2～5 岁成年羊作为试情羊。在配种时为了防止试情羊偷配，必须对试情羊进行处理。

① 系带试情布　用长40厘米、宽35厘米的白布，四角系上带子，制成试情布，系在羊的腹下，使其无法交配。

② 结扎输精管法　将公羊侧卧保定，在睾丸基部找出精索，找出输精管，用拇指和食指捻转捏住，清毒后切开，找出输精管，用剪刀剪去4～5厘米后缝合伤口，经2～3天恢复，公羊就可正常爬垮，但需经6～8周输精管内的精子，完全消失后方可用于试情。

③ 阴茎移位法　将选作试情羊的公羊进行阴茎移位手术，使阴茎偏离原来位置45°，试情羊爬跨母羊时，由于阴茎伸向一侧而无法交配，达到找出发情母羊的目的。

上述三种各有优缺点，目前使用较多的还是试情法。

（2）试情羊的管理　试情羊要单圈饲养，不得与母羊混群饲养。试情羊应保持健康的体况，以免影响试情效果。试情羊每隔5～7天排精1次，或试情1周左右休息1天，或经2～3天后更换试情羊。每天试情后要清洗试情布，以防试情布产生硬块，擦伤试情羊阴茎，影响正常试情进行。

（3）试情方法　试情工作一般在每天早晨进行，也有早晚各试情1次的。试情羊的数量，以每40～50只母羊配备一只较妥，试情时将试情羊放入母羊群中，当试情羊紧紧追随母羊，并去闻母羊的阴部，或用蹄扒母羊的后躯，有的爬跨于母羊背上，母羊站立不动，两后腿叉开排尿，这样就找出发情母羊。牧工立即将发情母羊抓出，放在配种小圈内，准备人工输精。试情圈的大小，可依据母羊数量确定，过大则抓发情母羊困难，过小则不易发现发情羊。有条件的地方，可将母羊分成小群，分批试情效果更好。试情时牧工要来回走动，将卧下和拥挤的羊只驱赶开，让试情羊能和母羊普遍接近，及时发现发情母羊。也可采取小群试情，大群复试的办法，取得更好的试情效果。配种季节每次试情的时间长1～2小时，做到每日试情要早，试得彻底，安排组织妥当，争取试情和抓膘两不误。

三、同期发情方法与应用效果

羊同期发情即有计划地使一群羊或一个自然村的当地母羊在同

一时间内发情，这便于羊的人工输精，提高精液利用率。同时，母羊同期发情、同期配种、同期产羔也便于生产的组织和管理工作。公羊1次射出的精液稀释后，可供50～100只母羊输精。在普通条件下，精液保存的时间不超过0.5天，如果母羊零散地发情，每次采集的精液只能利用一小部分，不但造成精液浪费，而且增加种公羊不必要的负担和精力消耗。

1. 阴道栓处理法

羊实用型阴道海绵栓（图4-1），是以孕酮为主的羊同期发情制剂。使用方法易行，效果可靠，成本低廉，是目前国内较为理想的实用型制剂。

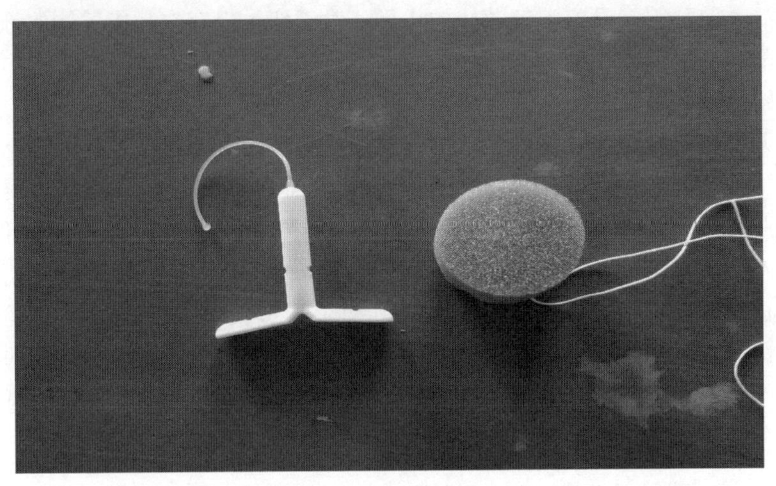

图4-1 CIDR和海绵栓

在海绵栓上涂抹专用的润滑药膏，用海绵栓放置器将其放入母羊阴道深部，海绵栓上的尼龙牵引线在阴道外留3～4厘米长，剪去多余的部分。牵引线不可留得过短，以防缩入阴道，造成去栓困难。并应注意使牵引线断端弯曲向下，以防断端刺激母羊尾部内侧，引起母羊不适，在放置阴道海绵栓的同时，皮下注射苯甲酸雌二醇2毫克，可提高诱导发情效果。阴道海绵栓在阴道内放置9～

12 天后，用止血钳夹住阴道外的牵引线轻轻夹出。如果牵引线拉断或牵引线缩入阴道内，要用开膣器打开阴道后取出。撤出阴道海绵栓后 2～3 天内即可发情，有效率达 90％以上。但此法在发情季节初期，效果稍差。如果在撤出海绵栓的同时，配合注射 FSH（促卵泡素）25～30 国际单位，可提高同期发情效果和双羔率，但剂量不可大于 30 国际单位，否则可引起反应。泌乳羊由于血中促乳素水平较高，抑制促性腺激素的分泌，在使用海绵栓诱导发情时可配合注射溴隐停 2 毫克（溶于 4 毫升 75％乙醇溶液中，分 2 次注射，间隔 12 小时），以抑制促乳素分泌，促进促性腺激素的分泌。

2. 前列腺素处理法

前列腺素具有溶解黄体的作用，对于卵巢上存在功能黄体的母羊，注射前列腺素后，黄体溶解，黄体分泌的孕酮对卵泡的抑制作用消除，卵巢上的卵泡就会发育成熟，并使母羊发情，但对卵巢上无黄体的母羊无效。妊娠母羊注射前列腺素后可引起流产。

全群母羊第 1 次全部注射 15-甲基-前列腺素 1.2 毫克，卵巢上有黄体的母羊，在注射后的 72～90 小时内发情，发情后即可输精。对第 1 次注射无反应的羊，10 天后第 2 次注射。在此期间，这些母羊可能由于自然发情卵巢上形成黄体，从而对第 2 次注射产生反应。本法的优点是方便。缺点一是对卵巢上无黄体的母羊不起作用；二是在非发情季节无效；三是妊娠母羊误用后可引起流产。

3. 药管埋植法

在繁殖季节，给羊耳皮下埋植孕激素药管 6～9 天，再注射孕马血清促性腺激素 10 国际单位/千克，72 小时内母羊的同期发情率达 80％以上，并可提高产羔率。

4. 口服法

每天将一定数量的激素药物均匀地拌入饲料内，连续饲喂12～14 天。口服法的药物用量为阴道海绵栓法的 1/10～1/5。最后一次口服药的当天，肌内注射孕马血清促性腺激素 400～750 国际单位。

第四节　高频繁殖生产体系

高频繁殖是随着工厂化高效养羊，特别是肉羊及肥羔羊生产而迅速发展的高效生产体系。这种生产体系的指导思想是采用繁殖生物工程技术，打破母羊的季节性繁殖的限制，一年四季发情配种，全年均衡生产羔羊，充分利用饲草资源，使每只母羊每年所提供的胴体质量达到最大值。高效生产体系的特点是最大限度地发挥母羊的繁殖生产潜力，依市场需求全年均衡供应肥羔上市，资金周转期缩短，最大限度提高养羊设施的利用率，提高劳动生产率，降低成本，便于工厂化管理。

一、一年两产方法及应用效果

一年两产体系可使母绵羊的年繁殖率提高 90%～100%，在不增加设施投资的前提下，母羊的生产力提高 1 倍，生产效益提高 40%～50%。一年两产的技术核心是母羊发情调控、羔羊早期断乳和早期妊娠检查。按照一年两产的要求，制订周密的生产计划，将饲养、保健、繁殖管理等融为一体，最终达到预定的生产目的。从已有的生产分析，一年两产体系的技术密集、难度大，但只要按照标准程序执行，可以达到一年两产。一年两产的第一产宜选在 12 月，第二产宜选在 7 月。

二、两年三产方法及应用效果

两年三产是国外 20 世纪 50 年代后期提出的一种生产体系，沿用至今。要达到两年三产，母羊必须 8 个月产羔 1 次。该生产一般有固定的配种和产羔计划，如 5 月配种，10 月产羔；1 月配种，6 月产羔；9 月配种，翌年 2 月产羔。羔羊一般是 2 月龄断乳，母羊断乳后 1 个月配种。为达到全年均衡产羔，在生产中，可将羊群分成 8 个月产羔间隔相互错开的 4 个组，每 2 个月安排一次生产。这样每隔 2 个月就有一批羔羊屠宰上市。如果母羊在第一组内妊娠失败，2 个月后可参加另一个组配种。用该体系组织生产，生产效率比一年一产体系增加40%，该体系的核心技术是母羊的多胎处理、发情调控和羔羊早期断乳。

三、三年四产方法及应用效果

三年四产体系是按产羔间隔9个月设计的，由美国GELTS-VILLE试验站首先提出的。这种体系适用于多胎品种的母羊，一般首次在母羊产后第4个月配种，以后几轮则是在第三个月配种，即5月、8月、11月和翌年2月配种，1月、4月、6月和10月产羔。这样，全群母羊的产羔间隔为6个月和9个月。

四、三年五产方法及应用效果

三年五产体系又称为星式产羔体系，是一种全年产羔方案，由美国康乃尔大学的伯拉·玛吉设计提出的。羊群分为3组，第1组母羊在第一期产羔，第二期配种，第四期产羔，第五期配种；第2组母羊在第二期产羔，第三期配种，第五期产羔，第一期再次配种；第三组母羊在第三期产羔，第四期配种，第一期产羔，第二期再次配种。如此反复，产羔间隔为7.2个月。对于一胎一羔的母羊，一年可获1.67只羔羊；若一胎双羔，一年可获3.34只羔羊。

五、机会产羔方法及应用效果

该体系是根据市场设计的一种生产体系。按照市场预测和市场价格组织生产，若市场较好，立即组织一次额外的产羔，尽量降低空怀母羊数。这种方式适合于个体养羊者。

总之，羊的频密产羔技术是提高绵羊生产的一项重要措施，具有很大的发展潜力。这项技术的综合性强，在羊繁殖生产中，应因地制宜。采用现代繁殖生物技术，建立全年性发情配种的生产系统，并根据当地的自然生态条件，有计划地引进优良种羊开展品种改良工作。

第五节　人工输精技术

人工授精是一项实用的生物技术，它借助器械，以人为的方法

采集公羊的精液，经过精液品质检查和一系列处理，再通过器械将精液注入发情母羊生殖道的过程。其特点是，充分利用生产力高的种公羊，加速改良绵羊羊毛品质，提高生产力及经济效益；防止交配而传染的疾病；减少母羊的不孕，提高母羊受胎率和繁殖率；便于组织畜牧生产，促进改良育种工作的开展。

一、采精前的准备

1. 种公羊采精调教

一般说，公羊采精是较容易的事情，但有些种公羊，尤其是初次参加配种的公羊，就不太容易采出精液来，可采取以下措施。

（1）同圈法。将不会爬跨的公羊和若干只发情母羊关在一起过几夜，或与母羊混群饲养几天后公羊便开始爬跨。

（2）诱导法。在其他公羊配种或采精时，让被调教公羊站在一旁观看，然后诱导它爬跨。

（3）按摩睾丸。在调教期每日定时按摩睾丸 10～15 分钟，或用冷水湿布擦睾丸，经几天后则会提高公羊性欲。

（4）药物刺激。对性欲差的公羊，隔日每只注射丙睾丸素 1～2 毫升，连续注射 3 次后可使公羊爬跨。

（5）将发情母羊阴道黏液或尿液涂在公羊鼻端，也可刺激公羊性欲。

（6）用发情母羊作台羊。

（7）调整饲料，改善饲养管理，这是根本措施，若气候炎热时，应进行夜牧。

2. 器械洗涤和消毒

人工采精所用的器械在每次使用前必须消毒，使用后要立即洗涤。新的金属器械要先擦去油渍后洗涤。方法是先用清水冲去残留的精液或灰尘，再用少量洗衣粉洗涤，然后用清水冲去残留的洗衣粉，最后用蒸馏水冲洗 1～2 次。

（1）玻璃器皿消毒　将洗净后的玻璃器皿倒扣在网篮内，让剩余水流出后，再放入烘箱，在 115℃下消毒 30 分钟。可用消毒杯柜或碗柜消毒，价格便宜、省电。消毒后的器皿透明，无任何污渍，才能使用，否则要重新洗涤、消毒。

（2）开膣器、温度计、镊子、磁盘等消毒　洗净、干燥后，在使用前 1.5 小时，用 75％酒精棉球擦拭消毒。

3. 假阴道的安装、洗涤和消毒

先把假阴道内胎（光面向里）放在外壳里边，把长出的部分（两头相等）反转套在外壳上。固定好的内胎松紧适中、匀称、平整、不起皱折和扭转。装好以后，在洗衣粉水中，用刷子刷去黏在内胎外壳上的污物，再用清水冲去洗衣粉，最后用蒸馏水冲洗内胎 1～2 次，自然干燥（图 4-2）。

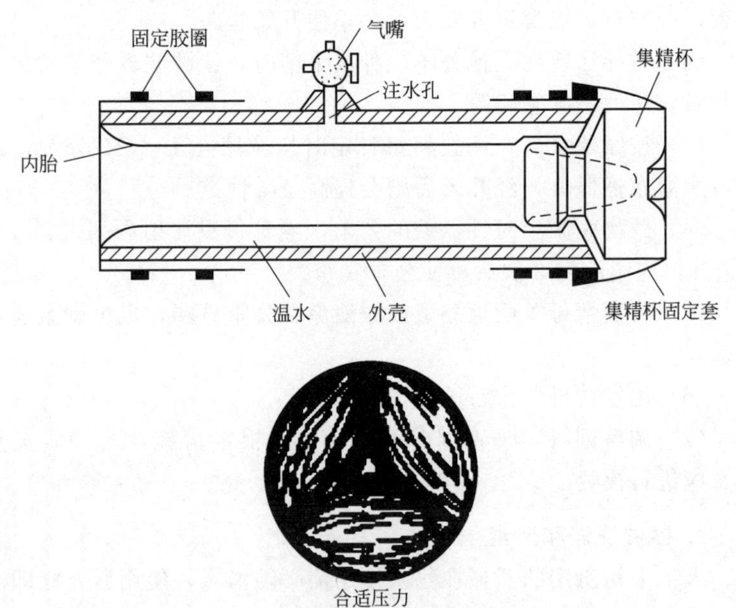

图 4-2　采精用假阴道结构及合适压力示意图

在采精前 1.5 小时，用 75％酒精棉球消毒内胎（先里后外）待用。

配制 75％酒精，即用购买的医用酒精（一般为 95％浓度），取

该医用酒精 79 毫升，加蒸馏水 21 毫升即为 75%浓度的酒精。

4. 常用溶液及酒精棉球的制备

（1）生理盐水为 0.9%氯化钠溶液。配制方法是准确称量 9 克化学纯氯化钠粉，溶解于 1000 毫升煮沸消毒过的蒸馏水中即可。

（2）配制 70%酒精。在 74 毫升 95%酒精中加入 26 毫升蒸馏水即可。

（3）酒精棉球与生理盐水棉球。将棉球做成直径 2～4 厘米大小，放入广口玻璃瓶中，加入适量的 70%酒精或生理盐水即可。勿使棉球过湿。

（4）酒精棉球瓶所有的酒精棉球瓶须带盖，随用随开。

二、采精

（1）选择发情好的健康母羊作台羊，后躯应擦干净，头部固定在采精架上（架子自制）。训练好的公羊，可不用发情母羊作台羊，公羊作台羊、假台羊等都能采出精液来。

（2）种公羊在采精前，用湿布将包皮周围擦干净。

（3）假阴道的准备。将消毒过的、酒精完全挥发后的内胎，用生理盐水棉球或稀释液棉球从里到外地擦拭，在假阴道一端扣上消毒过并用生理盐水或稀液冲洗后甩干的集精瓶（高温低于 25℃时，集精瓶夹层内要注入 30～35℃温水）。在外壳中部生水孔注入 150 毫升左右的 50～55℃温水，拧上气卡塞，套上双连球打气，使假阴道的采精口形成三角形，关好气卡。最后把消毒好的温度计插入假阴道内测温，温度在 39～42℃为宜，在假阴道内胎的前 1/3，涂抹稀释液或生理盐水作润滑剂（可不用凡士林，经多年实践不用任何润滑剂，不影响公羊射精），就可立即用于采精。

（4）采精操作。采精员蹲在台羊右侧后方，右手握假阴道，气卡塞向下，靠在台羊臀部，假阴道和地面约呈 35°角。当公羊爬跨、伸出阴茎时，左手轻托阴茎包皮，迅速地将阴茎导入假阴道内，公羊射精动作很快，发现抬头、挺腰、前冲，表示射精完毕，全过程只有几秒钟。随着公羊从台羊身上滑下时，将假阴道取下，立即使集精瓶的一端向下竖立，打开气卡活塞，放气卡取下集精瓶不要让假阴道内水流入精液，外壳有水要擦干，送操作室检查。采精时，必须高度集中，动作敏捷，做到稳、准、快（图 4-3）。

图 4-3　公羊采精

（5）种公羊每天可采精 1～2 次，采 3～5 天，休息 1 天。必要时每天采 3～4 次。二次采精后，让公羊休息 2 小时，再进行第 3 次采精。

三、精液品质检查

精液品质检查项目很多，这里只介绍几种常用的项目。

（1）肉眼观察　正常精液为乳白色，无味或略带腥味。凡带有腐败味，出现红色、褐色、绿色的精液均不可用于输精。公羊正常的射精量范围是 0.5～2.0 毫升，平均为 1.0 毫升。

（2）精子活率检查　在载玻片上滴原精液或稀释后的精液 1 滴，加盖玻片，在 38℃显微镜温度下（可按显微镜大小，自制保

温箱，内装40瓦灯泡1只，既照明又保温）检查。精子运行方式有直线前进运动、回旋运动和摆动三种。评定精子活率以直线前进运动精子百分率为依据，通常是用十级评分法。大约有80%的精子做直线前进运动的评为0.8，有60%精子做直线前进运动的为0.6，依此类推。

在检查（评定）精子活率时，要多看几个视野，并上下扭动显微镜细螺旋，观察上、中、下三层液层的精子运动情况，才能较精确地评出精子的活率。

（3）精子密度检查

① 估测法　在检查精子活率的同时进行精子密度的估测。在显微镜下根据精子稠密程度的不同。

将精子密度评为“密”“中”“稀”三级，“密”级为精子间空隙不足一个精子长度，“中”级为精子间有1～2个精子长度空隙，“稀”级为精子间空隙超过2个精子长度以上，“稀”级不可用于输精。

② 精子计数法　用血细胞计算板较精确地计算出每毫升精液中的精子数，在精液高倍稀释时，要以精子数和精子活率来计算出精液稀释倍数。计算方法是用红细胞吸管取原精液至0.5刻度处，再吸入3%的氯化钠溶液至101刻度处，将原精液稀释200倍。以拇指及食指分别按吸管的两端摇匀，然后弃去吸管前数滴，将吸管尖端放在计算板与盖玻片之间的空隙边缘，使吸管中的精液流入计算室（高0.1毫米），充满其中。计算板中央用刻线分成25个正方形大格，共由400个小方格组成，面积为1毫米^2。在200倍、400倍显微镜下数出五个大方格（四角各一个，再加中央一个大方格，共80个小方格）内的精子数。计算时以精子头部为准，位于大方格四边线条上的精子，只数相邻两边的精子，避免重复。数出四个大方格的精子总数后加7个。即为1毫升原精液的精子数。

四、液态精液稀释配方与配制

1. 精液低倍稀释

在精液采出后，原精子数量不够时，可作低倍稀释，密度仪器测定。满足需要，并在短时间内使用，稀释液配方可简单些。如生理盐水，奶类稀释液（用鲜牛、羊奶，水浴 92～95℃消毒 15 分钟，冷却去奶皮后即可使用）。凡用于高倍稀释精液的稀释液，都可作低倍稀释用。

2. 精液高倍稀释

不但是为了扩大精液量，而且要延长精子的保存时间，配方很多，现介绍 2 个稀释液。

（1）葡萄糖 3 克，柠檬酸钠 1.4 克，EDTA（乙二胺四乙酸二钠）0.4 克，加蒸馏水至 100 毫升，溶解后水浴煮沸消毒 20 分钟，冷却后加青霉素 10 万国际单位、链霉素 0.1 克，若再加 10～20 毫升卵黄，可延长精子存活时间。

（2）葡萄糖 5.2 克、乳糖 2.0 克、柠檬酸钠 0.3 克、EDTA0.07 克、三羟甲基氨基甲烷 0.05 克、蒸馏水 100 毫升，溶解后煮沸消毒 20 分钟，冷却后加庆大霉素 1 万国际单位、卵黄 5 毫升。

3. 液态精液稀释

原精液活率在 0.6 以上方可用于稀释输精。

（1）精液低倍稀释，原精液量够输精时，可不必再稀释，可以直接用原精直接输精。不够时按需要量作 1∶(2～4) 倍稀释，要把稀释液加温到 30℃，再把它缓慢加到原精液中，摇匀后即可使用。

（2）精液高倍稀释，要以精子数、输精剂量、每一剂量中含有 1000 万个前进运动精子数，结合下午最后输精时间的精子活率，来计算出精液稀释比例，在 30℃下稀释（方法同前）。

五、精液的分装、保存和运输

1. 分装保存

（1）小瓶中保存　把高倍稀释清液，按需要量（数个输精剂量）装入小瓶，盖好盖，用蜡封口，包裹纱布，套上塑料袋，放在装有冰块的保温瓶（或保存箱）中保存，保存温度为 0～5℃。

（2）塑料管中保存　把精液以 1∶40 倍稀释，以 0.5 毫升为一个输精剂量，注入饮料塑料吸管内（剪成 20 厘米长，紫外线消毒），两端用塑料封口机封口，保存在自制的泡沫塑料的保存箱内（箱底放冻好的冰袋，再放泡沫塑料隔板，把精液管用纱布包好，放在隔板上面，固定好）盖上盖子，保存温度大多在 4～7℃，最高到 9℃。精液保存 10 小时内使用，这种方法，可不用输精器了，经济实用。

2. 运输

不论哪种包装，精液必须固定好，尽可能减轻振动。若用摩托车送精液，要把精液箱（或保温瓶）放在背包中，背在身上。若乘汽车送精液，最好把它抱在身上。

六、试情

试情工作是绵羊人工输精工作中的一个重要环节，特别是绵羊，因为绵羊的发情征状与其他家畜比较最不明显，若这项工作组织得不好，将直接影响配种效果，造成母羊空怀、配种期延长等。据资料报道，繁殖季节里在傍晚以后很少有交配活动，黎明时发情羊多表现求偶行为。一般在早晨 6:30～7:30 时发情母羊中接受爬跨的比例最高，中午发情羊性活动降低，从下午到黄昏再次增高。因此，每天对母羊群用试情方法进行 2 次检查，一次在归牧后，另一次在黎明时进行。把接受试情公羊爬跨的发情母羊从群中挑选出来，随后再进行人工授精或人工辅助交配。每次试情工作所耗用的时间应尽量短。判断发情要细致准确。因此在进行试情时，要保持安静，不能惊扰羊群。试情时间太长，将影响母羊的放牧抓膘。为防止试情的公羊偷配，试情时应在试情公羊腹下系上试情带（图 4-4）。试情带要扎结实，以防在试情的过程中试情带脱落，发生偷配。每次试情结束，试情带要用水清洗干净，然后晾干。有些地方给试情公羊做结扎输精管后阴茎移位手术，也能得到良好的试情效果。试情圈的设置应因地制宜，亦可用羊舍后运动场进行试情，亦有临时用柳条篱笆圈进行试情的。总的要求是便于试情工作的开展。试情场的面积以每只母羊 1.2～1.5 米^2 为宜。试情圈过大，不易抓羊；圈过小，母羊拥挤在一起，公羊任意爬跨，造成错抓发情母羊，后因公羊接触不到发情母羊，使发情母羊漏检，耽误了配种。

图 4-4 带着试情布的试情公羊

七、输精

1. 输精时间

适时输精，对提高母羊的受胎率十分重要。山羊的发情持续时间为 24～48 小时。排卵时间一般多在发情后期 30～40 小时。因此，比较适宜的输精时间应在发情中期后（即发情后 12～16 小时）。如以母羊外部表现来确定母羊发情的，若上午开始发情的母羊，下午与次日上午各输精 1 次；下午和傍晚开始发情的母羊，在次日上午、下午各输精 1 次。每天早晨 1 次试情的，可在上午、下午各输精 1 次。2 次输精间隔 8～10 小时为好，至少不低于 6 小时。若每天早晚各 1 次试情的，其输精时间与以母羊外部表现来确定母羊发情相同。如母羊继续发情，可再行输精 1 次。

2. 母羊保定

本文介绍一种不需输精架的倒立保定法，它没有场地限制，任

何地方都可输精。保定人将母羊头夹紧在两腿之间，两手抓住母羊后腿，将其提到腹部，保定好不让羊动，母羊成倒立状。用温布把母羊外阴部擦干净，即待输精。

3. 输精方法

（1）子宫颈口内输精　将经消毒后在1%氯化钠溶液浸涮过的开膣器装上照明灯（可自制），轻缓地插入阴道，打开阴道，找到子宫颈口，将吸有精液的输精器通过开膣器插入子宫颈口内，深度约1厘米。稍退开膣器，输入精液，先把输精器退出，后退出开膣器。进行下一只羊输精时，把开膣器放在清水中，用布洗去黏在上面的阴道黏液和污物，擦干后再在1%氯化钠溶液浸涮过；用生理盐水棉球或稀释液棉球，将输精器上黏的黏液、污物自口向后擦去。

（2）阴道输精　将装有精液的塑料管从保存箱中取出（需多少支取多少支，余下精液仍盖好），放在室温中升温2～3分钟后，将管子的一端封口剪开，挤1小滴镜检活率合格后，将剪开的一端从母羊阴门向阴道深部缓慢插入，到有阻力时停止，再剪去上端封口，精液自然流入阴道底部，拔出管子，把母羊轻轻放下，输精完毕，再对下一只母羊输精。

装在小瓶中保存的高倍稀释精液，要用输精器吸入后再输精（余下精液仍在0～5℃下保存），可作子宫颈口内或阴道输精。液态精液情期受胎率为80%以上。有人做过试验，阴道输精的情期受胎率比子宫颈口内输精的降低不到2%。所以说情期液态精液可以阴道输精，而且塑料管又可代替输精器，便于推广应用。冷冻精液必须进行子宫颈口内输精，否则会降低受胎率。有条件用腹腔镜子宫角内输精，能使冷冻精液受胎率提高。

4. 输精量

原精输精每只羊每次输精0.05～0.1毫升，低倍稀释精液每只羊每次输精0.1～0.2毫升，高倍稀释精液每只羊每次输精为0.2～0.5毫升，冷冻精液每只羊每次输精为0.2毫升以上。

第六节　胚胎移植技术

目前，我国的胚胎移植技术已由实验室阶段转向生产实际应用，在生产中发挥了重大作用。国家制定的2005—2015年科技规划，已将胚胎移植技术作为重点推广应用的产业化科技项目之一。因此，必须重视胚胎移植技术的应用和技术开发，加强技术培训，使其在高效养羊中发挥更大的作用。

一、供体超数排卵

1. 供体羊的选择

供体羊应符合品种标准，具有较高生产性能和遗传育种价值，年龄一般为2.5～7岁，青年羊为18月龄。体格健壮，无遗传性及传染性疾病，繁殖机能正常，经产羊没有空怀史。

2. 供体羊的饲养管理

好的营养状况是保持供体羊正常繁殖机能的必要条件。应在优质牧草场放牧，补充高蛋白饲料、维生素和矿物质，并供给盐和清洁的饮水，做到合理饲养，精心管理。

供体羊在采卵前后应保证良好的饲养条件，不得任意变化草料和管理程序。在配种季节前开始补饲，保持中等以上膘情。

3. 超数排卵处理

绵羊胚胎移植的超数排卵，应在每年绵羊最佳繁殖季节进行。供体羊超数排卵开始处理的时间，应在自然发情或诱导发情的情期第12～13天进行。山羊可在第17天开始。

4. 超数排卵处理技术方案

（1）促卵泡素（FSH）减量处理法

① 60毫克孕酮海绵栓埋植12天，于埋栓的同时肌内注射复合孕酮制剂1毫升。

② 于埋栓的第10天肌内注射FSH，总剂量300毫克，按以下

时间、剂量安排进行处理：第 10 天，早 75 毫克，晚 75 毫克；第 11 天，早 50 毫克，晚 50 毫克；第 12 天，早 25 毫克，晚 25 毫克。用生理盐水稀释，每次注射溶剂量 2 毫升，每次间隔 12 小时。

③ 撤栓后放入公羊试情，发情配种。

④ 用精子获能稀释液按 1∶1 稀释精液。

⑤ 配种时静脉注射 HCG 1000 国际单位，或 LH 150 国际单位。

⑥ 配种后 3 天胚胎移植。

(2) FSH-PMSG 处理法

① 60 毫克孕酮海绵栓阴道埋植 12 天，埋植的同时肌内注射复合孕酮制剂 1 毫升。

② 于埋植的第 10 天肌内注射 FSH，时间、剂量如下：第 10 天，早 50 毫克，晚 50 毫克，同时肌内注射 PMSG 500 国际单位；第 11 天，早 30 毫克，晚 30 毫克；第 12 天，早 20 毫克，晚 20 毫克。

③ 撤栓后试情，发情配种，同时静脉注射 HCG 1000 国际单位。

④ 精液处理同上。

⑤ 配种后 3 天采胚移植。

5. 发情鉴定和人工授精

FSH 注射完毕，随即每天早晚用试情公羊（带试情布或结扎输精管）进行试情。发情供体羊每天上午、下午各配种 1 次，直至发情结束。

二、采卵

1. 采卵时间

以发情日为 0 天，在 6～7.5 天或 2～3 天用手术法分别从子宫和输卵管回收卵。

2. 供体羊准备

供体羊手术前应停食 24～48 小时，可供给适量饮水。

（1）供体羊的保定和麻醉　供体羊仰卧在手术保定架上，四肢固定。肌内注射2%静松灵0.2～0.5毫升，局部用0.5%盐酸普鲁卡因麻醉，或用2%普鲁卡因2～3毫升，或注射多卡因2毫升，在第一、第二尾椎间作硬膜外鞘麻醉。

（2）手术部位及其消毒　手术部位一般选择乳房前腹中线部（在两条乳静脉之间）或四肢股内侧鼠蹊部。用电剪或毛剪在术部剪毛，应剪净毛茬，分别用清水消毒液清洗局部，然后涂以2%～4%的碘酒，待干后再用70%～75%的酒精棉脱碘。先盖大创布，再将灭菌巾盖于手术部门，使预定的切口暴露在创巾开口的中部。

3. 术者准备

术者应将指甲剪短，并锉光滑，用指刷、肥皂清洗，特别是要刷洗指缝，再进行消毒。手术者需穿清洁手术服、戴工作帽和口罩。

在两个盆内各盛温热的煮沸过的水3000～4000毫升，加入氨水5～7毫升，配成0.5%的氨水，术者将手指尖到肘部先后在2盆氨水中各浸泡2分钟，洗后用消毒毛巾或纱布擦干，按手向肘的顺序擦。然后再将手臂置于0.1%的新洁尔灭溶液中浸泡5分钟，或用70%～75%酒精棉球擦拭2次。双手消毒后，要保持拱手姿势，避免与未消毒过的物品接触，一旦接触，即应重新消毒。

4. 手术的基本要求

手术操作要求细心、谨慎、熟练；否则，直接影响冲卵效果和创口愈合及供体羊繁殖机能的恢复。

（1）组织分离　切口常用直线形，作切口时注意以下6点：避开较大血管和神经；切口边缘与切面整齐；切口方向与组织走向尽量一致；依组织层次分层切开；便于暴露子宫和卵巢，切口长约5厘米；避开第一次手术瘢痕。

① 切开皮肤　用左手的食指和拇指在预定切口的两侧将皮肤撑紧固定，右手用餐刀式执刀，由预定切口起点至终点一次切开，使切口深度一致，边缘平直。

② 切皮下组织　皮下组织用执笔式执刀法切开，也可先切一小口，再用外科前刀前开切开肌肉。用钝性分离法：按肌肉纤维方向用刀柄或止血钳刺开一小切口，然后将刀柄末端或用手指伸入切口，沿纤维方向整齐分离开，避免损伤肌肉的血管和神经。

③ 切开腹膜　切开腹膜应避免损伤腹内脏器，先用镊子提起腹膜，在提起部位作一切口，然后用另一只手的手指伸入腹膜，引导刀（向外切口）或用外科剪将腹膜剪开。

术者将食指及中指由切口伸入腹腔，在与骨盆腔交界的前后位置触摸子宫角，摸到后用二指夹持，牵引至创口表面，循一侧子宫角至该输卵管，在输卵管末端拐弯处找到该侧卵巢。不可用力牵拉卵巢，不能直接用手捏卵巢，更不能触摸排卵点和充血的卵泡。

观察卵巢表面排卵点和卵泡发育，详细记录。如果排卵点少于3个，可不冲洗。

（2）止血

① 毛细管止血　手术中出血应及时、妥善地止血。对常见的毛细管出血或渗血，用纱布敷料轻压出血处即可，不可用纱布擦拭出血处。

② 小血管止血　用止血钳止血，首先要看准出血所在位置，钳夹要保持足够的时间。若将止血钳沿血管纵轴扭转数周，止血效果更好。

③ 较大血管止血　除用止血钳夹住暂时止血外，必要时还需用缝合针结扎止血。结扎打结分为徒手打结和器械打结两种。

（3）缝合

① 缝合的基本要求　缝合前创口必须彻底止血，用加抗生素的灭菌生理盐水冲洗，清除手术过程中形成的血凝块等；按组织层次结扎松紧适当；对合严密、创缘不内卷、外翻；缝线结扎松紧适当；针间距要均匀，所以结要打在同一侧。

② 缝合方法　缝合方法大致分为间断缝合和连续缝合两种。间断缝合是用于张力较大、渗出物较多的伤口。在创口每隔1厘米缝一针，针针打结。这种缝合常用于肌肉和皮肤的缝合。连续缝合

是只在缝线的头尾打结。螺旋缝合是最间断的一种连续缝合，适于子宫、腹膜和翻膜的缝合；锁扣缝合，如同做衣服锁扣压扣眼的方法可用于直线形的肌肉和皮肤缝合。

5. 采卵方法

（1）输卵管法　供体羊发情后 2～3 天采卵，用输卵管法。将冲卵管一端由输卵管伞部的喇叭口插入 2～3 厘米深（打活结或用钝圆的夹子固定），另一端接集卵皿。用注射器吸取 37℃的冲卵液 5～10 毫升，在子宫角靠近输卵管的部位，将针头朝输卵管方向扎入，一人操作，一只手的手指在针头后方捏紧子宫角，另一只手推注射器，冲卵液由宫管结合部流入输卵管，经输卵管流至集卵皿。

输卵管法的优点是卵的回收率高，冲卵液用量少，检卵省时间。缺点是容易造成输卵管特别是伞部的粘连。

（2）子宫法　供体羊发情后 6～7.5 天采卵。这种方法，术者将子宫暴露于创口表面后，用套有胶管的肠钳夹在子宫角分叉处，注射器吸入预热的冲卵液 20～30 毫升（一侧用液 50～60 毫升），冲卵针头（钝形）从子宫角尖端插入，当确认针头在管腔内进退通畅时，将硅胶管连接于注射器上，推注冲卵液，当子宫角膨胀时，将回收冲卵针头从肠钳钳夹基部的上方迅速扎入，冲卵液经硅胶管收集于烧杯内，最后用两手拇指和食指将子宫角抨一遍。另一侧子宫角用同一方法冲洗。进针时避免损失血管，推注冲卵液时力量和速度应适中。

子宫法对输卵管损失甚微，尤其不涉及伞部，但卵回收率较输卵管法低，用液较多，捡卵较费时。

（3）冲卵管法　用手术法取出子宫，在子宫扎孔，将冲卵管插入，使气球在子宫角分叉处，冲卵管尖端靠近子宫角尖端，用注射器注入气体 8～10 毫升，然后进行灌流，分次冲洗子宫角。

每次灌注 10～20 毫升，一侧用液 50～60 毫升，冲完后气球放气，冲卵管插入另一侧，用同样方法冲卵。

采卵完毕后，用 37℃灭菌生理盐水湿润母羊子宫，冲去凝血

块，再涂少许灭菌液体石蜡，将器官复位。腹膜、肌肉缝合后，撒一些磺胺粉等消炎防腐药。皮肤缝合后，在伤口周围涂碘酒，再用酒精作最后消毒。供体羊肌内注射青霉素 80 万单位和链霉素 100 万单位。

三、检卵

1. 检卵操作

要求检卵者应熟悉体视显微镜的结构，做到熟练使用。找卵的顺序应由低倍到高倍，一般在 10 倍左右已能发现卵子。对胚胎鉴定分级时再转向高倍（或加上大物镜）。改变放大率时，需再次调整焦距至看清物象为止。

2. 找卵要点

根据卵子的密度、大小、形态和透明带折光性等特点找卵。

① 卵子的密度比冲卵液大，因此一般位于集卵皿的底部。

② 羊的卵子直径为 150～200 微米，肉眼观察只有针尖大小。

③ 卵子是一球形体，在镜下呈圆形，其外层是透明带，它在冲卵液内的折光性比其他不规则组织碎片折光性强，色调为灰色。

④ 当疑似卵子时晃动表面皿，卵子滚动，用玻璃针拨动，针尖尚未触及卵子即已移动。

⑤ 镜检找到的卵子数，应和卵巢上排卵点的数量大致相当。

3. 检卵前的准备

（1）待检的卵应保存在 37℃条件下，尽量减少体外环境、温度、灰尘等因素的不良影响。检卵时将集卵杯倾斜，轻轻倒弃上层液，留杯底约 10 毫升冲卵液，再用少量 PBS 冲洗集卵杯，倒入表面皿镜检。

（2）在酒精灯上拉制内径为 300～400 微米的玻璃吸管和玻璃针。将 10％或 20％羊血清 PBS 保存液用 0.22 微米滤器过滤到培养皿内。每个冲卵供体羊需备 3～4 个培养皿，写好编号，放入培养箱待用。

4. 检卵方法及要求

用玻璃吸管清除卵外围的黏液、杂质。将胚胎吸至第一个培养皿内，吸管先吸入少许PBS，再吸入卵。在培养皿的不同位置冲洗卵3～5次。依次在第二个培养皿内重复冲洗，然后把全部卵移至另一个培养皿。每换一个培养皿时应换新的玻璃吸管，一个供体的卵放在同一个皿内。操作室温为20～25℃，检卵及胚胎鉴定需两人进行。

四、胚胎的鉴定与分级

1. 胚胎的鉴定

（1）在20～40倍体视显微镜下观察受精卵的形态、色调、分裂球的大小、均匀度、细胞的密度与透明带的间隙以及变性情况等。

（2）凡卵子的卵黄未形成分裂球及细胞团的，均为未受精卵。

（3）胚胎的发育阶段。发情（授精）后2～3天用输卵管法回收的卵，发育阶段为2～8细胞期，可清楚地观察到卵裂球，卵黄腔间隙较大。回收的正常受精卵发育情况如图4-5。

① 桑葚胚：发情后第5～6天回收的卵，只能观察到球细胞团，分不清分裂球，细胞团占据卵黄腔的大部分。

② 紧实桑葚胚：发情后第6天占卵黄腔的60%～70%。

③ 早期囊胚：发情后第7～8天回收的卵，细胞团的一部分出现发亮的胚胞腔。

④ 胚泡：发情后第7～9天回收的卵，内限清晰，胚胞腔明显，细胞充满卵黄腔。

⑤ 扩张囊胚：发情后第8～10天回收的卵，囊腔明显扩大，体积增大到原来的1.2～1.5倍，与透明带之间无空隙，透明带变薄，相当于原先厚度的1/3。

⑥ 孵化囊胚：一般在发情后第9～11天回收的卵，由于胚泡腔继续扩大，致使透明带破裂，卵细胞脱出。

凡在发情后第6～8天回收的16细胞以下非正常发育胚，不能

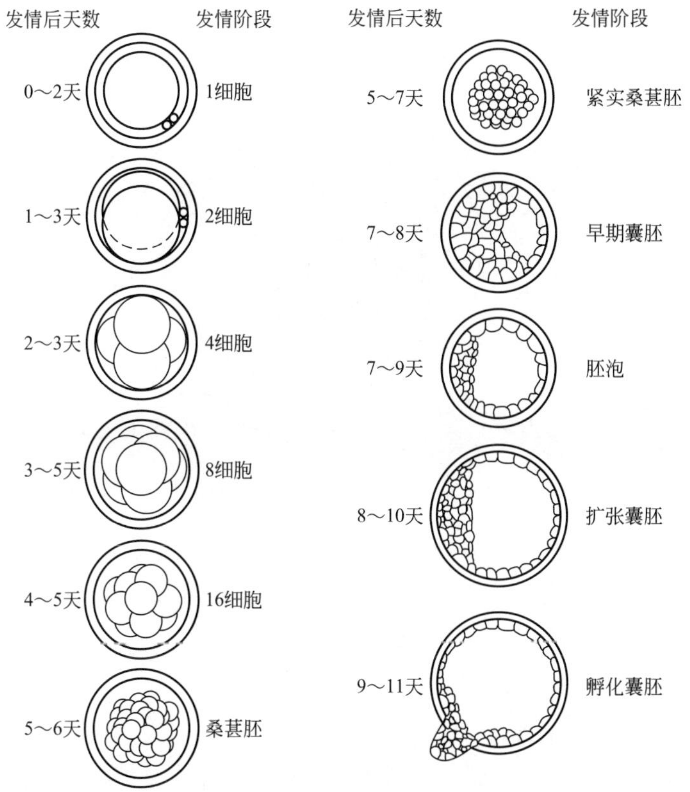

图 4-5　妊娠天数与胚胎的发育阶段

用于移植或冷冻保存。

2. 胚胎的分级

分为 A、B、C 三级（图 4-6）。

A 级：胚胎形态完整，轮廓清晰，呈球形，分裂球大小均匀。

B 级：轮廓清晰，色调及细胞密度良好，可见到少量附着的细胞和液泡，变性细胞占 10％～30％。

C 级：轮廓不清晰，色调发暗，结构较松散，游离的细胞或液泡多，变性细胞达 43％～50％。

胚胎的等级划分还应考虑到受精卵的发育程度。发情后第 7 天

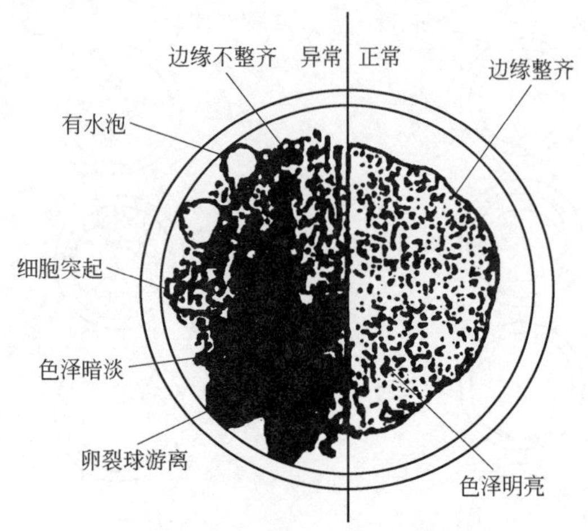

图 4-6　胚胎品质的衡量示意图

回收的受精卵在正常发育时应处于致密桑葚胚至囊胚阶段。凡在16细胞以下的受精卵及变性细胞超过一半的胚胎均属等外，其中部分胚胎仍有发育的能力，但受胎率很低。

五、胚胎移植

1. 受体羊的选择

受体羊应选择健康、无传染病、营养良好、无生殖疾病、发情周期正常的经产羊。

2. 供体羊、受体羊的同期发情

（1）自然发情　对受体羊群自然发情进行观察，与供体羊发情前后相差1天的羊，可作为受体羊。

（2）诱导发情　绵羊诱导发情分为孕激素类和前列腺素类控制同期发情2类方法。孕酮海绵栓法是一种常用的方法。

海绵栓在灭菌生理盐水中浸泡后塞入阴道深处，至13～14天取出，在取海绵栓的前1天或当天，肌内注射PMSG 400国际单位，56小时前后受体羊可表现发情。

（3）发情观察　受体羊发情观察早晚各1次，母羊接受爬跨确

认为发情。受体羊与供体羊发情同期差控制在 24 小时内。

3. 移植

（1）移植液　0.03 克牛血清白蛋白溶于 10 毫升 PBS 中，1 毫升血清＋9 毫升磷酸缓冲盐溶液，以上两种移植液均含青霉素（100 单位/毫升）、链霉素（100 单位/毫升）。配好后用 0.22 微米细菌滤器过滤，置 38℃培养箱中备用。

（2）受体羊的准备　受体羊术前需空腹 12～24 小时，仰卧或侧卧于手术保定架上，肌内注射 0.3%～0.5%静松灵。手术部位及手术要求与供体羊相同。

（3）简易手术法　对受体羊可采用简易手术法移植胚胎。术部消毒后，拉紧皮肤，在后肢鼠蹊部作 1.5～2 厘米切口，用一个手指伸进腹腔，摸到子宫角引导至切口外，确认排卵侧黄体发育状况，用钝形针头在黄体侧子宫角扎孔，将移植管顺子宫方向插入宫腔，推入胚胎，随即子宫复位。皮肤复位后即将腹壁切口覆盖，皮肤切口用碘酒、酒精消毒，一般不需缝合。若切口增大或覆盖不严密，应进行缝合。

受体羊术后在小圈内观察 1～2 天。圈舍应干燥、清洁，防止感染。

（4）移植胚胎注意要点

① 观察受体卵巢，胚胎移至黄体侧子宫角，无黄体不移植。一般移 2 枚胚胎。

② 在子宫角扎孔时应避开血管，防止出血。

③ 不可用力牵拉卵巢，不能触摸黄体。

④ 胚胎发育阶段与移植部位相符。

⑤ 对受体黄体发育按突出卵巢的直径分为优、中、差，即优 0.6～1 厘米、中 0.5 厘米、差小于 0.5 厘米。

4. 受体羊饲养管理

受体羊术后 1～2 情期内，要注意观察返情情况。若返情，则应进行配种或移植；对没有返情的羊，应加强饲养管理。妊娠前期，应满足母羊对热量的摄取，防止胚胎因营养不良而导致早期死亡。在妊娠后期，应保证母羊营养的全面需要，尤其是对蛋白质的需要，以满足胎儿的充分发育。

第五章

羊的营养标准化

羊的营养标准化是指根据羊不同生理阶段或饲养阶段的营养需要，把切短的粗饲料、青贮饲料、精饲料以及各种饲料添加剂进行科学配比，经过在饲料搅拌机内充分混合后得到一种营养相对平衡的全价日粮，直接供羊自由采食而获得足够的营养。该技术适合于较大规模的饲养场，但小型养殖场户一般可采用简易饲料搅拌机混合后直接饲喂的方法，也可取得较好的饲喂效果。

第一节　羊的营养需要

羊的营养需要包括维持需要和生产需要。其中，维持需要是指羊为了维持其正常生命活动，即在体重不增减，又不生产的情况下，其基本生理活动所需要的营养物质；生产需要包括生长、繁殖、泌乳和产毛等生产条件下的营养需要。

一、能量的需要

饲粮的能量水平是影响生产力的重要因素之一。能量不足，会导致幼龄羊生长缓慢，母羊繁殖率下降，泌乳期缩短，羊毛生长缓慢、毛纤维直径变细等；能量过高，对生产和健康同样不利。因此，合理的能量水平，对保证羊体健康，提高生产力，降低饲料消耗具有重要作用。

1. 维持

NRC（1985）确定的绵羊每日维持能量（NEn）需要为 $56W^{0.75}\times 4.1868$ 千焦（W 为体重）。

2. 生长

NRC（1985）认为，不同绵羊品种，空腹重20～50千克生长发育的绵羊，每1千克空腹增重需要的热值，轻型体重羔羊为12.56～16.75兆焦/千克，重型体重羔羊为23.03～31.40兆焦/千克。在生产上，计算增重所需要的热值，需要将空腹重换算为活重，即空腹重乘以1.195。同品种活重相同时，公羊每千克增重需要的热值是母羊的0.82倍。

3. 妊娠

青年妊娠母羊能量需要量包括维持净能（NEn）、本身生长增重（NEy）、胎儿增重及妊娠产物（NEy）；成年妊娠母羊不生长，能量需要量仅包括NEn和NEy两部分。在妊娠期的后6周，胎儿增重快，对能量需要量大。怀单羔的妊娠母羊的能量总需要量为维持需要量的1.5倍，怀双羔的母羊为维持需要量的2.0倍。

4. 泌乳

包括维持和产乳需要。羔羊在哺乳期增重与母乳的需要量之比为1∶5。绵羊在产后12周泌乳期内，有65%～83%的代谢能（ME）转化为奶能，带双羔母羊比带单羔母羊的转化率高。

二、蛋白质的需要

蛋白质具有重要的营养作用，是动物建造组织和体细胞的基本原料，是修补体组织的必需物质，还可以代替碳水化合物和脂肪的产热作用，以供给机体热能的需要。羊日粮中蛋白质不足，会影响瘤胃的生理效果，羊只生长发育缓慢，繁殖率、产毛量、产乳量下降；严重缺乏时，会导致羊只消化紊乱，体重下降，贫血，水肿，

抗病力减弱。但饲喂蛋白质过量，多余的蛋白质变成低效的能量，很不经济。过量的非蛋白氮和高水平的可溶性蛋白可造成氨中毒。

在绵羊瘤胃消化功能正常情况下，NRC（1985）采用析因法求出蛋白质需要量，其计算公式如下。

$$粗蛋白质需要量（克/天）=\frac{PD+MFP+EUP+DL+Wool}{NPV}$$

式中，PD 代表蛋白质储留量，MFP 代表粪中代谢蛋白质，EUP 代表尿中内源蛋白质，DL 代表皮肤脱落蛋白质，Wool 代表羊毛内的粗蛋白质，NPV 代表蛋白质净效率。

PD（克/天）：怀单羔母羊妊娠初期为 2.95 克/天、妊娠最后 4 周为 16.75 克/天，多胎母羊按比例增加；泌乳母羊的泌乳量，成年母羊哺乳羔按 1.74 克/天、双羔 2.60 克/天，青年母羊按成年母羊的 75%计算，而乳中粗蛋白质按 47.875 克/天计算。

MFP（克/天）：假定为 33.44 克/天干物质采食量（NRC，1984）。

EUP（克/天）：0.14675 × 体重（千克）+ 3.375（NRC，1980）。

DL（克/天）：$0.1125W^{0.75}$（W 为体重）。

Wool（克/天）：成年母羊和公羊假定为 6.8 克（每年污毛产量以 4.0 千克计），羔羊毛粗蛋白质含量（克/天）可以用［3+（0.1×无毛被羊体内蛋白质）］计算。

NPV：0.561，是由真消化率 0.85×生物学价值 0.66 而来。

三、矿物质的需要

矿物质是羊体组织、细胞、骨骼和体液的重要成分。羊的正常营养需要多种矿物质。体内缺乏矿物质，会引起神经系统、肌肉运动、食物消化、营养输送、血液凝固和体内酸碱平衡等功能的紊乱，影响羊只健康、生长发育、繁殖和畜产品产量，乃至死亡。研究表明，羊体内有多种矿物元素，现已证明 15 种是必需的元素，其中常量元素有钠、氯、钙、磷、镁、钾和硫 7 种，微量元素有碘、铁、钼、铜、钴、锰、锌和硒 8 种。由于羊体内矿物质间的相互作用，很难确定其对每种矿物质的需要量，一种矿物质缺乏或过量会引起其他矿物质缺乏或过量（表 5-1）。

表 5-1　羊对矿物质的需要量

矿物元素	绵羊(每日每只)				山羊(每日每只)			最大耐受量
	幼龄羊	成年育肥羊	种公羊	种母羊	幼龄羊	种公羊	种母羊	
食盐/克	9～16	15～20	10～20	9～16	7～12	10～17	10～16	
钙/克	4.5～9.6	7.8～10.5	9.5～15.6	6～13.5	4～6	6～11	4～9	2%
磷/克	3～7.2	4.6～6.8	6～11.7	4～8.6	2～4	4～7	3～6	0.6%
镁/克	0.6～1.1	0.6～1	0.85～1.4	0.5～1.8	0.4～0.8	0.6～1	0.5～0.9	0.5%
硫/克	2.8～5.7	3～6	5.25～9.05	3.5～7.5	1.8～3.5	3～5.7	2.4～5.1	0.4%
铁/毫克	36～75		65～108	48～130	45～75	40～85	43～88	500
铜/毫克	7.3～13.4		12～21	10～22	8～13	7～15	9～15	25
锌/毫克	30～58		49～83	34～142	33～58	30～70	32～88	300
钴/毫克	0.36～0.58		0.6～1	0.43～1.4	0.4～0.6	0.4～0.8	0.4～0.9	10
锰/毫克	40～75		65～108	53～130	45～76	40～85	48～88	1000
碘/毫克	0.3～0.4		0.5～0.9	0.4～0.68	0.3～0.4	0.2～0.3	0.4～0.7	50

资料来源：李英等，1993。最大耐受量的单位是每千克干物质的百分数或数量。

1. 钠（Na）和氯（Cl）

在体内对维持渗透压、调节酸碱平衡、控制水代谢起着重要的作用。钠是制造胆汁的重要原料，氯构成胃液中的盐酸参与蛋白质消化。食盐还有调味作用，能刺激唾液分泌，促进淀粉酶的活动。缺乏钠和氯易导致消化不良，食欲减退，异嗜，饲料营养物质利用

率降低，发育受阻，精神萎靡，身体消瘦，健康恶化等现象。饲喂食盐能满足羊对钠和氯的需要。

2. 钙（Ca）和磷（P）

羊体内钙约99%、磷约80%存在于骨骼和牙齿中。钙、磷关系密切，幼龄羊的钙磷比应为2∶1。血液中的钙有抑制神经和兴奋肌肉，促进血凝和保持细胞膜完整性等作用；磷参与糖、脂类、氨基酸的代谢和保持血液pH值正常。缺钙或磷，骨骼发育不正常，幼龄羊出现佝偻病和成年羊出现软化症等。绵羊食用钙化物一般不会出现钙中毒。但日粮中钙过量，会加速其他元素（如磷、镁、铁、碘、锌和锰等）缺乏。

3. 镁（Mg）

镁有许多生理功能。镁是骨骼的组成成分，机体中的镁有60%～70%在骨骼中；许多酶也离不开镁；镁能维持神经系统的正常功能。缺镁的典型症状是痉挛。一般不会出现镁中毒，中毒症状是昏睡、运动失调和下痢。

4. 钾（K）

钾约占机体干物质的0.3%。主要存在细胞内液中，影响机体的渗透压和酸碱平衡。对一些酶的活化有促进作用。缺钾易造成采食量下降、精神不振和痉挛。绵羊对钾的最大耐受量可占日粮干物质的3%。

5. 硫（S）

硫是保证瘤胃微生物最佳生长的重要养分，在瘤胃微生物消化过程中，硫对含硫氨基酸（蛋氨酸和胱氨酸）、维生素B_{12}的合成有作用。硫还是黏蛋白和羊毛的重要成分。硫缺乏与蛋白质缺乏症状相似，出现食欲减退，增重减少，毛的生长速度降低。此外，还表现出唾液分泌过多、流泪和脱毛。用硫酸钠补充硫，最大耐受量为日粮的0.4%。严重中毒症状是呼出的气体有硫化氢（H_2S）气味。

6. 碘（I）

碘是甲状腺素的成分，参与物质代谢过程。碘缺乏则出现甲状腺肥大，羔羊发育缓慢，甚至出现无毛症或死亡。对缺碘的绵羊，采用碘化食盐（含0.1%～0.2%碘化钾）补饲。碘中毒症状是发育缓慢、厌食和体温下降。

7. 铁（Fe）

铁参与形成血红素和肌红蛋白，保证机体组织氧的运输。铁还是细胞色素、酶类和多种氧化酶的成分，与细胞内生物氧化过程密切相关。缺铁的症状是生长缓慢、嗜眠、贫血、呼吸频率增加；铁过量，其慢性中毒症状是采食量下降、生长速度慢、饲料转化率低；急性中毒表现出厌食、尿少、腹泻、体温低、代谢性酸中毒、休克，甚至死亡。

8. 钼（Mo）

钼是黄嘌呤氧化酶及硝酸还原酶的组成成分，体组织和体液中也含有少量的钼。钼与铜、硫之间存在着相互促进和相互制约的关系。对饲喂低钼日粮的羔羊补饲铜盐能提高增重。钼饲喂过量，毛纤维直、粪便松软、尿黄、脱毛、贫血、骨骼异常和体重迅速下降。钼中毒可通过提高日粮中的铜水平进行控制。

9. 铜（Cu）

铜有催化红细胞和血红素形成的作用。铜与羊毛生长关系密切。在酶的作用下，铜参与有色毛纤维色素形成。缺铜常引起羔羊共济失调、贫血、骨骼异常，毛纤维变直、强度、弹性、染色亲和性下降，有色毛色素沉着力差。铜中毒症状为溶血、黄疸、血红蛋白尿、肝呈现黑色。

10. 钴（Co）

钴有助于瘤胃微生物合成维生素 B_{12}。绵羊缺钴出现食欲下降、流泪、毛被粗硬、精神不振、消瘦、贫血、泌乳量和产毛量降低、发情次数减少、易流产。在缺钴的地区，可施用硫酸钴肥，每公顷1.5千克；也可补饲钴盐，可将钴添加到食盐中，每100千克

含钴量为 2.5 克，或按钴的需要量投服钴丸。

11. 锰（Mn）

锰对于骨骼发育和繁殖都有作用。缺锰会导致初生羔羊运动失调，生长发育受阻，骨骼畸形，繁殖力降低。

12. 锌（Zn）

锌是多种酶的成分，如红细胞中的碳酸酐酶、胰液中的羧肽酶和胰岛素的成分。锌可维持公羊睾丸的正常发育、精子形成，以及羊毛的正常生长。缺锌症状表现为角质化不全症、掉毛、睾丸发育缓慢（或睾丸萎缩）、畸形精子多、母羊繁殖力下降；锌过量则出现中毒症状，采食量下降，羔羊增重降低；妊娠母羊严重缺锌，流产和死胎增多。

13. 硒（Se）

硒是谷胱苷肽过氧化物酶的主要成分，具有抗氧化作用。缺硒羔羊易出现白肌症、生长发育受阻、母羊繁殖机能紊乱、多空怀和死胎。对缺硒绵羊补饲亚硒酸钠（$NaSeO_3$）办法甚多，如土壤中施用硒肥、饲料添加剂口服、皮下或肌内注射，还可用铁和硒按 20∶1 制成丸剂或含硒的可溶性玻璃球。硒过量常引起硒中毒，表现为掉毛、蹄部溃疡至脱落、繁殖力显著下降。当喂含硒低的日粮时，体内的硒便迅速排出体外。

四、维生素的需要

维生素属于低分子有机化合物，其功能在于启动和调节有机体的物质代谢。羊体必需的维生素分为脂溶性维生素（维生素 A、维生素 D、维生素 E、维生素 K）和水溶性维生素（B 族维生素和维生素 C）。B 族维生素包括硫胺素（维生素 B_1）、核黄素（维生素 B_2）、烟酸（维生素 B_3）、吡哆醇（维生素 B_6）、泛酸（维生素 B_5）、叶酸、生物素（维生素 B_4）、胆碱和维生素 B_{12}。维生素不足会引起机体代谢紊乱，羔羊表现出生长停滞，抗病力弱；成年羊则出现生产性能下降和繁殖机能紊乱。羊体所需要的维生素，除由饲料中获取外，还可由瘤胃微生物合成。在现代养羊业生产中，一般对维生素A、维生素D、B族维生素和维生素K比较重视（表5-2）。

表5-2 羊对维生素的需要量

维生素	绵羊(每日每只)				山羊(每日每只)			最大耐受量
	幼龄羊	成年育肥羊	种公羊	种母羊	幼龄羊	种公羊	种母羊	
维生素A/($\times 10^3$国际单位)	4～9	5.7～8	9.8～33	5.7～14	3.5～5.7	6.9～13	4～12	14～1320
维生素D/($\times 10^3$国际单位)	0.42～0.7	0.5～0.76	0.5～1.02	0.5～1.15	0.4～0.55	0.33～0.62	0.42～0.9	7.4～25.8
维生素E/毫克			51～84			32～61		560～1500

资料来源：李英等，1993。最大耐受量的单位是每千克干物质的百分比或数量。

1. 维生素A

维生素A是一种环状不饱和一元醇，具有多种生理作用，不足会出现多种症状，如生长迟缓、骨骼畸形、繁殖器官退化、夜盲症等。绵羊每日对维生素A或胡萝卜素的需要量为每千克活重47国际单位或每千克活重6.9毫克β-胡萝卜素，在妊娠后期和泌乳期可增至每千克活重85国际单位或125毫克β-胡萝卜素。绵羊主要靠采食胡萝卜素满足维生素A的需要。

2. 维生素D

维生素D为类固醇衍生物，分维生素D_2和维生素D_3两种。其功能是促进钙磷吸收、代谢和成骨作用。缺乏维生素D引起钙和磷代谢障碍，羔羊出现佝偻病，成年羊出现骨组织疏松症。放牧绵羊在阳光下，通过紫外线照射可合成并获得充足维生素D；但如果长时间阴云天气或舍饲，可能出现维生素D缺乏症，此时应喂给

经太阳晒制的青干草，以补充维生素 D。

3. 维生素 E

维生素 E 叫抗不育维生素，化学结构类似酚类的化合物，极易氧化，具有生物学活性，其中以 α-生育酚活性最高。维生素 E 主要功能是作为机体的生物催化剂。维生素 E 缺乏症状为母羊胚胎被吸收或流产、死亡，公羊精子减少、品质降低、无受精能力、无性机能。严重缺乏时，还会出现神经和肌肉组织代谢障碍。新鲜牧草的维生素 E 含量较高，自然干燥的干草在储藏过程中大部分维生素 E 被损失掉了。

4. B 族维生素

B 族维生素主要作为细胞酶的辅酶，催化碳水化合物、脂肪和蛋白质代谢中的各种反应。绵羊瘤胃机能正常时，能由微生物合成 B 族维生素满足羊体需要。但羔羊在瘤胃发育正常以前，瘤胃微生物区系尚未建立，日粮中需添加 B 族维生素。

5. 维生素 K

维生素 K 分为维生素 K_1、维生素 K_2 和维生素 K_3 三种，其中维生素 K_1 称为叶绿醌，在植物中形成；维生素 K_2 由胃肠道微生物合成；维生素 K_3 为人工合成。维生素 K 的主要作用是催化肝脏中对凝血酶原和凝血活素的合成。经凝血活素的作用使凝血酶原转为凝血酶。凝血酶能使可溶性的血纤维蛋白原变为不溶性的纤维蛋白而使血液凝固。当维生素 K 不足时，因限制了凝血酶的合成而使血凝差。青饲料富含维生素 K_1，瘤胃微生物可大量合成维生素 K_2，一般不会缺乏。但在生产中，由于饲料间的拮抗作用，如草木樨和一些杂类草中含有与维生素 K 化学结构相似的双季豆素，能妨碍维生素 K 的利用；霉变饲料中的真菌霉素有制约维生素 K 的作用；药物添加剂（如抗生素和磺胺类药物）能抑制胃肠道微生物维生素 K 的合成，而出现维生素 K 不足，需适当增加维生素 K 的补饲喂量。

五、水的需要

水是羊体器官、组织的主要组成部分，约占体重的一半。水参与羊体内营养物质的消化、吸收、排泄等生理生化过程。水的比热高，对调节体温起着重要作用。畜体内失水 10%，可导致代谢紊乱；失水 20%，则会引起死亡。

畜体需水的主要来源包括饮水、饲料水和代谢水，羊体需水量受机体代谢水平、环境温度、生理阶段、体重、采食量和饲料组成等因素的影响。在自由采食的情况下，饮水量为干物质采食量的 2～3 倍。Forbes 研究表明，摄入总水量（TWI）和干物质采食量（DMI）呈显著相关，其公式为 TWI＝3.86DMI－0.99。饲料中蛋白质和食盐含量增高，饮水量随之增加；摄入高水分饲料，饮水量降低。饮水量随气温升高而增加，夏季饮水量比冬季饮水量高 1～2 倍。妊娠和泌乳期饮水量也要增加，如妊娠的第 3 个月饮水量开始增加，到第 5 个月增加 1 倍；怀双羔母羊饮水量大于怀单羔母羊；母羊泌乳期饮水量比空怀母羊和乳中含水量之和还要大；泌乳母羊比干乳母羊需水量大 1 倍。

第二节　羊的各种饲养标准

羊的饲养标准又叫羊的营养需要量，是指羊维持生命活动和从事生产（肉、乳、毛、繁殖等）对能量和各种营养物质的需要量。各种营养物质的需要，不但数量要充足，而且比例要恰当。饲养标准就是反映绵羊和山羊不同发育阶段、不同生理状况、不同生产方向和水平对能量、蛋白质、矿物质和维生素等的需要量。

由中国农业科学院畜牧研究所王加启、内蒙古畜牧科学院卢德勋等人起草，中华人民共和国农业部提出，由中华人民共和国农业部 2004 年 8 月 25 日发布的《中华人民共和国农业行业标准——肉羊饲养标准》（NYT 816—2004），见表 5-3～表 5-17。

表 5-3　生长育肥绵羊羔羊营养需要量

体重/千克	日增重/(千克/天)	DMI/(千克/天)	DE/(兆焦/天)	ME/(兆焦/天)	粗蛋白质/(克/天)	钙/(克/天)	总磷/(克/天)	食用盐/(克/天)
4	0.1	0.12	1.92	1.88	35	0.9	0.5	0.6
4	0.2	0.12	2.8	2.72	62	0.9	0.5	0.6
4	0.3	0.12	3.68	3.56	90	0.9	0.5	0.6
6	0.1	0.13	2.55	2.47	36	1.0	0.5	0.6
6	0.2	0.13	3.43	3.36	62	1.0	0.5	0.6
6	0.3	0.13	4.18	3.77	88	1.0	0.5	0.6
8	0.1	0.16	3.10	3.01	36	1.3	0.7	0.7
8	0.2	0.16	4.06	3.93	62	1.3	0.7	0.7
8	0.3	0.16	5.02	4.60	88	1.3	0.7	0.7
10	0.1	0.24	3.97	3.60	54	1.4	0.75	1.1
10	0.2	0.24	5.02	4.60	87	1.4	0.75	1.1
10	0.3	0.24	8.28	5.86	121	1.4	0.75	1.1
12	0.1	0.32	4.60	4.14	56	1.5	0.8	1.3
12	0.2	0.32	5.44	5.02	90	1.5	0.8	1.3
12	0.3	0.32	7.11	8.28	122	1.5	0.8	1.3
14	0.1	0.4	5.02	4.60	59	1.8	1.2	1.7
14	0.2	0.4	8.28	5.86	91	1.8	1.2	1.7
14	0.3	0.4	7.53	6.69	123	1.8	1.2	1.7
16	0.1	0.48	5.44	5.02	60	2.2	1.5	2.0
16	0.2	0.48	7.11	8.28	92	2.2	1.5	2.0
16	0.3	0.48	8.37	7.53	124	2.2	1.5	2.0
18	0.1	0.56	8.28	5.86	63	2.5	1.7	2.3
18	0.2	0.56	7.95	7.11	95	2.5	1.7	2.3
18	0.3	0.56	8.79	7.95	127	2.5	1.7	2.3
20	0.1	0.64	7.11	8.28	65	2.9	1.9	2.6
20	0.2	0.64	8.37	7.53	96	2.9	1.9	2.6
20	0.3	0.64	9.62	8.79	128	2.9	1.9	2.6

注：1. 表中日粮干物质进食量（DMI）、消化能（DE）、代谢能（ME）、粗蛋白质（CP）、钙、总磷、食用盐每日需要量推荐数值参考自内蒙古自治区地方标准《细毛羊饲养标准》(DB 15/T30—92)。

2. 日粮中添加的食用盐应符合 GB 5461 中的规定。

表 5-4 育成母绵羊营养需要量

体重/千克	日增重/(千克/天)	DMI/(千克/天)	DE/(兆焦/天)	ME/(兆焦/天)	粗蛋白质/(克/天)	钙/(克/天)	总磷/(克/天)	食用盐/(克/天)
25	0	0.8	5.86	4.60	47	3.6	1.8	3.3
25	0.03	0.8	6.70	5.44	69	3.6	1.8	3.3
25	0.06	0.8	7.11	5.86	90	3.6	1.8	3.3
25	0.09	0.8	8.37	6.69	112	3.6	1.8	3.3
30	0	1.0	6.70	5.44	54	4.0	2.0	4.1
30	0.03	1.0	7.95	6.28	75	4.0	2.0	4.1
30	0.06	1.0	8.79	7.11	96	4.0	2.0	4.1
30	0.09	1.0	9.20	7.53	117	4.0	2.0	4.1
35	0	1.2	7.95	6.28	61	4.5	2.3	5.0
35	0.03	1.2	8.79	7.11	82	4.5	2.3	5.0
35	0.06	1.2	9.62	7.95	103	4.5	2.3	5.0
35	0.09	1.2	10.88	8.79	123	4.5	2.3	5.0
40	0	1.4	8.37	6.69	67	4.5	2.3	5.8
40	0.03	1.4	9.62	7.95	88	4.5	2.3	5.8
40	0.06	1.4	10.88	8.79	108	4.5	2.3	5.8
40	0.09	1.4	12.55	10.04	129	4.5	2.3	5.8
45	0	1.5	9.20	8.79	94	5.0	2.5	6.2
45	0.03	1.5	10.88	9.62	114	5.0	2.5	6.2
45	0.06	1.5	11.71	10.88	135	5.0	2.5	6.2
45	0.09	1.5	13.39	12.10	80	5.0	2.5	6.2
50	0	1.6	9.62	7.95	80	5.0	2.5	6.6
50	0.03	1.6	11.30	9.20	100	5.0	2.5	6.6
50	0.06	1.6	13.39	10.88	120	5.0	2.5	6.6
50	0.09	1.6	15.06	12.13	140	5.0	2.5	6.6

注：1. 表中日粮干物质进食量（DMI）、消化能（DE）、代谢能（ME）、粗蛋白质（CP）、钙、总磷、食用盐每日需要量推荐数值参考自内蒙古自治区地方标准《细毛羊饲养标准》(DB 15/T30—92)。

2. 日粮中添加的食用盐应符合 GB 5461 中的规定。

表 5-5　育成公绵羊营养需要量

体重/千克	日增重/(千克/天)	DMI/(千克/天)	DE/(兆焦/天)	ME/(兆焦/天)	粗蛋白质/(克/天)	钙/(克/天)	总磷/(克/天)	食用盐/(克/天)
20	0.05	0.9	8.17	6.70	95	2.4	1.1	7.6
20	0.10	0.9	9.76	8.00	114	3.3	1.5	7.6
20	0.15	1.0	12.20	10.00	132	4.3	2.0	7.6
25	0.05	1.0	8.78	7.20	105	2.8	1.3	7.6
25	0.10	1.0	10.98	9.00	123	3.7	1.7	7.6
25	0.15	1.1	13.54	11.10	142	4.6	2.1	7.6
30	0.05	1.1	10.37	8.50	114	3.2	1.4	8.6
30	0.10	1.1	12.20	10.00	132	4.1	1.9	8.6
30	0.15	1.2	14.76	12.10	150	5.0	2.3	8.6
35	0.05	1.2	11.34	9.30	122	3.5	1.6	8.6
35	0.10	1.2	13.29	10.90	140	4.5	2.0	8.6
35	0.15	1.3	16.10	13.20	159	5.4	2.5	8.6
40	0.05	1.3	12.44	10.20	130	3.9	1.8	9.6
40	0.10	1.3	14.39	11.80	149	4.8	2.2	9.6
40	0.15	1.3	17.32	14.20	167	5.8	2.6	9.6
45	0.05	1.3	13.54	11.10	138	4.3	1.9	9.6
45	0.10	1.3	15.49	12.70	156	5.2	2.9	9.6
45	0.15	1.4	18.66	15.30	175	6.1	2.8	9.6
50	0.05	1.4	14.39	11.80	146	4.7	2.1	11.0
50	0.10	1.4	16.59	13.60	165	5.6	2.5	11.0
50	0.15	1.5	19.76	16.20	182	6.5	3.0	11.0
55	0.05	1.5	15.37	12.60	153	5.0	2.3	11.0
55	0.10	1.5	17.68	14.50	172	6.0	2.7	11.0
55	0.15	1.6	20.98	17.20	190	6.9	3.1	11.0
60	0.05	1.6	16.34	13.40	161	5.4	2.4	12.0
60	0.10	1.6	18.78	15.40	179	6.3	2.9	12.0

续表

体重/千克	日增重/(千克/天)	DMI/(千克/天)	DE/(兆焦/天)	ME/(兆焦/天)	粗蛋白质/(克/天)	钙/(克/天)	总磷/(克/天)	食用盐/(克/天)
60	0.15	1.7	22.20	18.20	198	7.3	3.3	12.0
65	0.05	1.7	17.32	14.20	168	5.7	2.6	12.0
65	0.10	1.7	19.88	16.30	187	6.7	3.0	12.0
65	0.15	1.8	23.54	19.30	205	7.6	3.4	12.0
70	0.05	1.8	18.29	15.00	175	6.2	2.8	12.0
70	0.10	1.8	20.85	17.10	194	7.1	3.2	12.0
70	0.15	1.9	24.76	20.30	212	8.0	3.6	12.0

注：1. 表中日粮干物质进食量（DMI）、消化能（DE）、代谢能（ME）、粗蛋白质（CP）、钙、总磷、食用盐每日需要量推荐数值参考自内蒙古自治区地方标准《细毛羊饲养标准》（DB 15/T30—92）。

2. 日粮中添加的食用盐应符合 GB 5461 中的规定。

表 5-6　育肥绵羊营养需要量

体重/千克	日增重/(千克/天)	DMI/(千克/天)	DE/(兆焦/天)	ME/(兆焦/天)	粗蛋白质/(克/天)	钙/(克/天)	总磷/(克/天)	食用盐/(克/天)
20	0.10	0.8	9.00	8.40	111	1.9	1.8	7.6
20	0.20	0.9	11.30	9.30	158	2.8	2.4	7.6
20	0.30	1.0	13.60	11.20	183	3.8	3.1	7.6
20	0.45	1.0	15.01	11.82	210	4.6	3.7	7.6
25	0.10	0.9	10.50	8.60	121	2.2	2	7.6
25	0.20	1.0	13.20	10.80	168	3.2	2.7	7.6
25	0.30	1.1	15.80	13.00	191	4.3	3.4	7.6
25	0.45	1.1	17.45	14.35	218	5.4	4.2	7.6
30	0.10	1.0	12.00	9.80	132	2.5	2.2	8.6
30	0.20	1.1	15.00	12.30	178	3.6	3	8.6
30	0.30	1.2	18.10	14.80	200	4.8	3.8	8.6
30	0.45	1.2	19.95	16.34	351	6.0	4.6	8.6
35	0.10	1.2	13.40	11.10	141	2.8	2.5	8.6

续表

体重/千克	日增重/(千克/天)	DMI/(千克/天)	DE/(兆焦/天)	ME/(兆焦/天)	粗蛋白质/(克/天)	钙/(克/天)	总磷/(克/天)	食用盐/(克/天)
35	0.20	1.3	16.90	13.80	187	4.0	3.3	8.6
35	0.30	1.3	18.20	16.60	207	5.2	4.1	8.6
35	0.45	1.3	20.19	18.26	233	6.4	5.0	8.6
40	0.10	1.3	14.90	12.20	143	3.1	2.7	9.6
40	0.20	1.3	18.80	15.30	183	4.4	3.6	9.6
40	0.30	1.4	22.60	18.40	204	5.7	4.5	9.6
40	0.45	1.4	24.99	20.30	227	7.0	5.4	9.6
45	0.10	1.4	16.40	13.40	152	3.4	2.9	9.6
45	0.20	1.4	20.60	16.80	192	4.8	3.9	9.6
45	0.30	1.5	24.80	20.30	210	6.2	4.9	9.6
45	0.45	1.5	27.38	22.39	233	7.4	6.0	9.6
50	0.10	1.5	17.90	14.60	159	3.7	3.2	11.0
50	0.20	1.6	22.50	18.30	198	5.2	4.2	11.0
50	0.30	1.6	27.20	22.10	215	6.7	5.2	11.0
50	0.45	1.6	30.03	24.38	237	8.5	6.5	11.0

注：1. 表中日粮干物质进食量（DMI）、消化能（DE）、代谢能（ME）、粗蛋白质（CP）、钙、总磷、食用盐每日需要量推荐数值参考自新疆维吾尔自治区企业标准《新疆细毛羔舍饲肥育标准》(1985)。

2. 日粮中添加的食用盐应符合 GB 5461 中的规定。

表 5-7 妊娠母绵羊营养需要量

妊娠阶段	体重/千克	DMI/(千克/天)	DE/(兆焦/天)	ME/(兆焦/天)	粗蛋白质/(克/天)	钙/(克/天)	总磷/(克/天)	食用盐/(克/天)
前期[a]	40	1.6	12.55	10.46	116	3.0	2.0	6.6
	50	1.8	15.06	12.55	124	3.2	2.5	7.5
	60	2.0	15.90	13.39	132	4.0	3.0	8.3
	70	2.2	16.74	14.23	141	4.5	3.5	9.1

续表

妊娠阶段	体重/千克	DMI/(千克/天)	DE/(兆焦/天)	ME/(兆焦/天)	粗蛋白质/(克/天)	钙/(克/天)	总磷/(克/天)	食用盐/(克/天)
后期[b]	40	1.8	15.06	12.55	146	6.0	3.5	7.5
	45	1.9	15.90	13.39	152	6.5	3.7	7.9
	50	2.0	16.74	14.23	159	7.0	3.9	8.3
	55	2.1	17.99	15.06	165	7.5	4.1	8.7
	60	2.2	18.83	15.90	172	8.0	4.3	9.1
	65	2.3	19.66	16.74	180	8.5	4.5	9.5
	70	2.4	20.92	17.57	187	9.0	4.7	9.9
后期[c]	40	1.8	16.74	14.23	167	7.0	4.0	7.9
	45	1.9	17.99	15.06	176	7.5	4.3	8.3
	50	2.0	19.25	16.32	184	8.0	4.6	8.7
	55	2.1	20.50	17.15	193	8.5	5.0	9.1
	60	2.2	21.76	18.41	203	9.0	5.3	9.5
	65	2.3	22.59	19.25	214	9.5	5.4	9.9
	70	2.4	24.27	20.50	226	10.0	5.6	11.0

注：1. 表中日粮干物质进食量（DMI）、消化能（DE）、代谢能（ME）、粗蛋白质（CP）、钙、总磷、食用盐每日需要量推荐数值参考自内蒙古自治区地方标准《细毛羊饲养标准》（DB 15/T30—92）。

2. 日粮中添加的食用盐应符合 GB 5461 中的规定。

3. a 指妊娠期的第 1 个月至第 3 个月。

b 指母羊怀单羔妊娠期的第 4 个月至第 5 个月。

c 指母羊怀双羔妊娠期的第 4 个月至第 5 个月。

表 5-8 泌乳母绵羊营养需要量

体重/千克	日泌乳量/(千克/天)	DMI/(千克/天)	DE/(兆焦/天)	ME/(兆焦/天)	粗蛋白质/(克/天)	钙/(克/天)	总磷/(克/天)	食用盐/(克/天)
40	0.2	2.0	12.97	10.46	119	7.0	4.3	8.3
40	0.4	2.0	15.48	12.55	139	7.0	4.3	8.3
40	0.6	2.0	17.99	14.64	157	7.0	4.3	8.3

续表

体重/千克	日泌乳量/(千克/天)	DMI/(千克/天)	DE/(兆焦/天)	ME/(兆焦/天)	粗蛋白质/(克/天)	钙/(克/天)	总磷/(克/天)	食用盐/(克/天)
40	0.8	2.0	20.5	16.74	176	7.0	4.3	8.3
40	1.0	2.0	23.01	18.83	196	7.0	4.3	8.3
40	1.2	2.0	25.94	20.92	216	7.0	4.3	8.3
40	1.4	2.0	28.45	23.01	236	7.0	4.3	8.3
40	1.6	2.0	30.96	25.10	254	7.0	4.3	8.3
40	1.8	2.0	33.47	27.20	274	7.0	4.3	8.3
50	0.2	2.2	15.06	12.13	122	7.5	4.7	9.1
50	0.4	2.2	17.57	14.23	142	7.5	4.7	9.1
50	0.6	2.2	20.08	16.32	162	7.5	4.7	9.1
50	0.8	2.2	22.59	18.41	180	7.5	4.7	9.1
50	1.0	2.2	25.10	20.50	200	7.5	4.7	9.1
50	1.2	2.2	28.03	22.59	219	7.5	4.7	9.1
50	1.4	2.2	30.54	24.69	239	7.5	4.7	9.1
50	1.6	2.2	33.05	26.78	257	7.5	4.7	9.1
50	1.8	2.2	35.56	28.87	277	7.5	4.7	9.1
60	0.2	2.4	16.32	13.39	125	8.0	5.1	9.9
60	0.4	2.4	19.25	15.48	145	8.0	5.1	9.9
60	0.6	2.4	21.76	17.57	165	8.0	5.1	9.9
60	0.8	2.4	24.27	19.66	183	8.0	5.1	9.9
60	1.0	2.4	26.78	21.76	203	8.0	5.1	9.9
60	1.2	2.4	29.29	23.85	223	8.0	5.1	9.9
60	1.4	2.4	31.8	25.94	241	8.0	5.1	9.9
60	1.6	2.4	34.73	28.03	261	8.0	5.1	9.9
60	1.8	2.4	37.24	30.12	275	8.0	5.1	9.9
70	0.2	2.6	17.99	14.64	129	8.5	5.6	11.0
70	0.4	2.6	20.50	16.70	148	8.5	5.6	11.0

续表

体重/千克	日泌乳量/(千克/天)	DMI/(千克/天)	DE/(兆焦/天)	ME/(兆焦/天)	粗蛋白质/(克/天)	钙/(克/天)	总磷/(克/天)	食用盐/(克/天)
70	0.6	2.6	23.01	18.83	166	8.5	5.6	11.0
70	0.8	2.6	25.94	20.92	186	8.5	5.6	11.0
70	1.0	2.6	28.45	23.01	206	8.5	5.6	11.0
70	1.2	2.6	30.96	25.10	226	8.5	5.6	11.0
70	1.4	2.6	33.89	27.61	244	8.5	5.6	11.0
70	1.6	2.6	36.40	29.71	264	8.5	5.6	11.0
70	1.8	2.6	39.33	31.80	284	8.5	5.6	11.0

注：1. 表中日粮干物质进食量（DMI）、消化能（DE）、代谢能（ME）、粗蛋白质（CP）、钙、总磷、食用盐每日需要量推荐数值参考自新疆维吾尔自治区企业标准《细毛羊饲养标准》（DB 15/T30—92）。

2. 日粮中添加的食用盐应符合 GB 5461 中的规定。

表 5-9 肉用绵羊对日粮硫、维生素、微量矿物质元素需要量（以干物质为基础）

体重/千克	生长羔羊	育成母羊	育成公羊	育肥羊	妊娠母羊	泌乳母羊	最大耐受浓度
	4～20	25～50	20～70	20～50	40～70	40～70	
硫/(克/天)	0.24～1.2	1.4～2.9	2.8～3.5	2.8～3.5	2.0～3.0	2.5～3.7	
维生素 A/(单位/日)	188～940	1175～2350	940～3290	940～2350	1880～3948	1880～3434	
维生素 D/(单位/日)	26～132	137～275	111～389	111～278	222～440	222～380	
维生素 E/(单位/日)	2.4～12.8	12～24	12～29	12～23	18～35	26～34	
钴/(毫克/千克)	0.018～0.096	0.12～0.24	0.21～0.33	0.2～0.35	0.27～0.36	0.3～0.39	10
铜/(毫克/千克)	0.97～5.2	6.5～13	11～18	11～19	16～22	13～18	25
碘/(毫克/千克)	0.08～0.46	0.58～1.2	1.0～1.6	0.94～1.7	1.3～1.7	1.4～1.9	50
铁/(毫克/千克)	4.3～23	29～58	50～79	47～83	65～86	72～94	500

续表

体重/千克	生长羔羊	育成母羊	育成公羊	育肥羊	妊娠母羊	泌乳母羊	最大耐受浓度
	4～20	25～50	20～70	20～50	40～70	40～70	
锰/(毫克/千克)	2.2～12	14～29	25～40	23～41	32～44	36～47	1000
硒/(毫克/千克)	0.016～0.086	0.11～0.22	0.19～0.30	0.18～0.31	0.24～0.31	0.27～0.35	2
锌/(毫克/千克)	2.7～14	18～36	50～79	29～52	53～71	50～77	750

注：表中维生素 A、维生素 D、维生素 E 每日需要量数据参考自 NRC（1985），维生素 A 最低需要量 47 单位/千克体重，1 毫克 β-胡萝卜素效价相当于 681 单位维生素 A。维生素 D 需要量：早期断奶羔羊最低需要量为 5.55 单位/千克体重；其他生产阶段绵羊对维生素 D 的最低需要量为 6.66 单位/千克体重，1 单位维生素 D 相当于 0.025 微克胆钙化固醇。维生素 E 需要量：体重低于 20 千克的羔羊对维生素 E 的最低需要量为 20 单位/千克干物质进食量；体重大于 20 千克的各生产阶段绵羊对维生素 E 的最低需要量为 15 单位/千克干物质进食量，1 单位维生素 E 效价相当于 1 毫克 α-生育酚醋酸酯。

表 5-10　生长育肥山羊羔羊营养需要量

体重/千克	日增重/(千克/天)	DMI/(千克/天)	DE/(兆焦/天)	ME/(兆焦/天)	粗蛋白质/(克/天)	钙/(克/天)	总磷/(克/天)	食用盐/(克/天)
1	0	0.12	0.55	0.46	3	0.1	0.0	0.6
1	0.02	0.12	0.71	0.60	9	0.8	0.5	0.6
1	0.04	0.12	0.89	0.75	14	1.5	1.0	0.6
2	0	0.13	0.90	0.76	5	0.1	0.1	0.7
2	0.02	0.13	1.08	0.91	11	0.8	0.6	0.7
2	0.04	0.13	1.26	1.06	16	1.6	1.0	0.7
2	0.06	0.13	1.43	1.20	22	2.3	1.5	0.7
4	0	0.18	1.64	1.38	9	0.3	0.2	0.9
4	0.02	0.18	1.93	1.62	16	1.0	0.7	0.9
4	0.04	0.18	2.20	1.85	22	1.7	1.1	0.9
4	0.06	0.18	2.48	2.08	29	2.4	1.6	0.9
4	0.08	0.18	2.76	2.32	35	3.1	2.1	0.9

续表

体重/千克	日增重/(千克/天)	DMI/(千克/天)	DE/(兆焦/天)	ME/(兆焦/天)	粗蛋白质/(克/天)	钙/(克/天)	总磷/(克/天)	食用盐/(克/天)
6	0	0.27	2.29	1.88	11	0.4	0.3	1.3
6	0.02	0.27	2.32	1.90	22	1.1	0.7	1.3
6	0.04	0.27	3.06	2.51	33	1.8	1.2	1.3
6	0.06	0.27	3.79	3.11	44	2.5	1.7	1.3
6	0.08	0.27	4.54	3.72	55	3.3	2.2	1.3
6	0.10	0.27	5.27	4.32	67	4.0	2.6	1.3
8	0	0.33	1.96	1.61	13	0.5	0.4	1.7
8	0.02	0.33	3.05	2.5	24	1.2	0.8	1.7
8	0.04	0.33	4.11	3.37	36	2.0	1.3	1.7
8	0.06	0.33	5.18	4.25	47	2.7	1.8	1.7
8	0.08	0.33	6.26	5.13	58	3.4	2.3	1.7
8	0.10	0.33	7.33	6.01	69	4.1	2.7	1.7
10	0	0.46	2.33	1.91	16	0.7	0.4	2.3
10	0.02	0.48	3.73	3.06	27	1.4	0.9	2.4
10	0.04	0.50	5.15	4.22	38	2.1	1.4	2.5
10	0.06	0.52	6.55	5.37	49	2.8	1.9	2.6
10	0.08	0.54	7.96	6.53	60	3.5	2.3	2.7
10	0.10	0.56	9.38	7.69	72	4.2	2.8	2.8
12	0	0.48	2.67	2.19	18	0.8	0.5	2.4
12	0.02	0.50	4.41	3.62	29	1.5	1.0	2.5
12	0.04	0.52	6.16	5.05	40	2.2	1.5	2.6
12	0.06	0.54	7.90	6.48	52	2.9	2.0	2.7
12	0.08	0.56	9.65	7.91	63	3.7	2.4	2.8
12	0.10	0.58	11.40	9.35	74	4.4	2.9	2.9
14	0	0.50	2.99	2.45	20	0.9	0.6	2.5

续表

体重/千克	日增重/(千克/天)	DMI/(千克/天)	DE/(兆焦/天)	ME/(兆焦/天)	粗蛋白质/(克/天)	钙/(克/天)	总磷/(克/天)	食用盐/(克/天)
14	0.02	0.52	5.07	4.16	31	1.6	1.1	2.6
14	0.04	0.54	7.16	5.87	43	2.4	1.6	2.7
14	0.06	0.56	9.24	7.58	54	3.1	2.0	2.8
14	0.08	0.58	11.33	9.29	65	3.8	2.5	2.9
14	0.10	0.60	13.40	10.99	76	4.5	3.0	3.0
16	0	0.52	3.30	2.71	22	1.1	0.7	2.6
16	0.02	0.54	5.73	4.70	34	1.8	1.2	2.7
16	0.04	0.56	8.15	6.68	45	2.5	1.7	2.8
16	0.06	0.58	10.56	8.66	56	3.2	2.1	2.9
16	0.08	0.60	12.99	10.65	67	3.9	2.6	3.0
16	0.10	0.62	15.43	12.65	78	4.6	3.1	3.1

注：1. 表中0～8千克体重阶段肉用山羊羔羊日粮干物质进食量（DMI）按每千克代谢体重0.07千克估算；体重大于10千克时，按中国农业科学院畜牧研究所2003年提供的如下公式计算获得。

$$DMI=(26.45\times W^{0.75}+0.99\times ADG)/1000$$

式中，DMI为干物质进食量，单位为千克/日；W为体重，单位为千克；ADG为日增重，单位为克/天。

2. 表中代谢能（ME）、粗蛋白质（CP）数值参考杨在宾等（1997）对青山羊数据资料。

3. 表中消化能（DE）需要量数值根据ME/0.82估算。

4. 表中钙需要量按表5-13中提供参数估算得到，总磷需要量根据钙、磷比为1.5∶1估算获得。

5. 日粮中添加的食用盐应符合GB 5461中的规定。

表5-11　育肥山羊营养需要量

体重/千克	日增重/(千克/天)	DMI/(千克/天)	DE/(兆焦/天)	ME/(兆焦/天)	粗蛋白质/(克/天)	钙/(克/天)	总磷/(克/天)	食用盐/(克/天)
15	0	0.51	5.36	4.40	43	1.0	0.7	2.6
15	0.05	0.56	5.83	4.78	54	2.8	1.9	2.8

续表

体重/千克	日增重/(千克/天)	DMI/(千克/天)	DE/(兆焦/天)	ME/(兆焦/天)	粗蛋白质/(克/天)	钙/(克/天)	总磷/(克/天)	食用盐/(克/天)
15	0.10	0.61	6.29	5.15	64	4.6	3.0	3.1
15	0.15	0.66	6.75	5.54	74	6.4	4.2	3.3
15	0.20	0.71	7.21	5.91	84	8.1	5.4	3.6
20	0	0.56	6.44	5.28	47	1.3	0.9	2.8
20	0.05	0.61	6.91	5.66	57	3.1	2.1	3.1
20	0.10	0.66	7.37	6.04	67	4.9	3.3	3.3
20	0.15	0.71	7.83	6.42	77	6.7	4.5	3.6
20	0.20	0.76	8.29	6.80	87	8.5	5.6	3.8
25	0	0.61	7.46	6.12	50	1.7	1.1	3.0
25	0.05	0.66	7.92	6.49	60	3.5	2.3	3.3
25	0.10	0.71	8.38	6.87	70	5.2	3.5	3.5
25	0.15	0.76	8.84	7.25	81	7.0	4.7	3.8
25	0.20	0.81	9.31	7.63	91	8.8	5.9	4.0
30	0	0.65	8.42	6.90	53	2.0	1.3	3.3
30	0.05	0.70	8.88	7.28	63	3.8	2.5	3.5
30	0.10	0.75	9.35	7.66	74	5.6	3.7	3.8
30	0.15	0.80	9.81	8.04	84	7.4	4.9	4.0
30	0.20	0.85	10.27	8.42	94	9.1	6.1	4.2

注：1. 表中干物质进食量（DMI）、消化能（DE）、代谢能（ME）、粗蛋白质（CP）数值来源于中国农业科学院畜牧所（2003），具体的计算公式如下。

DMI(千克/日)$=(26.45\times W^{0.75}+0.99\times ADG)/1000$

DE(兆焦/日)$=4.184\times(140.61\times LBW^{0.75}+2.21\times ADG+210.3)/1000$

ME(兆焦/日)$=4.184\times(0.475\times ADG+95.19)\times LBW^{0.75}/1000$

CP(克/日)$=28.86+1.905\times LBW^{0.75}+0.2024+ADG$

式中，DMI 为干物质进食量，单位为千克/日；DE 为消化能，单位为兆焦/日；ME 为代谢能，单位为兆焦/日；CP 为粗蛋白质，单位为克/日；LBW 为活体重，单位为千克；ADG 为平均日增重，单位为克/日。

2. 日粮中添加的食用盐应符合 GB 5461 中的规定。

表 5-12 后备公山羊营养需要量

体重/千克	日增重/(千克/天)	DMI/(千克/天)	DE/(兆焦/天)	ME/(兆焦/天)	粗蛋白质/(克/天)	钙/(克/天)	总磷/(克/天)	食用盐/(克/天)
12	0	0.48	3.78	3.10	24	0.8	0.5	2.4
12	0.02	0.50	4.10	3.36	32	1.5	1.0	2.5
12	0.04	0.52	4.43	3.63	40	2.2	1.5	2.6
12	0.06	0.54	4.74	3.89	49	2.9	2.0	2.7
12	0.08	0.56	5.06	4.15	57	3.7	2.4	2.8
12	0.10	0.58	5.38	4.41	66	4.4	2.9	2.9
15	0	0.51	4.48	3.67	28	1.0	0.7	2.6
15	0.02	0.53	5.28	4.33	36	1.7	1.1	2.7
15	0.04	0.55	6.10	5.00	45	2.4	1.6	2.8
15	0.06	0.57	5.70	4.67	53	3.1	2.1	2.9
15	0.08	0.59	7.72	6.33	61	3.9	2.6	3.0
15	0.10	0.61	8.54	7.00	70	4.6	3.0	3.1
18	0	0.54	5.12	4.20	32	1.2	0.8	2.7
18	0.02	0.56	6.44	5.28	40	1.9	1.3	2.8
18	0.04	0.58	7.74	6.35	49	2.6	1.8	2.9
18	0.06	0.60	9.05	7.42	57	3.3	2.2	3.0
18	0.08	0.62	10.35	8.49	66	4.1	2.7	3.1
18	0.10	0.64	11.66	9.56	74	4.8	3.2	3.2
21	0	0.57	5.76	4.72	36	1.4	0.9	2.9
21	0.02	0.59	7.56	6.20	44	2.1	1.4	3.0
21	0.04	0.61	9.35	7.67	53	2.8	1.9	3.1
21	0.06	0.63	11.16	9.15	61	3.5	2.4	3.2
21	0.08	0.65	12.96	10.63	70	4.3	2.8	3.3
21	0.10	0.67	14.76	12.10	78	5.0	3.3	3.4
24	0	0.60	6.37	5.22	40	1.6	1.1	3.0
24	0.02	0.62	8.66	7.10	48	2.3	1.5	3.1
24	0.04	0.64	10.95	8.98	56	3.0	2.0	3.2

续表

体重/千克	日增重/(千克/天)	DMI/(千克/天)	DE/(兆焦/天)	ME/(兆焦/天)	粗蛋白质/(克/天)	钙/(克/天)	总磷/(克/天)	食用盐/(克/天)
24	0.06	0.66	13.27	10.88	65	3.7	2.5	3.3
24	0.08	0.68	15.54	12.74	73	4.5	3.0	3.4
24	0.10	0.70	17.83	14.62	82	5.2	3.4	3.5

注：日粮中添加的食用盐应符合 GB 5461 中的规定。

表 5-13　妊娠期母山羊营养需要量

妊娠阶段	体重/千克	DMI/(千克/天)	DE/(兆焦/天)	ME/(兆焦/天)	粗蛋白质/(克/天)	钙/(克/天)	总磷/(克/天)	食用盐/(克/天)
空怀期	10	0.39	3.37	2.76	34	4.5	3.0	2.0
	15	0.53	4.54	3.72	43	4.8	3.2	2.7
	20	0.66	5.62	4.61	52	5.2	3.4	3.3
	25	0.78	6.63	5.44	60	5.5	3.7	3.9
	30	0.90	7.59	6.22	67	5.8	3.9	4.5
1～90 天	10	0.39	4.80	3.94	55	4.5	3.0	2.0
	15	0.53	6.82	5.59	65	4.8	3.2	2.7
	20	0.66	8.72	7.15	73	5.2	3.4	3.3
	25	0.78	10.56	8.66	81	5.5	3.7	3.9
	30	0.90	12.34	10.12	89	5.8	3.9	4.5
91～120 天	15	0.53	7.55	6.19	97	4.8	3.2	2.7
	20	0.66	9.51	7.8	105	5.2	3.4	3.3
	25	0.78	11.39	9.34	113	5.5	3.7	3.9
	30	0.90	13.20	10.82	121	5.8	3.9	4.5
120 天以上	15	0.53	8.54	7.00	124	4.8	3.2	2.7
	20	0.66	10.54	8.64	132	5.2	3.4	3.3
	25	0.78	12.43	10.19	140	5.5	3.7	3.9
	30	0.90	14.27	11.7	148	5.8	3.9	4.5

注：日粮中添加的食用盐应符合 GB 5461 中的规定。

表 5-14 泌乳前期母山羊营养需要量

体重/千克	泌乳量/(千克/天)	DMI/(千克/天)	DE/(兆焦/天)	ME/(兆焦/天)	粗蛋白质/(克/天)	钙/(克/天)	总磷/(克/天)	食用盐/(克/天)
10	0	0.39	3.12	2.56	24	0.7	0.4	2.0
10	0.50	0.39	5.73	4.70	73	2.8	1.8	2.0
10	0.75	0.39	7.04	5.77	97	3.8	2.5	2.0
10	1.00	0.39	8.34	6.84	122	4.8	3.2	2.0
10	1.25	0.39	9.65	7.91	146	5.9	3.9	2.0
10	1.50	0.39	10.95	8.98	170	6.9	4.6	2.0
15	0	0.53	4.24	3.48	33	1.0	0.7	2.7
15	0.50	0.53	6.84	5.61	31	3.1	2.1	2.7
15	0.75	0.53	8.15	6.68	106	4.1	2.8	2.7
15	1.00	0.53	9.45	7.75	130	5.2	3.4	2.7
15	1.25	0.53	10.76	8.82	154	6.2	4.1	2.7
15	1.50	0.53	12.06	9.89	179	7.3	4.8	2.7
20	0	0.66	5.26	4.31	40	1.3	0.9	3.3
20	0.50	0.66	7.87	6.45	89	3.4	2.3	3.3
20	0.75	0.66	9.17	7.52	114	4.5	3.0	3.3
20	1.00	0.66	10.48	8.59	138	5.5	3.7	3.3
20	1.25	0.66	11.78	9.66	162	6.5	4.4	3.3
20	1.50	0.66	13.09	10.73	187	7.6	5.1	3.3
25	0	0.78	6.22	5.10	48	1.7	1.1	3.9
25	0.50	0.78	8.83	7.24	97	3.8	2.5	3.9
25	0.75	0.78	10.13	8.31	121	4.8	3.2	3.9
25	1.00	0.78	11.44	9.38	145	5.8	3.9	3.9
25	1.25	0.78	12.73	10.44	170	6.9	4.6	3.9
25	1.50	0.78	14.04	11.51	194	7.9	5.3	3.9
30	0	0.90	6.70	5.49	55	2.0	1.3	4.5
30	0.50	0.90	9.73	7.98	104	4.1	2.7	4.5

续表

体重/千克	泌乳量/(千克/天)	DMI/(千克/天)	DE/(兆焦/天)	ME/(兆焦/天)	粗蛋白质/(克/天)	钙/(克/天)	总磷/(克/天)	食用盐/(克/天)
30	0.75	0.90	11.04	9.05	128	5.1	3.4	4.5
30	1.00	0.90	12.34	10.12	152	6.2	4.1	4.5
30	1.25	0.90	13.65	11.19	177	7.2	4.8	4.5
30	1.50	0.90	14.95	12.26	201	8.3	5.5	4.5

注：1. 泌乳前期指泌乳第1～30天。

2. 日粮中添加的食用盐应符合GB 5461中的规定。

表5-15　泌乳后期母山羊营养需要量

体重/千克	泌乳量/(千克/天)	DMI/(千克/天)	DE/(兆焦/天)	ME/(兆焦/天)	粗蛋白质/(克/天)	钙/(克/天)	总磷/(克/天)	食用盐/(克/天)
10	0	0.39	3.71	3.04	22	0.7	0.4	2.0
10	0.15	0.39	4.67	3.83	48	1.3	0.9	2.0
10	0.25	0.39	5.30	4.35	65	1.7	1.1	2.0
10	0.50	0.39	6.90	5.66	108	2.8	1.8	2.0
10	0.75	0.39	8.50	6.97	151	3.8	2.5	2.0
10	1.00	0.39	10.10	8.28	194	4.8	3.2	2.0
15	0	0.53	5.02	4.12	30	1.0	0.7	2.7
15	0.15	0.53	5.99	4.91	55	1.6	1.1	2.7
15	0.25	0.53	6.62	5.43	73	2.0	1.4	2.7
15	0.50	0.53	8.22	6.74	116	3.1	2.1	2.7
15	0.75	0.53	9.82	8.05	159	4.1	2.8	2.7
15	1.00	0.53	11.41	9.36	201	5.2	3.4	2.7
20	0	0.66	6.24	5.12	37	1.3	0.9	3.3
20	0.15	0.66	7.20	5.9	63	2.0	1.3	3.3
20	0.25	0.66	7.84	6.43	80	2.4	1.6	3.3
20	0.50	0.66	9.44	7.74	123	3.4	2.3	3.3
20	0.75	0.66	11.04	9.05	166	4.5	3.0	3.3

续表

体重/千克	泌乳量/(千克/天)	DMI/(千克/天)	DE/(兆焦/天)	ME/(兆焦/天)	粗蛋白质/(克/天)	钙/(克/天)	总磷/(克/天)	食用盐/(克/天)
20	1.00	0.66	12.63	10.36	209	5.5	3.7	3.3
25	0	0.78	7.38	6.05	44	1.7	1.1	3.9
25	0.15	0.78	8.34	6.84	69	2.3	1.5	3.9
25	0.25	0.78	8.98	7.36	87	2.7	1.8	3.9
25	0.5	0.78	10.57	8.67	129	3.8	2.5	3.9
25	0.75	0.78	12.17	9.98	172	4.8	3.2	3.9
25	1.00	0.78	13.77	11.29	215	5.8	3.9	3.9
30	0	0.90	8.46	6.94	50	2.0	1.3	4.5
30	0.15	0.90	9.41	7.72	76	2.6	1.8	4.5
30	0.25	0.90	10.06	8.25	93	3.0	2.0	4.5
30	0.50	0.90	11.66	9.56	136	4.1	2.7	4.5
30	0.75	0.90	13.24	10.86	179	5.1	3.4	4.5
30	1.00	0.90	14.85	12.18	222	6.2	4.1	4.5

注：1. 泌乳前期指泌乳第 1～30 天。

2. 日粮中添加的食用盐应符合 GB 5461 中的规定。

表 5-16　山羊对常量矿物质元素每日营养需要量参数

常量元素	维持/(毫克/千克体重)	妊娠/(克/千克胎儿)	泌乳/(克/千克产奶)	生长/(克/千克体重)	吸收率/%
钙	20	11.5	1.25	10.7	30
总磷	30	6.6	1.0	6.0	65
镁	3.5	0.3	0.14	0.4	20
钾	50	2.1	2.1	2.4	90
钠	15	1.7	0.4	1.6	80
硫	0.16%～0.32%(以采食日粮干物质为基础)				

注：表中数据参考自 Kessler (1991) 和 Htaenlein (1987) 资料信息。

表 5-17　山羊对微量矿物质元素需要量（以进食日粮干物质为基础）

微量元素	推荐量/(毫克/千克)
铁	30～40
铜	10～20
钴	0.11～0.2
碘	0.15～2.0
锰	60～120
锌	50～80
硒	0.05

注：表中推荐数值参考自 AFRC（1998），以进食日粮干物质为基础。

第三节　羊的常用饲料

羊是草食动物，可采食的饲料种类多、范围广。掌握饲料的分类及每一种饲料的营养价值，是正确配制肉羊饲料的基础。肉羊的饲料可以分为粗饲料、青绿饲料、青贮饲料、能量饲料、蛋白质饲料、矿物质饲料、维生素饲料和添加剂饲料八类。

一、粗饲料

粗饲料包括干草类、农副产品类（荚、壳、藤、蔓、秸和秧）、糟渣类和树叶类等。这类饲料的体积大、消化率低，营养价值一般较其他饲料低，但资源丰富，是肉羊饲养的主要饲料来源。

1. 干草

是由青绿牧草在抽穗期或花期刈割后干制而成的。一般来说，优质的干草应该保持一定的青绿色。干草在调制过程中，会损失掉部分的营养物质，只有维生素 D 会增加。干草的营养价值与牧草种类、调制技术等因素密切相关。干草的营养特点如下。

（1）粗纤维含量较高，一般为 26.5%～35.6%。

（2）粗蛋白质的含量因牧草种类的不同而不同。其中豆科牧草含量为 14.3%～21.3%，禾本科牧草为 7.7%～9.6%。

（3）能量值一般差异不大。

（4）含钙高，含磷量较低。钙的含量一般豆科牧草高于禾本科牧草。

（5）含维生素D较多，而其他维生素含量较少。

2. 秸秆

指农作物在籽实成熟并收获后的剩余副产品即茎秆和枯叶，主要有小麦秸、玉米秸、豌豆秸等。秸秆的营养特点如下。

（1）秸秆的粗纤维含量高，可达31%～49%，其中让肉羊消化起来比较难的木质素、半纤维素等成分含量较高，因此消化率低。

（2）粗蛋白质含量较低，且品质较差。豆科秸秆的蛋白质含量稍高于禾本科秸秆。

（3）含钙高，含磷量较低。

（4）缺乏B族维生素。

（5）秸秆经过适当的处理，补充适量的精料，仍可以满足肉羊的营养需要。在农区，秸杆类饲料是冬春季养羊的主要饲料来源。

（6）在秸秆类饲料中，玉米秸、谷草的适口性及营养价值要高于小麦秸和稻草。

二、青绿饲料

青绿饲料是指天然含水量高的绿色植物，包括草原牧草、野生杂草、人工栽培物质草、农作物茎叶以及能被羊利用的灌木、树叶和蔬菜等。青绿饲料的营养特点如下。

（1）粗蛋白质含量高，消化率高，品质优良，可利用的程度比较高。其中叶片中粗蛋白质含量比茎秆中高，豆科比禾本科高。

（2）维生素含量丰富，特别是胡萝卜素。其中豆科青草含量高于禾本科，春草中的含量高于秋草。

（3）各种青绿饲料中的钙、磷含量差异很大。其中豆科植物含量较高，钙、磷多集中在叶片内。

(4) 含糖量丰富，消化率较高。

三、青贮饲料

凡用青贮方法保存的饲料均称为青贮饲料。其营养特点是，饲料青贮后很好地保存了青饲料的养分，而且质地变软，具有芳香味，能增进食欲，提高消化率。青贮饲料和原料相比，其粗蛋白质主要是非蛋白氮，无氮浸出物中糖分减少，乳酸和醋酸相对增多。青贮饲料能长期保存，是调剂青绿饲料淡旺季供应的一项经济可靠的措施。

四、能量饲料

凡饲料干物质中蛋白质含量低于20%和粗纤维含量低于18%的均属于此类。包括禾本科籽实及其加工副产品和多汁饲料等。

1. 禾本科籽实

禾本科籽实的营养特点如下。

(1) 禾本科籽实含有丰富的淀粉，一般占82%～90%，消化率高。

(2) 粗蛋白质含量为8.9%～13.5%，蛋白质的品质不高，主要原因是氨基酸比例不平衡。

(3) 粗纤维含量较低，一般在6%以下。

(4) 脂肪含量少，一般占2%～5%，主要是不饱和脂肪酸。

(5) 钙少，磷多，且多以有机磷形式存在，不易被吸收。

(6) 含有丰富的维生素 B_1 和维生素 E，缺乏维生素 D，除玉米外都缺乏胡萝卜素。

(7) 禾本科籽实饲料的适口性好，易消化，易保存。

2. 禾本科籽实加工副产品

麸皮的营养价值随出粉率的高低而变化，其粗蛋白质含量较高，可达12.5%～17%，质量也高于麦粒；B族维生素含量较高；钙、磷含量极不平衡，钙少磷多；麸皮粗纤维含量高、质地疏松、容积大，具有轻泻作用。

3. 多汁饲料

包括块根、块茎及瓜类饲料。可用到的主要有马铃薯、胡萝卜。

马铃薯又叫土豆、山药蛋、洋芋。块茎中干物质占24%～25%，且大部分是淀粉；粗纤维少；矿物质中钾占60%；B族维生素、维生素C含量较多。一般多煮熟后饲喂，可提高适口性和消化率。经日晒发青的表皮和发芽的块茎，因其中含有龙葵素，食后易出现中毒现象，应去掉表皮和嫩芽，煮熟后再用。

胡萝卜中含有丰富的维生素，尤以胡萝卜素最多，胡萝卜适口性好，能刺激羊的食欲，有机物质消化率高，是羊生产中最常用的多汁饲料。胡萝卜由于水分含量高、容积大，在生产中不能依赖它供给能量，其主要的作用是在冬春季供给胡萝卜素。

五、蛋白质饲料

主要包括豆科籽实、饼粕类饲料、动物性饲料及非蛋白氮饲料。

1. 豆科籽实

包括黄豆、豌豆、蚕豆等，其蛋白质品质好、含量高，主要用于补充饲料中蛋白质的不足。主要特点如下。

(1) 粗蛋白质含量高，占干物质的20%～40%，且品质好，必需氨基酸含量高。

(2) 脂肪的含量除大豆和花生较高外，其他只有2%左右。

(3) 钙、磷含量比禾本科籽实略高，但是钙、磷比例不协调，磷多钙少。

(4) 缺乏胡萝卜素。

(5) 生的豆科籽实中含用抗胰蛋白酶，影响消化和适口性。

其中大豆因含有丰富的具有完全价值的蛋白质，是羊最好的蛋白质饲料。大豆熟喂效果最好，因它所含的抗胰蛋白酶被破坏，能增加适口性和提高蛋白质的消化率及利用率。

2. 饼粕类饲料

包括大豆饼粕、花生饼粕、胡麻饼、菜籽饼粕等。其中项目区最可能用到的是胡麻饼和大豆饼粕。饼粕类饲料的特点如下。

（1）可消化蛋白质含量可达31%～40.8%，氨基酸组成较为完全。

（2）粗脂肪含量因加工方法不同而不同。

（3）粗纤维含量因去壳而降低，去壳加工出来的饼粕类饲料消化率高。

（4）含钙量比磷低。

（5）B族维生素含量比较高，胡萝卜素含量低。

大豆饼粕是饼粕类饲料中数量最多的一种，一般粗蛋白质含量在40%以上，其中必需氨基酸的含量比其他植物性饲料都高，是植物性饲料中可利用程度最高的一种。

胡麻饼是胡麻种子榨油后的加工副产品，粗蛋白质的含量在36%左右，适口性较豆饼差，较菜籽饼好，也是胡麻产区养羊的主要蛋白质来源之一。胡麻饼饲用时最好与其他的蛋白质饲料配合使用，以补充部分氨基酸的不足。单一饲喂容易使羊的体脂变软。

3. 动物性饲料

主要是指乳和乳品业的副产品、渔业加工副产品、屠宰畜禽血粉及肉食加工副产品，以及蚕蛹等。其主要特点如下。

（1）粗蛋白质含量高，品质好，所含必需氨基酸比较齐全。

（2）无纤维素，消化率高。

（3）钙、磷比例恰当，能被充分利用。

（4）富含B族维生素，特别是维生素B_{12}含量高。

4. 非蛋白氮饲料

除蛋白质或肽以外的含氮形式的饲料，称为非蛋白氮饲料。主要有尿素、双缩脲和某些胺盐。这些物质都是简单的纯化学品，对羊无能量的营养效应，其营养价值只是供给瘤胃微生物合成蛋白质所需要的氮源，从而起到补充蛋白质的作用。

最常用到的是尿素。尿素需要与其他饲料混合饲喂，添加量一般可按羊体重的0.02%～0.05%，其饲喂时的注意事项如下。

（1）饲喂量应逐渐增加，一般要经过一周左右的过渡期。

（2）饲喂后不可立即饮水，以免发生中毒。

（3）饲喂不能间断，要坚持每天饲喂。

（4）小羔羊因瘤胃功能不健全不能喂。

（5）在有尿素混合的日粮中，不能含有生大豆和其他的豆类、苜蓿等，因为这些饲料中含有尿素酶，会将尿素分解为氨和二氧化碳，氨可降低羊对饲料的采食量，降低蛋白质的水平。

（6）防止过量饲喂，以免发生尿素中毒。

六、矿物质饲料

矿物质饲料指为羊提供食盐、钙、磷和各种微量元素添加剂的饲料。

1. 食盐

食盐的主要成分是氯化钠，用其补充植物性饲料中钠和氯的不足，还可以使饲料变得更加适口，增加羊只的食欲，食盐在饲料中的添加量不超过精饲料的1%。

2. 钙

饲料中钙的来源主要有石粉、贝壳粉，含钙量分别为38%和33%左右，他们都是补充钙质质优价廉的饲料。

3. 磷

磷酸氢钙、磷酸二氢钙、磷酸钙都是常用的补充磷元素的矿物质饲料，磷的含量分别为18%、21%和20%，同时对钙质也能起到一定的补充作用，因而是一种常用的矿物质添加剂。

4. 微量元素添加剂

微量元素添加剂主要是补充饲粮中微量元素的不足而添加的。其中包括铁、铜、锌、锰、碘、硒等微量元素，肉羊饲料中一般微量元素添加剂是将各种含有微量元素的物质混合添加，以形成了多种微量元素添加剂的产品，在肉羊饲料中的添加量不超过精饲料的5%。微量元素舔砖，是另一种补充肉羊微量元素的常用办法，舔砖的成分包括食盐、微量元素、驱虫药物，放在食槽内或悬挂在羊舍的护栏上让羊只自由舔食。

七、维生素饲料

羊的瘤胃微生物可以合成维生素K和B族维生素，肝、肾中可以合成维生素C，青绿饲料可以提供维生素A，一般除羔羊外，必须要添加维生素。当青绿饲料不足时，适当添加维生素A、维生素D、维生素E。

八、添加剂饲料

饲料添加剂是指在饲料中加入的各种微量元素成分，其作用是完善饲料的营养性，提高饲料的利用率，促进羊的生长和预防疾病，减少饲料在储存过程中的营养损失，改善饲料的品质。饲料添加剂的研究和应用已非常广泛，目前已形成多种规格的产品，配合饲料中一般都使用添加剂饲料。

第四节　羊的饲料加工调制和饲喂方法

一、羊饲料的加工调制

1. 秸秆的调制技术

（1）物理方法处理

① 切短和粉碎　可先将秸秆切成2～3厘米长，或用粉碎机粉碎，不过需要注意的是不能粉碎过细，以免引起反刍停滞，降低消化率。也可用揉丝机将秸秆揉成短的片段（图5-1）。

② 浸泡　将切短或粉碎或揉丝后的秸秆用水浸泡，主要目的是使秸秆软化，这样就提高了秸秆的适口性和采食量。需要注意的是每次浸泡的量不能太多，把握用多少浸泡多少的原则，尽量一次喂完。

③ 秸秆碾青　是将青绿多汁饲料或牧草切碎后和切碎的作物

图 5-1 秸秆的切短

秸秆放在一起用石磙碾压，然后晾干备用。这种方法在农区较为多见，特别是将苜蓿和麦秸一起碾青较为普遍（图 5-2）。

图 5-2 秸秆碾青

④ 秸秆颗粒饲料 一种方法是将秸秆、秕壳和干草等粉碎后，根据羊的营养需要，配合适当的精料、糖蜜（糊精和甜菜渣）、维生素和矿物质添加剂，混合均匀，用机器生产出大小和形状不同的

颗粒饲料。秸秆和秕壳在颗粒饲料中的适宜含量为30%～50%。这种饲料，营养价值全面，体积小易于保存和运输。另一种方法是秸秆添加尿素，即将秸秆粉碎后，加入尿素（占全部日粮总氮量的30%）、糖蜜（1份尿素，5～10份糖蜜）、精料、维生素和矿物质，压制成颗粒、饼状或块状。这种饲料，粗蛋白质含量提高，适口性好，既可延缓氨在瘤胃中的释放速度，防止中毒，又可降低饲料成本和节约蛋白质饲料。

（2）秸秆氨化

① 秸秆氨化的原理　用尿素、氨水、无水氨及其他含氮化合物溶液，按一定的比例喷洒或灌注于秸秆上，在常温、密闭的条件下，经过一段时间闷制后，使秸秆发生一定的化学变化。这种化学变化的结果是提高了秸秆的含氮量，改善了秸秆的适口性，也提高了羊对秸秆的采食利用率。

② 氨化方法　氨化的方法有尿素氨化法、氨水氨化法、液氨（无水氨）氨化法及碳铵氨化法。目前尿素氨化法应用最为普遍，而液氨处理起来需要一定的设备，考虑到项目区较为落后的实际情况，此处仅介绍尿素氨化法。具体步骤如下。

a. 采用地面堆垛法，首先要选择平坦场地，并在准备堆垛处铺好塑料薄膜，采用氨化池氨化需要提前砌好池子，并用水泥抹好，氨化池氨化法步骤示意图见图5-3。

b. 将风干的秸秆用铡草机铡碎，或用粉碎机粉碎，并称重。

c. 根据秸秆的重量，称取秸秆重量4%～5%的尿素，用温水溶化，配制成尿素溶液，用水量为风干秸秆重量的60%～70%。即每100千克风干秸秆，用4～5千克尿素，加60%～70%的水。

d. 按照上述比例将尿素溶液加入秸秆中，并充分搅拌均匀，然后装入池或堆垛，并踩结实。最后用塑料薄膜密封，四周用土封严，确保不漏气。

e. 开封时间：外界气温在30℃以上时，需经10天；气温在20～30℃时，需经20天；气温在10～20℃时，需经30天；气温

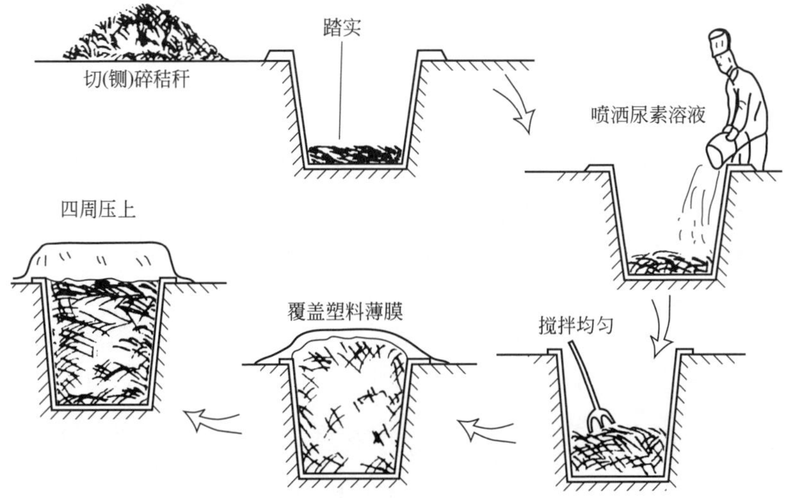

图 5-3 氨化池氨化法步骤示意图

在 0～10℃时，需经 60 天才能开封饲喂。开封之后要适当通风散发氨气，再用于饲喂。

如果用碳铵作氨化，一般每 100 千克风干秸秆用碳铵 15～16 千克。用氨水时每 100 千克秸秆需用氨水 15 千克，需作 3～4 倍稀释。

③ 氨化的注意事项

a. 利用尿素或碳铵氨化时，要尽快操作，最好当天完成并覆盖好，以防氨气挥发，影响氨化质量。

b. 麦秸收获后，应晒干堆好，顶部抹上泥以防雨淋。玉米秸秆应快速收获，在秸秆水分较高的情况下进行氨化，效果最为理想。

c. 要经常检查塑料，若发现孔洞破裂现象，应立即用胶膜封好。

d. 在达到氨化时间后，如暂不喂则不要打开氨化垛（池），若需饲喂可提前开封，取出的秸秆在阴凉处放置一定时间。

④ 氨化秸秆品质的鉴定

a. 上等：呈棕色，褐色，草束易拉断，具有焦煳味。

b. 中等：呈金黄色，草束可拉断，无焦煳味。

c. 下等：颜色比原秸秆稍黄，草束不易拉断，无焦煳味。

d. 等外：有明显发霉特征。

（3）秸秆碱化　最常用而简便的方法是氢氧化钠和生石灰混合处理。这种方法的好处是有利于瘤胃中的微生物对饲料的消化，提高粗饲料中有机物的消化率。其处理方法是将切碎的秸秆饲料分层喷洒1.5%～2%的氢氧化钠和1.5%～2%的生石灰混合液，每100千克秸秆喷洒160～240千克混合液，然后封闭压实。堆放1周后，堆内温度可达50～55℃，即可饲喂。另外，还有浸泡法处理秸秆，见图5-4。

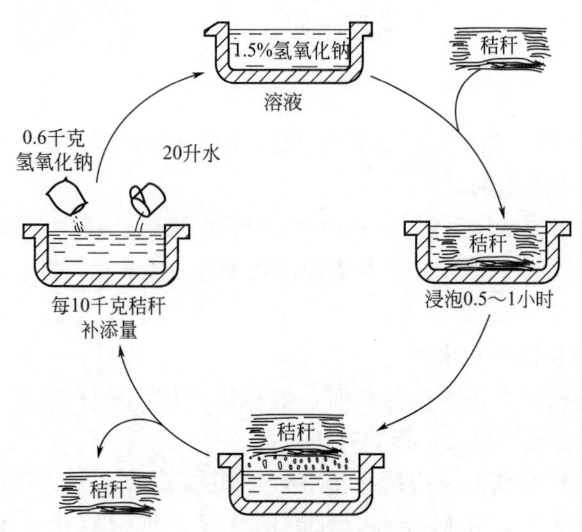

图5-4　浸泡碱化法处理秸秆示意图

2. 青贮饲料的调制技术

（1）饲料青贮的意义

① 提高饲草的利用价值　新鲜的饲草水分高、适口性好、易消化，但不易保存，容易腐烂变质。青贮后，可保持青绿饲料的鲜嫩、青绿，营养物质不但不会减少，而且有一种芳香酸味，刺激家

畜的食欲，采食量增加，对肉羊的生长发育有良好的促进作用。

② 扩大饲料来源　青贮原料除大量的玉米、甘薯外，还有牧草、蔬菜、树叶及一些农副产品等，如向日葵头盘、菊芋茎秆等。有些饲料经过青贮后，还可以除去异味和毒素，如木薯含有氰苷，不宜大量鲜食，青贮后可安全食用。

③ 调整饲草供应时期　我国北方饲料生产的季节性非常明显，旺季时吃不完，饲草饲料易霉烂，而淡季则缺少青绿饲料。青贮可以做到常年均衡供应，有利于提高肉羊的生产能力。

④ 操作简便，经济实惠　青贮可以使单位面积收获的总养分保存达最高值，减少营养物质的浪费。另外，便于实现机械化作业收割、运输、储存，减轻劳动强度，提高工作效率。

⑤ 防治病虫害　玉米、高粱的钻心虫，牧草的一些害虫和病原菌，通过青贮可以被杀死，减少植物病虫害的发生与蔓延。

(2) 青贮的原理　饲料青贮的原理是将新鲜植物紧实地堆积在不透气的容器中，通过以乳酸菌为主的厌氧微生物的发酵，使青贮原料中所含的糖类转化为以乳酸为主的有机酸。当乳酸在青贮原料中积累到一定浓度时，就能抑制其他微生物的活动，并制止原料中养分被微生物分解破坏，从而将原料中养分很好地保存下来。乳酸发酵过程中产生大量的热能，当青贮原料温度上升到 50℃时，乳酸菌也就停止了活动，发酵结束。由于青贮原料在密闭且微生物已经停止活动的条件下储存，所以可以长期保存不变质。

(3) 青贮的方法　青贮饲料的调制有三种方法，即常规青贮、半干青贮和加入添加剂青贮。

① 常规青贮　青贮成功必备的条件是青贮原料的含糖量一般不低于 1.0%～1.5%，以保证乳酸菌繁殖的需要；含水量适度，一般为 65%～75%；有密闭的缺氧环境；青贮容器内温度不得超过 38℃（19～37℃）。

青贮的主要步骤是，第一原料收割时期要适宜，全株玉米青贮应在乳熟至腊熟期收割，青贮玉米秆应在完熟而茎叶尚保持绿色时收割，青贮甘薯藤应在霜前收割，天然牧草应在盛花期收割；第二原料铡短、装填与压紧，青贮原料铡短至 2～3 厘米（牧草亦可整株青贮），若原料太干，可加水或含水量高的青绿饲料，若太湿，可加入铡短的秸秆，再加入 1%～2%的食盐，在装填前，底部铺 10～15 厘米厚的秸秆，然后分层装填青贮原料，每装 15～30 厘米，必须压紧踩实一次，尤其应注意压紧四周；第三青贮窖封顶，青贮原料应高出窖（壕）上沿 1 米左右，在上面覆盖一层塑料薄膜，然后覆土 30～50 厘米，封顶后要经常检查，若有下陷和出现裂缝的地方应及时培土，四周应设排水沟，以防雨水进入。

② 半干青贮　又叫低水分青贮，是将青贮原料的水分降到 40%～55%，使厌氧微生物（包括乳酸菌）处于干燥状态，植物细胞质的渗透压为 55～60 个大气压时，其活动均减弱。半干青贮营养成分损失少，一般不超过 10%～15%。半干青贮原料的刈割期，豆科为初花期，禾本科为抽穗期；水分含量豆科为 50%，禾本科为 45%。对建筑物的要求及青贮原料的铡短、装填、压严、封顶、密闭等要求同常规青贮。

③ 加入添加剂青贮　添加到青贮料中的物质主要包括两类，一是有利于乳酸菌活动的物质，如糖蜜、甜菜和乳酸菌制剂等；二是防腐剂，如甲酸、丙酸、亚硫酸、焦亚硫酸钠、甲醛等。如果在青贮中加酸，青贮料在发酵过程中，pH 值将很快降到所需要的酸度，从而降低了青贮初期好氧和厌氧发酵对营养物质的消耗。例如，每吨青贮原料加入甲酸 2.3 千克，可使其 pH 值下降到4.2～4.6；加上青贮中相继的发酵过程，可使 pH 值进一步降到所需要的水平。加入添加剂的青贮，能使青贮料的营养物质得到提高。但由于加入添加剂数量很少，故务必要与青贮料混合均匀，否则会影响青贮饲料的质量。

（4）青贮的技术要求

① 原料要有一定的含糖量。这是因为一定的含糖量可以保证乳酸菌的大量繁殖，产生足量的乳酸，从而抑制其他有害微生物的生长。禾本科的玉米秸、高粱等含糖量高，青贮容易成功，而豆科

的植物（如苜蓿、红豆草、草木樨）由于含糖量低不易青贮成功。生产实践中常将豆科植物与玉米秸等含糖量高的青贮原料混合，也可以采取加糖的方法。

② 水分含量要适宜。水分过低，难以压实，残留大量的空气，造成霉菌、腐败菌等有害细菌的大量繁殖，使青贮饲料产生霉变；水分过高，则有利于酪酸繁殖，使青贮料发黏发臭。含水率以65％～75％为宜，用手握紧切短的原料，感觉有水滴但不流出，握成团状松手以散为宜。

③ 一定要排出空气。乳酸菌是一种厌气菌，只有在没有空气的情况下才能繁殖。如果不排除空气，乳酸菌就不能很好地生存，这时一些好氧的霉菌、腐败菌会趁机大量滋生，从而导致青贮的失败。所以在青贮的过程中，原料切得越短越好，踩压得越实越好，密封得越严越好。

④ 原料切短和装填的时间要尽量缩短。这是因为切短的原料堆放的时间长了，就会大量产热，这样会使养分损失掉一部分，从而影响到青贮的质量。所以，在青贮的过程中，原料的切短和装填都应迅速进行。

（5）青贮的设施与设备　青贮的容器主要有青贮窖、青贮塑料袋等。

（6）青贮饲料制作的具体步骤（图 5-5）

① 原料的收割时机　玉米秸在玉米采收后还有 4～6 片青叶时青贮为宜，禾本科牧草适宜在抽穗前收割，豆科牧草适宜在出现花蕾到开花期收割。

② 原料的切短　原料切短后有利于装填与压实，也方便取用，肉羊容易采食。玉米秸宜切成 1～3 厘米，禾本科牧草及一些豆科牧草（苜蓿、三叶草）茎秆柔软，切碎长度应为 3～4 厘米，沙打旺、红豆草茎秆较粗硬的牧草，切碎长度应为 1～2 厘米。

③ 装填　装填和切短宜同时进行，边切边装。需要注意的是一定要踩压结实，可组织人力进行踩压，要一层一层地踩实，特别是窖的四周一定要多踩几遍；另外，装窖的速度要快，最好是当天

图 5-5 制作玉米青贮饲料

装填、踩实、封窖，装窖时间过长时，容易形成好氧菌的大量繁殖，饲料容易腐败。

④ 封闭 当窖装满高出地面 50～100 厘米时，在经过多遍的踩压后，在上面铺一层 30 厘米的青草或其他长草即可盖土，随盖随压，覆土厚度至少在 50～60 厘米。塑料袋密封时，可以 2 个或多个人从周边开始向中间挤压，逐步排除空气，然后扎口。

⑤ 管理 密封后，要经常检查，发现裂缝一定要及时覆土压实，窖的四周要挖排水沟，防止雨水渗入。

⑥ 开窖饲喂 一般在封闭后的 40 天左右就可以开封启用。启用时先将上面的覆土去掉，再将草层及腐烂的部分扔掉，然后再一层层地取用。青贮窖只能打开一头，分段开窖。取完料后要及时盖好，以防止日晒、雨淋和二次发酵，防止养分流失、质量下降或发霉变质。

(7) 青贮饲料的品质检验 主要从颜色、气味和质地来检验，详见表 5-18。

表 5-18　青贮饲料品质检验表

品质等级	颜色	气味	质地
优良	青绿色或黄绿色，与原料接近	酸香味	柔软，湿润，茎、叶、花能分辨清楚
中等	黄褐色或暗褐色	味酸而刺鼻	茎、叶、花基本能分清
低劣	黑色或褐色	臭而难闻	腐烂、发黏、结块，分不清原结构

(8) 青贮饲料饲喂时的注意事项

① 刚开始饲喂时要逐渐增多，并与干草及其他饲料混合使用，停止饲喂时也要由多到少逐渐减少。

② 怀孕后期的母畜不可多喂，产前 15 天应停喂。

③ 青贮料不能饲喂太多，否则易引起拉稀，一般每只成年肉羊每天的饲喂量为 2 千克左右。

3. 青干草的调制技术

(1) 青干草的调制方法

① 田间干燥法　把割下的青草就地薄薄地摊成一层，待过几个小时后再将草集成“人”字形的草堆，继续晾晒，定期翻动。要注意防止雨淋，防止草堆堆放时间过长而发热。用这种方法晒制的青干草，其养分要损失较多。运输时要注意选择早晨或傍晚草柔软时进行，防止叶片脱落过多而降低营养价值。

② 草架干燥法　在牧草收割时或遇到多雨潮湿天气，用田间地面干燥法不易成功，可用此法。草架主要有独木架、三角架、铁丝架等。方法是将收割后的牧草在地面干燥半天或一天后放在草架上，遇雨时也可以直接上架。干燥时将牧草自上而下地置于干草架上，并有一定的坡度，以利于采光和排水，牧草应高出地面，以利于通风。草架干燥要花费一定的物力，但所制成的干草品质好，营养成分的损失较田间地面干燥法少。

③ 人工干燥法　此法是采用加热的空气将青草水分烘干，干燥的温度如为 50～70℃，需要 5～6 小时；如为 120～150℃，需 5～30 分钟；如在高温 800～1000℃下，则经过 3～5 秒就可以达到

很好的干燥效果。这种方法需要一定的设备，目前在项目区不提倡使用。

（2）干草的储存与利用　储存的方法有草棚储存和露天储存两种方法。储存时，草垛的下面要采取防潮措施，上方要有防止日晒雨淋的设备，比如可以用塑料膜覆盖顶部，再加盖一层干草压住塑料膜即可，放在草棚内的就不用覆盖了。目前，在饲草资源比较丰富的地方可以将晒制的优质干草，用饲草压捆机制成草捆或用饲草粉碎机制成草粉等产品，这样的草产品便于储藏与运输。对于茎秆比较粗硬的饲草可以在利用之前用揉草机进行揉搓和粉碎，以提高利用率。

4. 精料的调制技术

禾谷类和豆类籽实被覆着颖壳或种皮，需加工调制。如果精料单独饲喂，可制成颗粒状（2.0毫米）或压扁，不要制成粉状。如果精料与粉碎的饲料混合拌喂，可提高适口性，增加采食量。

（1）精料压扁　是将精饲料（如玉米、大麦、高粱等）加入16%的水，用蒸汽加热至120℃左右，用压扁机压成片状，干燥并配以所需的添加剂，便制成了压扁饲料。

（2）油饼类饲料加工　可采用溶剂浸提法和压榨法。浸提法所产生的油饼类，未经高温处理，须脱毒处理后才能做饲料。压榨法通过高温处理，生产的油饼类不须脱毒处理。但由于高温、高压处理，赖氨酸和精氨酸之类的碱性氨基酸损失大。

5. 块根、块茎饲料的调制

块根、块茎饲料常附有泥土，饲喂前应洗净，除去腐烂的部分，切成小薄片或小长条，以利于羊的采食和消化。一定要注意的是不能喂整块，以免羊因采食而造成食管梗死。

二、各类饲料的饲喂方法

（1）精料的饲喂方法　根据饲料的种类，按羊的营养需要配合成补充饲料，豆饼一般占精料量的1/3，或每只日喂量不超过200克。精饲料的饲喂次数，一般日喂量在400克以下可1次喂给，

500～800 克分 2 次喂给，1000～1500 克分 3 次喂给；三种喂量的喂料时间可分别在下午收牧时，上午、下午各 1 次和早、中、晚各 1 次。精料可与铡短的干草拌喂，以便羊采食。喂精料时，应防止羊只拥挤，采食不均；喂完后，将饲槽清洗干净，保持清洁。

（2）青贮饲料的饲喂方法　青贮原料在窖内青贮 40～60 天便可完成发酵过程，即可开窖取用。开窖后，先除去泥土和霉层，然后从上层逐层平行往下取喂，保持取用表面平整，每天取用厚度不少于 10 厘米，取后再盖严，以免青贮饲料与空气接触时间过长而变质。长方形青贮壕，应从一端开始，上下平行逐渐往里取用。青贮饲料应现取现用，不得提前取出，防止冰冻和变质。青贮料应放在食槽内饲喂，切忌撒在地面上喂。若每天补饲 1 次，可在收牧时喂给，日喂量为 1.0～1.5 千克/只；若每天饲喂 2 次，则早、晚各饲喂 1 次，日喂量可达 3.0 千克/只。怀孕母羊产前 15 天应停喂青贮饲料。如果青贮饲料酸度大或者水分含量较高，可在饲喂时加入少许干草，以调节酸度和提高青贮饲料的适口性。

（3）块根块茎饲料的调制和饲喂方法　块根块茎饲料常附有泥土，饲喂前应洗净，除去腐烂部分，切成小薄片或小长条，以利于羊的采食和消化。不要喂整块，以避免羊抢食而造成食道梗死。

（4）矿物质饲料的调制和饲喂方法　矿物质饲料，市场上多有成品出售。为了降低饲养成本，在有条件地区，可以自行生产，加工调制。例如，骨粉的调制可利用各类兽骨，经高压蒸制后，晒干粉碎；石灰石粉（碳酸钙）的调制，可将石灰石打碎磨成粉状，或将陈旧的石灰和商品碳酸钙等调制成粉状；蛋壳和贝壳，经煮沸消毒后，晒干制成粉状；磷矿石经脱氟处理，调制成粉状。矿物质饲料可与精料混合喂给。食盐和石灰石粉既可加入精料中饲喂，也可放在饲槽内任羊自由舔舐。

此外，微量元素和维生素添加剂以及动物性饲料，均可根据羊体需要量拌在精料中喂给，但务必混合均匀。

三、羊的日粮配合技术

羊一昼夜 24 小时所采食的饲料叫作日粮，在实际生产中，往往单一的饲料不能满足肉羊的营养需要，所以要按照饲养标准，选择当地生产较多、价格便宜的饲料配制成混合饲料，使它所含的养分，既能满足肉羊不同生理阶段的营养需要而又不过多，这种按肉羊的饲养标准配制的配合饲料称为饲粮配合。

1. 羊日粮配合原则

（1）饲料种类要力求多样化，一般要有 4～5 种饲料，这样才能达到营养物质的相互补充，使所配制的日粮营养全面。

（2）所选择的饲料原料尽可能做到就地取材，以当地饲料为主，充分利用项目区农副产品资源，千方百计降低饲料成本。

（3）肉羊的饲料中一定要有粗饲料，还应注意精料、粗料之间的比例。

（4）一般情况下不得更换饲料配方，如果要更换，一定要逐渐进行，以使肉羊有一个适应的过程。

2. 羊日粮配合步骤

羊日粮配合的方法有多种，此处仅介绍较为常用的手工试差法。试差法是将各种饲料原料，根据专业知识经验，确定一个大概比例，然后计算其营养价值并与羊的饲养标准相对照，若某种营养指标不足或者过量时，应调整饲料配比，反复多次，直至所有营养指标都能满足要求时为止。

例：要为体重平均为 25 千克的育肥羊群设计一饲料配方，饲料的种类有玉米秸、野干草、玉米、小麦麸、胡麻饼、菜籽饼。

表 5-19　供选饲料的营养成分含量

饲料名称	干物质/%	消化能/(兆焦/千克)	可消化粗蛋白质/(克/千克)	钙/%	磷/%
玉米秸	90	8.61	21	—	—
野干草	90.6	8.32	53	0.54	0.09
玉米	88.4	15.38	65	0.04	0.21
小麦麸	88.6	11.08	108	0.18	0.78
胡麻饼	90.2	14.46	285	0.58	0.77
菜籽饼	92.2	14.84	313	0.37	0.95

第一步：参考有关饲养标准，查出羊每天的养分需要量。

该羊群平均每天每只需干物质 1.2 千克，消化能 10.5～14.6 兆焦，可消化粗蛋白质 80～100 克，钙 1.5～2 克，磷 0.6～1 克，食盐 3～5 克。

第二步：查饲料营养成分表，列出供选饲料的营养成分含量（见表 5-19）。

第三步：按羊只体重计算粗饲料的采食量。

一般羊粗饲料的干物质采食量为体重的 2%～3%，这里选择 2.5%，则 25 千克体重的羊需粗饲料干物质为 25×2.5%=0.625 千克，根据实际考虑，确定玉米秸和野干草的比例为 2∶1，则需玉米秸秆 0.42（共需干物质 0.625 千克，玉米占两份，即为 0.42 千克）÷0.9（0.9 为玉米秸中干物质所占的比例 90%）=0.47 千克；需野干草 0.21（共需干物质 0.625 千克，野干草占一份，即为 0.21 千克）÷0.906（0.906 为野干草中干物质所占的比例 90.6%）= 0.23 千克，由此计算出粗饲料提供的养分量（表 5-20）。

表 5-20　粗饲料提供的营养成分含量

粗饲料	干物质/千克	消化能/兆焦	可消化粗蛋白质/克	钙/克	磷/克
玉米秸	0.42	4.05	9.87	—	—
野干草	0.21	1.91	12.19	0.12	0.02
粗饲料提供	0.63	5.96	22.06	0.12	0.02
需精料补充	0.57	8.64	77.94	1.88	0.98

第四步：草拟精料补充料配方。

根据饲料资源、价格及实际经验，先初步拟定一个混合料配方，假设混合精料配比为玉米 60%，麸皮 23%，胡麻饼 10%，菜籽饼 6%，食盐 0.8%，将所需补充精料干物质 0.57 千克按上述比例分配到各种精料中，再计算出精料补充料提供的营养成分含量（表 5-21）。

表 5-21 精料补充料提供的营养成分含量

原料	干物质/千克	消化能/兆焦	可消化粗蛋白质/克	钙/克	磷/克
玉米	0.342	5.95	25.31	0.15	0.81
小麦麸	0.131	1.58	15.98	0.27	1.15
胡麻饼	0.057	0.824	16.25	0.33	0.44
菜籽饼	0.034	0.505	10.64	0.13	0.32
食盐	0.005	—	—	—	—
总计	0.569	8.86	68.18	0.88	2.72

由表 5-21 可见，干物质已基本满足需要，消化能超标，可消化粗蛋白质尚有欠缺，钙、磷比例失衡，因此日粮中应增加可消化粗蛋白质的含量，增加钙的含量，适当降低消化能水平。我们可以用石粉来代替部分的胡麻饼，以增加钙的含量；用尿素（1 克尿素可提供 2.8 克的粗蛋白质）来补充可消化蛋白质的不足，调整后的配方见表 5-22。

表 5-22 调整后的配方

原料	干物质/千克	消化能/兆焦	可消化粗蛋白质/克	钙/克	磷/克
玉米秸	0.42	4.05	9.87	—	—
野干草	0.21	1.91	12.19	0.12	0.02
玉米	0.342	5.95	25.31	0.15	0.81
小麦麸	0.131	1.58	15.98	0.27	1.15
胡麻饼	0.047	0.68	13.40	0.27	0.36
菜籽饼	0.034	0.505	10.64	0.13	0.32
食盐	0.005	—	—	—	—
尿素	0.005	—	14	—	—
石粉	0.010	—	—	4.0	—
总计	0.574	14.675	101.39	4.94	2.66

从表 5-22 可以看出，本日粮已经完全满足该羊的干物质、能

量及可消化粗蛋白质的需要量，而钙磷均超标，但日粮中的钙、磷比例为 1.86∶1，属正常范围［一般钙、磷比例为（1.5～2）∶1］，所以认为该日粮中的钙、磷含量也符合要求。

在实际饲喂时，应将各种饲料的干物质喂量换算成饲喂状态时的喂量，即干物质量÷该饲料的干物质含量。具体如下。

玉米秸：0.42÷0.9＝0.467 千克。

野干草：0.21÷0.906＝0.232 千克。

玉米：0.342÷0.884＝0.387 千克。

小麦麸：0.131÷0.886＝0.147 千克。

胡麻饼：0.047÷0.902＝0.052 千克。

菜籽饼：0.034÷0.992＝0.034 千克。

食盐：0.005÷1.00＝0.005 千克。

尿素：0.005÷1.00＝0.005 千克。

石粉：0.010÷1.00＝0.010 千克。

第六章

羊病防疫制度化

目前，羊病种类逐渐增多，危害大，人畜共患传染病时有发生，威胁饲养者健康；饲养模式陈旧和养殖技术不规范导致病症复杂化。因此，在对目前羊病暴发流行的趋势、发病特点、临床诊断要点及防治措施的认识基础上，推广应用早期诊断技术、相关试剂盒以及新型疫苗尤其重要。

第一节 羊群防疫保健措施

在养羊生产中，常常会发生各种羊病，因此在发展养羊生产的同时，首先做好羊疫病的预防工作。羊病的防治，必须认真贯彻“预防为主，防重于治”的方针。只有这样，才能使羊少发病，保证羊只健康。

一、科学饲养管理

有几句谚语说得好，“羊以瘦为病，病由膘瘦起，体弱百病兴”。加强饲养管理，可以增强羊的体质，提高生产性能，也是防疫灭病的基础。生产中所饲喂的饲草、饲料，都要保证质地优良、无毒、无霉变、无农药污染，并要注意合理搭配，不能长期饲喂某

种单一饲料，以防引起某种营养物质缺乏症。更换草料要逐渐进行，以防前胃疾病的发生。对舍饲的羊群，要保证适当运动，随时掌握每只羊的采食和饮水情况，防止羊只互相抵架和舔舐被毛，以防造成外伤及毛球阻塞胃肠。对绵羊的羔羊要在3～5日龄及时断尾，公羊1～2月龄进行去势。对山羊的公羔，如不作种用要在10～20日龄进行去势、去角基，以防互相爬跨、乱交乱配，还能提高公羊的生长发育速度及羊肉的品质。

二、搞好环境卫生及定期消毒

1. 搞好环境卫生

羊喜欢干燥卫生的环境。潮湿的环境易使羊发生寄生虫病、腐蹄病或感染其他疾病。对圈舍要及时清扫，垫上干土或其他干燥松软的垫料。保持圈舍空气新鲜、干燥、温度适宜。饲草饲料放到草架上，防止被尿液粪便污染，料槽、饮水槽要每天清洗，定期用0.1%的高锰酸钾溶液进行消毒。经常保持有清洁新鲜的饮水，以便羊随时饮用。

2. 圈舍定期消毒

羊的圈舍要定期消毒，消毒是用各种方法消除病原微生物及寄生虫、虫卵对羊的危害，是预防和消灭疫病的一项重要措施。消毒对象包括棚圈、粪便、土壤、尸体、衣物等。可将热草木灰、生石灰粉撒在圈舍内，也可以用药品消毒圈舍和用具，如3%的来苏儿溶液用于圈舍、用具、洗手等消毒；10%～15%的生石灰溶液用于消毒圈舍、排泄物等；0.5%过氧乙酸溶液用于喷洒地面、墙壁、食槽等；1%～2%的氢氧化钠溶液用于被细菌、病毒污染的圈舍、地面和用具的消毒；抗毒威1∶400稀释喷洒进行圈舍消毒。蚊蝇季节还应喷洒消灭蚊蝇的药液，如灭蚊灵、灭蝇灵等以消灭蚊蝇，但要注意安全以防误伤羊群。

（1）羊舍消毒　一般是先做一下人工清扫，然后再进行消毒液消毒。常用的消毒液是10%～20%的石灰乳、10%漂白溶液、0.5%的过氧乙酸、0.5%～1.0%的二氯异氰尿酸钠等。

消毒的方法是将消毒液盛于喷雾器内，先喷洒地面然后喷墙壁，再喷天花板，最后再开窗通风，用清水刷洗饲槽、用具，将消毒味除去。在一般情况下羊舍消毒每年可进行2次，春秋各1次。产房在产羔前应进行1次，产羔高峰时进行多次，产羔结束后再进行1次。在病羊舍、隔离舍的出入口处应放置有消毒液的麻袋片或草垫，此时消毒液可用2%～4%氢氧化钠溶液、1%菌毒敌等。

(2) 地面土壤消毒　土壤表面可用10%漂白粉溶液、4%福尔马林溶液或10%氢氧化钠溶液。停放过芽孢杆菌所致传染病（如炭疽）病羊尸体的场所，应严格加以消毒，首先用上述漂白粉溶液喷洒地面，然后将表层土壤掘起30厘米左右，撒上干漂白粉，并与土混合，将此表土妥善运出掩埋。

(3) 粪便消毒　羊的粪便消毒最实用的方法是生物热消毒法，方法是在距羊场100～200米以外的地方设一堆粪场，将羊粪堆积起来，上面覆盖10厘米厚的沙土，堆放发酵30天左右，即可用作肥料。

(4) 污水消毒　最常用的方法是将污水引入处理池，加入化学药品（如漂白粉或其他氯制剂）进行消毒，用量视污水量而定，一般1升污水用2～5克漂白粉。

(5) 常用器械消毒　羊舍中的所有设施，包括食槽、水槽干草架等都要定期消毒。

三、严格执行检疫制度

检疫是贯彻“预防为主”方针中不可缺少的重要一环。通过检疫，可以及早发现疫病，及时采取防治措施，做到就地控制和扑灭，防止疫病蔓延。检疫是对羊群定期进行健康检查，抽检化验，及时发现病羊，进行隔离治疗或处理，清除传染源。新购入的羊只检疫化验后，证实无病方可入群，防止疫病传入。

四、预防接种和药物预防

有计划地定期预防接种和驱虫药浴，是每年羊群防疫工作最重要的两项工作。只有按科学的免疫程序，定期适时地进行免疫接

种；在驱虫药浴中严格遵守操作规程，准确地配制药液浓度，才能有效地控制羊群的疫病发生。防疫效果的好坏，取决于羊体的健康状况、药品质量、操作技术和防疫密度。“百治不如一防（预防），百防不如一抓（抓膘）”。充分说明羊群营养与疾病防治的关系及羊病预防的重要性。

疫苗使用时的注意事项如下。

（1）幼年的、体质弱的、有慢性病或饲养管理条件不好的羊，接种后产生的抵抗力就差些，有时也可能引起明显的接种反应，针对此类羊一般不主张接种。

（2）怀孕母羊，特别是临产前的母羊，在接种时由于受驱赶和捕捉等影响或由于疫苗所引起的反应，有时会发生流产或早产，或者可引起胎儿发育方面的异常。因此，如果不是已经受到传染病的威胁，最好暂时不接种。

（3）接种疫苗应严格按照各种疫苗的具体使用方法进行，如接种方法、接种剂量等。

（4）接种疫苗时，不能同时使用抗血清；在给羊注射疫苗时，必须注意不能与疫苗直接接触；给羊注射疫苗后一段时间内最好不用抗生素或免疫抑制药物。

（5）各类疫苗在运输、保存过程中要注意不要受热，活疫苗必须低温冷冻保存，灭活疫苗要求在4～8℃条件下保存。

（6）接种疫苗的器械（如注射器、针头、镊子等）都要事先消毒好。根据羊场情况，每只羊换1个注射针头或5只羊换1个注射针头。

（7）疫苗一经开启，就要在2小时内用完，千万不能留着以后再用。

五、做好定期驱虫工作

寄生虫病严重威胁着肉羊业，所以应坚持定期用药物进行预防性驱虫。

（1）羊驱虫常用的方法有口服、注射、药浴、喷雾等给药方法。

(2) 药物可选择阿(伊)维菌素、丙硫苯咪唑等。丙硫苯咪唑具有高效、低毒、广谱的优点，对羊常见的胃肠线虫、肺线虫、肝片吸虫和绦虫均有效，可同时驱除混合感染的多种寄生虫，是较理想的驱虫药物。

(3) 羊驱虫一般是在发病季节到来之前开始实施的。一般是在春、秋两季各驱1次，肉羊在进行育肥前进行1次。

(4) 使用驱虫药时，要求剂量准确，并且要先做小群驱虫试验，取得经验后再进行全群驱虫。驱虫过程中发现病羊，应进行对症治疗，及时解救出现毒副作用的肉羊。

(5) 药浴是防治羊的外寄生虫病，特别是羊螨病的有效措施，可在剪毛后10天左右进行，药浴液可用0.1%～0.2%的杀虫脒(也就是氯苯脒)水溶液、1%的敌百虫水溶液或者是速来菊酯(80～200毫升/升)、溴氰菊酯(50～80毫升/升)。也可用石硫合剂，其配法为生石灰7.5千克、硫黄粉末12.5千克，加水150升(1升水约等于0.5千克水)拌成糊状，边煮边拌，直至煮成浓茶色为止，弃去下面的沉渣，上清液便是母液，在母液中加500升温水，即成药溶液。药浴可在特建的药浴池内进行，也可用人工方法抓羊在大盆或大缸中逐只洗浴。

第二节　羊病的诊疗及检验技术

一、临床诊断

临床诊断法是诊断羊病最常用的方法，通过问诊、视诊、触诊、听诊、叩诊和嗅诊所发现的症状表现及异常变化，综合起来加以分析，往往可以对疾病作出诊断，或为进一步检验提供依据。

1. 问诊

问诊是通过询问畜主或饲养员，了解羊发病的有关情况。询问内容包括发病时间、发病头数、病前和病后的异常表现，以往的病史、治疗情况、免疫接种情况，饲养管理情况以及羊的年龄、性别

等。但在听取其回答时，应考虑所谈情况与当事人的利害关系（责任），分析其可靠性。

2. 视诊

视诊是观察病羊的表现。视诊时，最好先从离病羊几步远的地方观察羊的肥瘦、姿势、步态等情况，然后靠近病羊详细查看被毛、皮肤、黏膜、结膜、粪尿等情况。

（1）肥瘦　一般急性病（如急性膨胀、急性炭疽等），病羊身体仍然肥壮；相反，一般慢性病（如寄生虫病等），病羊身体多为瘦弱。

（2）姿势　观察病羊一举一动是否与平时相同，如果不同，就可能是有病的表现。有些疾病表现出特殊的姿势，如破伤风表现四肢僵直、行动不灵便。

（3）步态　健康羊步行活泼而稳定。如果羊患病时，常表现行动不稳，或不喜行走。当羊的四肢肌肉、关节或蹄部发生疾病时，则表现为跛行。

（4）被毛和皮肤　健康羊的被毛，整齐而不易脱落，富有光泽。在病理状态下，被毛粗乱蓬松，失去光泽，而且容易脱落。患螨病的羊，患部被毛可成片脱落，同时皮肤变厚变硬，出现蹭痒和擦伤。在检查皮肤时，除注意皮肤的颜色外，还要注意有无水肿、炎性肿胀、外伤以及皮肤是否温热等。

（5）黏膜　一般健康羊的眼结膜、鼻腔、口腔、阴道和肛门黏膜呈光滑粉红色。如口腔黏膜发红，多半是由于体温升高，身体有发炎的地方。黏膜发红并带有红点、血丝或呈紫色，是由于中毒或传染病引起的。黏膜呈苍白色，多为患贫血病；黏膜呈黄色，多为患黄疸病；黏膜呈蓝色，多为肺脏、心脏患病。

（6）吃食、饮水、口腔、粪尿　羊吃食或饮水忽然增多或减少，以及喜欢舔泥土、吃草根等，也是有病的表现，可能是慢性营养不良。反刍减少、无力或停止，表示羊的前胃有病。口腔有病时，如喉头炎、口腔溃疡。舌有烂伤等，打开口腔就可以看出来。羊的排粪也要检查，主要检查其形状、硬度、色泽及附着物等。正常时，羊粪呈小球形，没有难闻臭味。病理状态下，粪便有特殊臭味，见于各型肠炎；粪便过于干燥，多为缺水和肠弛缓；粪便过于稀薄，多为肠机能亢进。前部肠管出血粪呈黑褐色，后部出血则呈鲜红色；粪内有大量黏液，表示肠黏膜有卡他性炎症；粪便混有完整谷粒和纤维很粗，表示消化不良。混有纤维素膜时，表示为纤维素性肠炎；混有寄生虫及其节片时，体内有寄生虫。正常羊每天排尿3～4次，排尿次数和尿量过多或过少，以及排尿痛苦、失禁，都是有病的征候。

（7）呼吸　正常时，羊每分钟呼吸12～20次。呼吸次数增多，见于热性病、呼吸系统疾病、心脏衰弱及贫血、腹压升高等；呼吸次数减少，主要见于某些中毒、代谢障碍、昏迷。另外，还要检查呼吸型、呼吸节律以及呼吸是否困难等。

3. 嗅诊

诊断羊病时，嗅闻分泌物、排泄物、呼出气体及口腔气味，也很重要。如肺坏疽时，鼻液带有腐败性恶臭；胃肠炎时，粪便腥臭或恶臭；消化不良时，可从呼气中闻到酸臭味。

4. 触诊

触诊是用手指或手指尖感触被检查的部位，并稍加压力，以便确定被检查的各个器官组织是否正常。触诊常用如下几种方法。

（1）皮肤检查　主要检查皮肤的弹性、温度、有无肿胀和伤口等。羊的营养不好，或得过皮肤病，皮肤就没有弹性。发高烧时，皮温会升高。

（2）体温检查　一般用手摸羊耳朵或把手插进羊嘴里去握住舌头，可以知道病羊是否发烧。但是准确的方法，是用体温表测量。在给病羊量体温时，先把体温表的水银柱甩下去，涂上油或水以后，再慢慢插入肛门里，体温表的1/3留在肛门外面，插入后滞留的时间一般为2～5分钟。羊的体温，一般幼羊比成年羊高一些，热天比冷天高一些，运动后比运动前高一些，这都是正常的生理现象。羊的正常体温是38～40℃。如高于正常体温，则为发热，常

见于传染病。

(3) 脉搏检查　检查时，注意每分钟跳动次数和强弱等。检查羊脉搏的部位，是用手指摸后肢股部内侧的动脉。健康羊每分钟脉搏跳动70～80次。羊有病时，脉搏的跳动次数和强弱都和正常羊不同。

(4) 小体表淋巴结检查　主要检查颈下、肩前、膝上和乳房上淋巴结。当羊发生结核病、伪结核病、羊链球菌病时，体表淋巴结往往肿大，其形状、硬度、温度、敏感性及活动性等也会发生变化。

(5) 人工诱咳　检查者立在羊的左侧，用右手捏压气管前3个软骨环。羊有病时，就容易引起咳嗽。羊发生肺炎、胸膜炎、结核时，咳嗽低弱，发生喉炎及支气管炎时，则咳嗽强而有力。

5. 听诊

听诊是利用听觉来判断羊体内正常的和有病的声音。最常用的听诊部位为胸部（心、肺）和腹部（胃、肠）。听诊的方法有两种，一种是直接听诊，即将一块布铺在被检查的部位，然后把耳朵紧贴其上，直接听羊体内的声音；另一种是间接听诊，即用听诊器听诊。不论用哪种方法听诊，都应当把病羊牵到清静的地方，以免受外界杂音的干扰。

(1) 心脏听诊　心脏跳动的声音，正常时可听到“嘣—咚”两个交替发出的声音。“嘣”音，为心脏收缩时所产生的声音，其特点是低、钝、长、间隔时间短，叫作第一心音。“冬”音，为心脏舒张时所产生的声音，其特点是高、锐、间隔时间长，叫作第二心音。第一、第二心音均增强，见于热性病的初期，第一、第二心音均减弱，见于心脏机能障碍的后期或患有渗出性胸膜炎、心包炎；第一心音增强时，常伴有明显的心搏动增强和第二心音微弱，主要见于心脏衰弱的后期，排血量减少，动脉压下降时；第二心音增强时，见于肺气肿、肺水肿、肾炎等病理过程中。如果在正常心音以外听到其他杂音，多为瓣膜疾病、创伤性心包炎、胸膜炎等。

(2) 肺脏听诊　是听取肺脏在吸入和呼出空气时，由于肺脏振动而产生的声音。一般有下列 4 种。

① 肺泡呼吸音　健康羊吸气时，从肺部可听到“夫”的声音，呼气时，可以听到“呼”的声音，这称为肺泡呼吸音；肺泡呼吸音过强，多为支气管炎、黏膜肿胀等；过弱时，多为肺泡肿胀、肺泡气肿、渗出性胸膜炎等。

② 支气管呼吸音　是空气通过喉头狭窄部所发出的声音，类似“赫”的声音；如果在肺部听到这种声音，多为肺炎的肝变期，见于羊的传染性胸膜肺炎等病。

③ 罗音　是支气管发炎时，管内积有分泌物，被呼吸的气流冲动而发出的声音。罗音可分为干罗音和湿罗音两种。干罗音甚为复杂，有咝咝声、笛声、口哨声及猫鸣声等，多见于慢性支气管炎、慢性肺气肿、肺结核等。湿罗者类似含漱音、沸腾音或水泡破裂音，多发生于肺水肿、肺充血、肺出血、慢性肺炎等。

④ 捻发音　这种声音像用手指捻毛发时所发出的声音，多发生于慢性肺炎、肺水肿等。弱摩擦音一般有两种。一种为胸膜摩擦音，多发生在肺脏与胸膜之间，多见于纤维素性腹膜炎、胸膜结核等。因为胸膜发炎，纤维素沉积，使胸膜变得粗糙，当呼吸时互相摩擦而发出声音，这种声音像一手贴在耳上，用另一手的手指轻轻摩擦贴耳的手背所发出的声音。另一种为心包摩擦音，当发生纤维素性心包炎时，心包的两叶失去润滑性，因而伴随心脏的跳动两叶互相摩擦而发生杂音。

（3）腹部听诊　主要是听取腹部胃肠运动的声音。羊健康的时候，于左肷窝可听到瘤胃蠕动音，呈逐渐增强又逐渐减弱的沙沙音，每两分钟可听到 3～6 次。羊患前胃弛缓或发热性疾病时，瘤胃蠕动音减弱或消失。羊的肠音，类似于流水声或漱口声，正常时较弱。在羊患肠炎初期肠音亢进，便秘时肠音消失。

6. 叩诊

叩诊是用手指或叩诊锤来叩打羊体表部分或体表的垫着物（如手指或垫板），借助所发声音来判断内脏的活动状态。羊叩诊方法是左手食指或中指平放在检查部位，右手中指由第二指节成直角弯

曲，向左手食指或中指第二指节上敲打。叩诊的声响有清音、浊音、半浊音、鼓音。清音，为叩诊健康羊的胸廓所发出的持续、高朗的声音。浊音，为健康状态下，叩打臀部及肩部肌肉时发出的声音；在病理状态下，当羊胸腔积聚大量渗出液时，叩打胸壁出现水平浊音界。半浊音，为介于浊音和清音之间的一种声音，叩打含少量气体的组织（如肺部），可发出这种声音；羊患支气管肺炎时，肺泡食气量减少，叩诊呈半浊音。鼓音，如叩打左侧瘤胃处，发鼓响音；若瘤胃臌气，则发出鼓音。

二、传染病检验

诊断实验室在收到送检病料时，应立即进行检验。羊传染病检验的一般程序和方法如下。

1. 细菌学检验

（1）涂片镜检　将病料涂于清洁无油污的载玻片上，干燥后在酒精灯火焰上固定，选用单染色法（如亚甲基蓝染色法）、革兰染色法、抗酸染色法或其他特殊染色法染色镜检，根据所观察到的细菌形态特征，作出初步诊断或确定进一步检验的步骤。

（2）分离培养　根据所怀疑传染病病原菌的特点，将病料接种于适宜的细菌培养基上，在一定温度（常为37℃）下进行培养，获得纯培养菌后，再用特殊的培养基培养，进行细菌的形态学、培养特征、生化特性、致病力和抗原特性鉴定。

（3）动物实验　用灭菌生理盐水将病料做成1∶10悬液，后利用分离培养获得的细菌液灌感染实验动物（如小白鼠、大白鼠、豚鼠、家兔等）。感染方法可用皮下、肌内、腹腔、静脉或脑内注射。感染后按常规隔离饲养管理，注意观察，有时还须对某种实验动物测量体温；如有死亡，应立即进行剖检及细菌学检查。

2. 病毒学检验

（1）样品处理　检验病毒的样品，要先除去其中的组织和可能污染的杂菌。其方法是以无菌手段取出病料组织，用磷酸缓冲液反复洗涤3次，然后将组织剪碎、研细，加磷酸缓冲液制成1∶10悬液（血液或渗出液可直接制成1∶10悬液），以每分钟2000～3000转的速度离心沉淀15分钟，取出上清液，每毫升加入青霉素和链霉素各1000单位，置冰箱中备用。

（2）分离培养　病毒不能在无生命的细菌培养基上生长，因此，要把样品接种到鸡胚或细胞培养物上进行培养。对分离到的病毒液，用电子显微镜检查、血清学试验及动物实验等方法进行理化学和生物学特性的鉴定。

（3）动物实验　将上述方法处理过的待检样品或经分离培养得到的病毒液，接种易感动物，其方法与细菌学检验中的动物学实验相同。

3. 免疫学检验

在羊传染病检验中，经常使用免疫学检验法。常用的方法有凝集反应、沉淀反应、补体结合反应，中和试验等血清学检验方法，以及用于某些传染病生前诊断的变态反应方法等。近年又研究出许多新的方法，如免疫扩散、荧光抗体技术、酶标记技术、单克隆抗体技术等。

4. 寄生虫病检验

羊寄生虫病的种类很多，但其临床症状除少数外都不够明显。因此，羊寄生虫病的生前诊断往往需要进行实验室检验。常用的方法有粪便检查和虫体检查。

（1）粪便检查　羊患了蠕虫病以后，其粪便中可取出蠕虫的卵、幼虫、虫体及其片段，某些原虫的卵囊、包囊也可通过粪便排出，因此，粪便检查是寄生虫病诊断的一个重要手段。检查时，粪便应从羊的直肠挖取，或用刚刚排出的粪便。检查粪便中虫卵常用的方法如下。

① 直接涂片法　在洁净无油污的载玻片上滴1～2滴清水，用火柴棒蘸取少量粪便放入其中，涂匀，剔去粗渣，盖上盖玻片，置于显微镜下检查。此法快速简便，但检出率很低，最好多检查几个标本。

② 漂浮法　取羊粪10克，加少量饱和盐水，用小棒将粪球捣碎，再加10倍量的饱和盐水搅匀，以60目钢筛过滤，静量30分钟，用直径5～10毫米的铁丝圈，与液面平行接触，蘸取表面液膜，抖落于载玻片上并覆盖盖玻片，置于显微镜下检查。该法能查出多数种类的线虫卵和一些绦虫卵，但对相对密度大于饱和盐水的吸虫卵和棘头虫卵，效果不大。

③ 沉淀法　取羊粪5～10克，放在200毫升容量的烧杯内，加入少量清水，用小棒将粪球捣碎，再加5倍量的清水调制成糊状，用60目铜锅筛过滤，静置45分钟，弃去上清液，保留沉渣。再加满清水，静置15分钟，弃去上清液，保留沉渣。如反复3～4次，最后将沉渣涂于载玻片上，置显微镜下检查。此法主要用于诊断虫卵相对密度大的羊吸虫病。

（2）虫体检查

① 蠕虫虫体检查　将羊粪数克盛于盆内，加10倍量生理盐水，搅拌均匀，静置沉淀20分钟，弃去上清液。再于沉淀物中重新加入生理盐水，搅匀，静置后弃去上清液；如此反复2～3次，最后取少量沉淀物置于黑色背景上，用放大镜寻找虫体。

② 蠕虫幼虫检查法　取羊粪球3～10个，放在平皿内，加适量40℃的温水，10～15分钟后取出粪球，将留下的液体放在低倍显微镜下检查。蠕虫幼虫常集中于羊粪球表面，因易于从粪球表面转移到温水中而被检查出来。

③ 螨检查法　在羊体患部，先去掉干硬痂皮，然后用小刀刮取一些皮屑，放在烧杯内，加适量的10％氢氧化钾溶液，微微加热，20分钟后待皮屑溶解，取沉渣镜检。

三、给药方法

羊的给药方法有多种，应根据病情、药物的性质、羊的大小和头数，选择适当的给药方法。

1. 群体给药法

为了预防或治疗羊的传染病和寄生虫病以及促进畜禽发育、生长等，常常对羊群体施用药物，如抗菌药（四环素族抗生素、磺胺类药、硝基呋喃类药等）、驱虫药（如硫苯咪唑等）、饲料添加剂、微生态制剂（如促菌生、调痢生等）等。大群用药前，最好先做小批的药物毒性及药效试验。常用给药方法有以下两种。

（1）混饲给药　将药物均匀混入饲料中，让羊吃料时能同时吃进药物。此法简便易行，适用于长期投药，不溶于水的药物用此法更为恰当。应用此法时要注意药物与饲料的混合必须均匀，并应准确掌握饲料中药物所占的比例；有些药适口性差，混饲给药时要少添多喂。

（2）混水给药　将药物溶解于水中，让羊只自由饮用。有些疫苗也可用此法投服。对固病不能吃食但还能饮水的羊，此法尤其适用。采用此法须注意根据羊可能饮水的量，来计算药量与药液浓度。在给药前，一般应停止饮水半天，以保证每只羊都能饮到一定量的水。所用药物应易溶于水。有些药物在水中时间长了会变质，此时应限时饮用药液，以防止药物失效。

2. 口服法

（1）长颈瓶给药法　当给羊灌服稀药液时，可将药液倒入细口长颈的玻璃瓶；塑料瓶或一般的酒瓶中，抬高羊的嘴巴，给药者右手拿药瓶，左手用食指、中指自羊右口角伸入口内，轻轻压迫舌头，羊口即张开；然后，右手将药瓶口从左口角伸入羊口中，并将左手抽出，待瓶口伸到舌头中段，即抬高瓶底，将药液灌入。

（2）药板给药法　专用于给羊服用舔剂。舔剂不流动，在口腔中不会向咽部滑动，因而不致发生误咽。给药时，用竹制或木制的药板。药板长约 30 厘米、宽约 3 厘米、厚约 3 毫米，表面须光滑没有棱角。给药者站在羊的右侧，左手将开口器放入羊口中，右手持药板，用药板前部刮取药物，从右口角伸入口内到达舌根部，将药板翻转，轻轻按压，并向后抽出，把药抹在舌根部，待羊下咽后，再抹第二次，如此反复进行，直到把药给完。

3. 灌肠法

灌肠法是将药物配成液体，直接灌入直肠内。羊可用小橡皮管

灌。先将直肠内的粪便清除，然后在橡皮管前端涂上凡士林、插入直肠内，把连接橡皮管的盛药容器提高到羊的背部以上。灌肠完毕后，拔出橡皮管，用手压住肛门或拍打尾根部，灌肠的温度应与体温一致。

4. 胃管法

羊插入胃管的方法有两种，一是经鼻腔插入，二是经口腔插入。

（1）经鼻腔插入　先将胃管插入鼻孔，沿下鼻道慢慢送入，到达咽部时，有阻挡感觉，待羊进行吞咽动作时乘机送入食道；如不吞咽，可轻轻来回抽动胃管，诱发吞咽。胃管通过咽部后，如进入食道，继续深送会感到稍有阻力，这时要向胃管内用力吹气，或用橡皮球打气，如见左侧颈沟有起伏，表示胃管已进入食道。如胃管误入气管，多数羊会表现不安、咳嗽，继续深送，感觉毫无阻力，向胃管内吹气，左侧颈沟看不见波动，用手在左侧颈沟胸腔入口处摸不到胃管，同时，胃管末端有与呼吸一致的气流出现。如胃管已进入食道，继续探送即可到达胃内。此时从胃管内排出酸臭气体，将胃管放低时则流出胃内容物。

（2）经口腔插入　先装好木质开口器，用绳固定在羊头部，将胃管过木质开口器的中间孔，沿上腭直插入咽部，借吞咽动作可顺利进入食道，继续深送，胃管即可到达胃内。胃管插入正确后，即可接上漏斗灌药。药液灌完后，再灌少量清水，然后取掉漏斗，用嘴对胃管吹气，或用橡皮球打气，使胃管内残留的液体完全入胃，用拇指堵住胃管管口，或折叠胃管，慢慢抽出。该法适用于灌服大量水剂及有刺激性的药液。患咽炎、咽喉炎和咳嗽严重的病羊，不可用胃管灌药。

5. 注射法

注射法是将灭过菌的液体药物，用注射器注入羊的体内。注射前，要将注射器和针头用清水洗净，煮沸 30 分钟。注射器吸入药液后要直立推进注射器活塞排除管内气泡，再用酒精棉花包住针头，准备注射。

（1）皮下注射　是把药液注射到羊的皮肤和肌肉之间。羊的注射部位是在颈部或股内侧皮肤松软处。注射时，先把注射部位的毛剪净，涂上碘酒，用左手捏起注射部位的皮肤，右手持注射器，将针头斜向刺入皮肤，如针头能左右自由活动，即可注入药液；注毕拔出针头，在注射点上涂擦碘酒。凡易于溶解又无刺激性的药物及疫苗等，均可进行皮下注射。

（2）肌内注射　是将灭菌的药液注入肌肉比较多的部位。羊的注射部位是在颈部。注射方法基本上与皮下注射相同，不同之处是，注射时以左手拇指、食指成“八”字形压住所要注射部位的肌肉，右手持注射器将针头向肌肉组织内垂直刺入，即可注药。一般刺激性小、吸收缓慢的药液（如青霉素等），均可采用肌内注射。

（3）静脉注射　是将灭菌的药液直接注射到静脉内，使药液随血流很快分布到全身，迅速发生药效。羊的注射部位是颈静脉。注射方法是将注射部位的毛剪净，涂上碘酒，先用左手按压静脉靠近心脏的一端，使其怒张，右手持注射器，将针头向上刺入静脉内，如有血液回流，则表示已插入静脉内，然后用右手推动活塞，将药液注入；药液注射完毕后，左手按住刺入孔，右手拔针，在注射处涂擦碘酒即可。如药液量大，也可使用静脉输入器，其注射分两步进行，先将针头刺入静脉，再接上静脉输入器。凡输液（如生理盐水、葡萄糖溶液等）以及药物刺激性大，不宜皮下或肌内注射的药物，多采用静脉注射。

（4）气管注射　将药液直接注入气管内。注射时，多取侧卧保定，且头高臀低；将针头穿过气管软骨环之间，垂直刺入，摇动针头，若感觉针头确已进入气管，接上注射器，抽动活塞，见有气泡，即可将药液缓缓注入。如欲使药液流入两侧肺中，则应注射2次，第二次注射时，须将羊翻转，卧于另一侧。本法适用于治疗气管、支气管和肺部疾病，也常用于肺部驱虫（如羊肺线虫病）。

6. 羊瘤胃穿刺注药法

当羊发生瘤胃臌气时，可采用此法。穿刺部位是在左肷窝中央臌气最高的部位。其方法是局部剪毛，用碘酒涂擦消毒，将皮肤稍向上移，然后将套管针或普通针头垂直地或朝右侧肘头方向刺入皮肤及瘤胃壁，放出气体后，可从套管针孔注入止酵防腐药。拔出套管针后，穿刺孔用碘酒涂擦消毒。

第三节　羊常见病的识别与防治

羊病诊断是对羊病本质的判断，就是查明病因，确定病性，为制定和实施羊病防治提供依据。羊病的识别是防治工作的前提，只有及时准确地诊断，防治工作才能有的放矢，否则往往会盲目行事，贻误时机，现结合生产实践总结如何识别羊病。

一看反刍，健康的羊每采食 30 分钟反刍 30～40 分钟，一昼夜反刍 6～8 次，而病羊反刍减少或停止。

二看动态，健康的羊不论采食或休息，常聚集在一起，休息时多呈半侧卧姿势，人一接近立即站起，而病羊运动时常落后于群羊，喜卧地，出现各种异常卧姿。

三看粪便，健康的羊粪便一般呈小球且比较干燥，补喂精料的羊粪便可呈软软的团块状，无异味；尿液清亮无色或略带黄色，而病羊粪便或稀或硬，甚至停止排粪，尿液黄，或稍带血。

四看毛色，健康的羊被毛整洁，有光泽，富有弹性，而病羊被毛蓬乱且无光泽。

五看羊耳，健康的羊双耳经常竖立且灵活，而病羊头低耳垂，耳不摇动。

六看羊眼，健康的羊眼球灵活，明亮有神，洁净湿润，而病羊则眼睛无神。

七看口舌，健康的羊口腔黏膜为淡红色、无恶臭，而病羊口腔黏膜淡白、流涎或潮红干涩有恶臭味。健康的羊舌头呈粉红色且有

表 6-1　羊常见病的识别与防治

羊病种类	病名	病因病原	主要特点	防治
以天然孔出血为主的羊病	炭疽	炭疽杆菌	多表现为最急性（猝死）病症，摇摆、磨牙、抽搐，挣扎、突然倒毙，有的可见从天然孔流出带气泡的黑红色血液。病程稍长者也只持续数小时后死亡。死后表现血凝不良，尸僵不全，可视黏膜发绀或点状出血	预防：Ⅱ号炭疽芽孢苗，每年秋季皮下注射 1 毫升 治疗：注射抗炭疽血清，每只羊 50～100 毫升；青霉素，每千克体重 1 万～2 万国际单位，肌内注射，每天 2 次
	绵羊巴氏杆菌病	巴氏杆菌	最急性多见于哺乳羔羊，突然发病，出现寒战、虚弱、呼吸困难等症状，于数分钟至数小时内死亡。急性病羊精神沉郁，体温升高到 41～42℃，咳嗽，鼻孔常有出血，有时混于黏性分泌物中。初期便秘，后期腹泻，有时粪便全部变为血水。病羊常在严重腹泻后虚脱而死，病期 2～5 天。慢性病程可达 3 周。病羊消瘦，不思饮食，流黏脓性鼻液，咳嗽，呼吸困难。有时颈部和胸下部发生水肿。有角膜炎，腹泻。临死前极度衰弱，体温下降	每千克体重用氟本尼考 20～30 毫克或庆大霉素 1000～1500 单位，或 20% 磺胺嘧啶钠 5～10 毫升，肌内注射，每天 2 次；必要时，用高免血清或菌苗作紧急免疫注射
以腹泻症状为主的羊病	胃肠炎	饲喂不当前胃疾病	病羊食欲废绝，口腔干燥发臭，舌面覆有黄白苔，常伴有腹痛。肠音初期增强，以后减弱或消失，不断排稀便或水样粪便，气味腥臭或恶臭，粪中混有血液及坏死的组织片。由于下泻，可引起脱水	每千克体重用氟本尼考 20～30 毫克，肌内注射，每天 2 次；复方氯化钠注射 500 毫升、糖盐水 300～500 毫升、10%安钠咖 5～10 毫升、维生素 C 100 毫克，混合后静脉注射
	羊副结核病	副结核分支杆菌	感染初期常无临床表现，随着病程的延长，逐渐出现临床症状，如精神不振，被毛粗乱，采食减少，逐渐消瘦、衰弱，间歇性腹泻，有的呈现轻微的腹泻或粪便变软。随着消瘦而出现贫血和水肿，最后病羊卧地不起，因衰竭或继发其他疾病（如肺炎等）而死亡	发生本病的地区和羊群，应采取检疫、隔离、消毒和处理病羊等综合性防疫措施。鉴于目前对本病尚无有效菌苗和特异有效的治疗方法，采取宰杀处理病羊是防止疫病扩大蔓延的最好办法

续表

羊病种类	病名	病因病原	主要特点	防治
以腹泻症状为主的羊病	绵羊巴氏杆菌病	巴氏杆菌	见以天然孔出血为主的羊病	见以天然孔出血为主的羊病
	肝片吸虫病	肝片吸虫	急性型：多见于秋季，表现为体温升高，精神沉郁，食欲废绝，偶有腹泻。肝区叩诊时半浊音区扩大，敏感性增高，病羊迅速贫血。有些病例表现症状后3～5天发生死亡 慢性型：可发生在任何季节，病程发展很慢，一般在1～2个月后体温稍有升高，食欲略见降低；眼睑、下颌、胸下及腹下部出现水肿。便秘与下痢交替发生；肝脏肿大	定期驱虫，每年1～2次，每千克体重硫双二氯酚80～100毫克或硝氯酚5毫克或丙硫苯咪唑20毫克，一次口服。伊维菌素按每千克体重0.2毫克，2次皮下注射，有效率达到100%
	绦虫病	莫尼茨绦虫	病羔表现食欲减退，腹泻，贫血，消瘦和水肿，起立困难，后期衰弱而卧地不起，抽搐，头部向后仰或经常作咀嚼运动，口周围留有泡沫。若虫体阻塞肠管，则表现为腹痛及膨胀，羔羊因衰竭而死亡	丙硫咪唑每千克体重10～16毫克，口服；氯硝柳胺每千克体重100毫克，配成10%水悬液，口服；吡喹酮每千克体重5～10毫克，一次内服；羊放牧后30天第一次驱虫，10～15天后进行第二次驱虫
	羊消化道线虫病	消化道线虫	主要表现为消化道紊乱，胃肠道发炎，腹泻，消瘦，眼结膜苍白，贫血。严重病例可见下颌隙水肿，畜体发育受阻；少数病例体温升高，呼吸、脉搏以及心音减弱，最终可因羊的身体极度衰竭而死亡	预防：定期驱虫，每年2次 治疗：丙硫苯咪唑按每千克体重5～20毫克，口服；左旋咪唑按每千克体重50毫克，混饲喂给或作皮下、肌内注射；阿维菌素按每千克体重0.2毫克，一次皮下注射，有效率达到100%

续表

羊病种类	病名	病因病原	主要特点	防治
以腹泻症状为主的羊病	羔羊大肠杆菌病	大肠杆菌	主要发生于2～6周龄的羔羊。病初体温升高至41.5～42℃，精神委顿，四肢僵硬，运步失调，视力障碍。继而卧地，头向后仰，磨牙，口吐白沫，鼻流黏液，粪便呈半液状，黄色，后呈灰白色，含气泡，具恶臭，有乳凝块，严重时混有血液。多于病后4～12个小时死亡	大肠杆菌对土霉素、新霉素、氟苯尼考、磺胺类药物都有敏感性。氟苯尼考按每千克体重用20～30毫克肌内注射，每天2次，连用3～5天；脱水者可用5%葡萄糖300毫升、11.2%乳酸钠5毫升或5%碳酸氢钠10毫升，静脉注射；或口服补液盐，每只羔羊每次饮补液150毫升
	羔羊痢疾	B型魏氏梭菌	以剧烈腹泻和小肠发生溃疡为主要特征。潜伏期1～2天，病羔精神不振，低头拱背，孤独呆立，卧地不起，食欲消失，出现腹痛，继而腹泻，粪便呈现绿色、黄色或白色，后期粪中带血、恶臭。也有个别羔羊腹胀不下痢，只排少量稀粪，同时出现神经症状，四肢瘫软，卧地不起，呼吸急促，口流白沫，后期昏迷，头向后仰，体温下降，常在数小时或十几小时内死亡	预防：每年1次预防接种（羊厌氧菌五联苗或羔羊痢疾苗），产前2～3周再接种1次 治疗：口服土霉素0.15～0.2克，每天1次，连续口服3次；磺胺脒0.5克、鞣酸蛋白0.2克、次硝酸铋0.32克、碳酸氢钠0.2克混合加水一次内服，3次/天
	蓖麻中毒	蓖麻	见本表格中以流产为主要症状的羊病	见本表格中以流产为主要症状的羊病

续表

羊病种类	病名	病因病原	主要特点	防治
以突然死亡为特征的羊病	羊快疫	腐败梭菌	最急性行病羊突然停止采食和反刍，腹痛，呻吟。口鼻流出带泡沫的液体，痉挛倒地，四肢呈游泳状运动，2～6小时即死亡。急性型，病初期精神不好，食欲减退，行走摇摆不稳，离群喜卧，排粪困难，继之卧地不起，腹部膨胀，呼吸急促，当体温上升到40℃以上时，不久即死亡	预防：定期注射厌氧菌五联苗，每只2毫升，皮下注射 治疗：因发病太急，治疗无意义，若病程较长可用青霉素和磺胺类药物治疗
	羊肠毒血症	D型魏氏梭菌	多发生于春末夏初或秋末冬初；病羊突然发病，肚胀腹痛，常离群呆立，濒死前腹泻，粪便呈黄褐色水样。全身肌肉颤抖、四肢滑动、眼球转动、磨牙，呻吟，口吐大量白沫，四肢抽搐痉挛，脚扑打，头颈向后弯曲，张口伸舌，窒息而死。小肠黏膜充血、出血，严重者肠段呈血红色，或者有溃疡，有的病羊两肾或单肾软化如泥，触压即烂（软肾病）	预防：定期注射厌氧菌三联或五联苗，每只2毫升，皮下注射，发病季节服土霉素、磺胺类药物预防 治疗：若病程较长可用青霉素和磺胺类药物治疗，青霉素每只羊80万～160万单位，每天2次；磺胺脒每千克体重0.15～0.25克，首次加倍，每天1次，同时50～100克硫酸钠投服
	羊猝击	C型魏氏梭菌	表现急性毒血症，突发，数小时即死亡，死亡后见真胃和肠道严重充血、出血、水肿、溃疡或糜烂，死后几小时肌肉间出血，有气泡	同羊肠毒血症

续表

羊病种类	病名	病因病原	主要特点	防治
以突然死亡为特征的羊病	羊黑疫	B型诺维氏梭菌	2～4岁绵羊最多发，突然发病，急性死亡，病程2～3小时；少数病例病程稍长，可拖延至1～2天。病羊表现精神不振，运动失调，离群，食欲减退。体温可升高至41～42℃，呼吸困难，卧地昏迷而死。病死率几乎达100%。皮下静脉显著充血发黑，故称为羊黑疫。肝脏充血肿胀，有数目不等的坏死灶，坏死灶呈灰黄色不整齐圆形，周边有一鲜红色数目不等的充血带，病灶可深入到肝脏实质，呈半圆形。肝脏的这种变化特征具有诊断意义	来不及治疗，紧急接种羊快疫和羊黑疫二联苗，肌内注射，每只羊3毫升，可控制疫情
	炭疽	炭疽杆菌	见本表格中以天然孔出血为主的羊病	见本表格中以天然孔出血为主的羊病
以流产为主的羊病	羊布鲁菌病	布氏杆菌	多为隐性感染，怀孕羊发生流产是本病的主要症状，流产多发生于怀孕的头3～4个月内，有的山羊流产2～3次。其他症状可能有乳房炎和附睾炎，睾丸肿大，发病后期睾丸萎缩	预防：定期检疫，及时淘汰阳性羊；羊型5号弱毒疫苗免疫接种 治疗：无治疗价值，一般不予治疗
	羊衣原体病	鹦鹉热衣原体	流产多发生于孕期最后1个月，病羊流产、死产和产出弱羔，胎衣往往滞留，排流产分泌物可达数日之久。流产过的母羊一般不再流产	接种羊衣原体性流产疫苗；土霉素对感染衣原体病的羊具有很好的疗效。也可将四环素族抗生素混于饲料，连用1～2周

续表

羊病种类	病名	病因病原	主要特点	防治
以流产为主的羊病	羊沙门杆菌病	沙门杆菌	流产多见于妊娠的最后2个月，病羊体温升高至40℃以上，食欲减退或废绝，精神萎靡，部分羊有腹泻，呈急性经过，常常突然死亡。慢性的常常污染后躯，并伴有腹痛尖叫、抽搐、痉挛，有的突然瘫痪或卧地不起，甚至突然死亡	首选药为氟苯尼考，其次为新霉素和土霉素。氟本尼考按每千克体重20～30毫克，肌内注射，每天2次
	羊李氏杆菌病	李氏杆菌	见本表格中以神经症状为主的羊病	见本表格中以神经症状为主的羊病
	山羊传染性胸膜肺炎	丝状支原体	见本表格中以呼吸道症状为主的羊病	见本表格中以呼吸道症状为主的羊病
	流产	饲养管理技术	病羊精神不佳，食欲停止，腹泻起卧，努责咩叫，阴门流出羊水，待胎儿排出后稍微安静。发生隐性流产时，胎儿不排出体外，自行溶解，溶解物排出体外或形成胎骨残留于子宫内。受伤的胎儿常因胎膜出血、剥离，多于数小时或数天后排出	加强怀孕羊的饲养管理，对有流产先兆的母羊，可用黄体酮注射液15～20毫克，一次肌内注射；如果用药后流产已难以避免，应采用引产或助产措施，可肌内注射苯酸钾雌二醇2～3毫克，促使子宫颈开张，拉出胎儿
	蓖麻中毒	蓖麻	中毒羊食欲废绝、肌肉震颤、腹胀、起卧不定，有的突然倒地昏睡不起、口吐白沫、结膜潮红、瞳孔散大、呼吸困难、心跳120次/分钟左右，心跳急速而变弱，有的出现尿血，体温下降，在37℃以下，最后卧地不起而死亡；妊娠母羊流产	严禁在蓖麻地放牧，尤其生蓖麻；无特效治疗法，可对症治疗，用0.2%高锰酸钾溶液反复洗胃，同时皮下注射阿托品（每只羊2～4毫克），然后内服白糖水，每只羊200克，加水灌服

续表

羊病种类	病名	病因病原	主要特点	防治
以神经症状为主的羊病	破伤风	破伤风梭菌	表现为不能自由起卧，采食、吞咽困难，眼睑麻痹，瞳孔散大，两眼呆滞。随后体温升高，四肢强直，运步强拘，牙关紧闭，头颈伸直，角弓反张，尾直，四肢开张站立，呆若木马，流涎，不能饮水，反刍停止，常伴有腹泻。死亡率相当高	及时用2%～5%的碘酊严格消毒；用80万～120万国际单位青霉素，肌内注射，每天2～3次；肌内注射或静脉注射破伤风抗毒素，每次1万单位，每天1次，连用2～3天
	羊李氏杆菌病	羊单核细胞李氏杆菌	多散发，死亡率高；病羊精神不振，呆立，不愿行走；以出现明显的神经症状为主要特征，流泪，流鼻液和流口水，采食缓慢，不听驱使，最后倒地不起并死亡	用20%磺胺嘧啶钠5～10毫升，氨苄青霉素菌按每千克体重1万～1.5万国际单位；庆大霉素按每千克体重1000～1500单位，肌内注射，每天2次
	脑多头蚴病	多头蚴	六钩蚴初入脑，体温升高，兴奋作回旋、前冲、后退运动。有时沉郁，落群躺卧，5～7天死亡，部分转为慢性	定期给羊驱虫，吡喹酮按每千克体重50毫克连服5天；手术取出病羊脑中虫体；阿维菌素，每千克体重0.2毫克，皮下注射
	羊鼻蝇病	羊鼻蝇的幼虫	羊只骚动不安，频频摇头，影响采食和休息；幼虫进入羊鼻腔，引起鼻炎，引起鼻黏膜发炎、肿胀、流出浆液或脓液。病羊打喷嚏、甩鼻子、摇头、磨牙、在地上擦鼻端等。如摇头、运动失调、头弯向一侧、左右旋转、抽搐、麻痹等症状	在羊鼻孔周围涂擦煤油1次或涂擦1%敌敌畏软膏；治疗可用伊维菌素，剂量为每千克体重0.2毫克，一次皮下注射，药效可维持20天。此外，还可用2%敌百虫溶液、3%来苏儿溶液、0.1%～0.2%的辛硫磷等进行鼻腔冲洗

续表

羊病种类	病名	病因病原	主要特点	防治
以神经症状为主的羊病	酮尿病	营养不良	患病初期视力减迟，掉队，呆立。患病后期则意识紊乱，视力丧失，头部肌肉痉挛，并可出现耳、唇震颤，空嚼，口流泡沫状唾液等症状。由于颈部肌肉痉挛，故头后仰或偏向一侧，也可能见到转圈运动。若全身痉挛，则突然倒地死亡。在得病的过程中，生病的羊食欲减退，前胃蠕动减弱，黏膜苍白，体温正常或稍低，呼出气体和尿液中有丙酮气味	适当补饲；静脉注射25%葡萄糖注射液50～100毫升。另外，每日饲喂醋酸钠15克，连用5天
	有机磷中毒	有机磷制剂	临床表现为食欲不振，流涎，呕吐，腹痛，多汗，尿失禁，瞳孔缩小，黏膜苍白，肌肉震颤，呼吸困难，兴奋不安。呼出气、呕吐物、分泌液、皮肤等有酸臭味。重者全身抽搐，多汗，乃至昏睡，可因呼吸麻痹窒息而死亡	预防：严禁在喷洒有机磷农药的地点放牧 治疗：可用解磷定，每千克体重15～30毫克，溶于5%的葡萄糖溶液100毫升中，缓慢静脉注射；也可以用氯磷定、双解磷等解毒。同时肌内注射1%的硫酸阿托品0.4～0.8毫升
以呼吸道症状为主的羊病	羊传染性胸膜肺炎	丝状支原体	病羊体温升高达41～42℃，精神沉郁，食欲废绝，呼吸急促。继而呼吸困难，咳嗽，流浆液性鼻液。黏膜发绀，卧地不起，多于1～3天死亡	预防：定期注射羊传染性胸膜肺炎疫苗 治疗：用咳喘清＋干扰素＋头孢和红霉素配合治疗。也可以用磺胺噻唑钠，每千克体重0.2～0.4克，配成4%水溶液，皮下注射，每天1次

续表

羊病种类	病名	病因病原	主要特点	防治
以呼吸道症状为主的羊病	蓝舌病	蓝舌病毒	以体温升高和白细胞显著减少开始，病畜体温升高达40～42℃，稽留2～6天，病羊精神委顿、厌食、流涎，嘴唇水肿，并蔓延到面部、眼睑、耳，以及颈部和腋下。口腔黏膜、舌头充血、糜烂，严重的病例舌头发绀，呈现出蓝舌病特征症状。有的蹄冠和蹄叶发炎，呈现跛行。孕畜可发生流产、胎儿脑积水或先天畸形	预防：定期注射疫苗 治疗：尚无有效治疗方法，口腔用食醋或0.1%的高锰酸钾溶液冲洗；再用1%～3%硫酸铜、1%～2%明矾或碘甘油，涂糜烂面；或用冰硼散外用治疗。蹄部患病时可先用3%来苏儿洗涤，再用木焦油凡士林、碘甘油或土霉素软膏涂擦，以绷带包扎
	小反刍兽疫	小反刍兽疫病毒	急性型体温可上升至41℃，并持续3～5天。感染动物烦躁不安，背毛无光，口鼻干燥，食欲减退。流黏液脓性鼻漏，呼出恶臭气体。口腔黏膜充血，颊黏膜进行性广泛性损害、导致多涎，随后出现坏死性病灶，开始口腔黏膜出现小的粗糙的红色浅表坏死病灶，以后变成粉红色。出现咳嗽、呼吸异常	预防：定期注射羊小反刍兽疫疫苗 治疗：使用羊全清配合刀豆素肌内注射，1次/天，连用2天。针对怀孕的母羊按照治疗量每天分两次注射。两天后化脓的部位出现结痂，结痂后完全恢复正常
	绵羊肺腺瘤	绵羊肺腺瘤病毒	表现是呼吸困难，鼻孔流出卡他性分泌物，咳嗽。支气管有湿罗音。叩诊时可发现肺水肿，病重的羊在低头时，由鼻孔流出大量液体。食欲消失，体重减轻。引起进行性肌肉衰弱，贫血，最后极度消瘦而死亡。在整个病程中仅伴发微热，有些羊体温并不升高。本病有一个特点是，在放牧中赶路时即加重	到目前为止，还没有良好的防治方法。因此，在完全确诊以后，最好将全群羊及早屠杀，以消除病原，并通过建立无绵羊肺腺瘤样病的健康羊群，逐步消灭本病

续表

羊病种类	病名	病因病原	主要特点	防治
以呼吸道症状为主的羊病	绵羊巴氏杆菌病	巴氏杆菌	见本表格中以天然孔出血为主的羊病	见本表格中以天然孔出血为主的羊病
	炭疽	炭疽杆菌	见本表格中以天然孔出血为主的羊病	见本表格中以天然孔出血为主的羊病
	羊肺线虫病	线虫	首先个别羊干咳，继而成群咳嗽，运动时和夜间更为明显，此时呼吸声亦明显粗重，如拉风箱。在频繁而痛苦的咳嗽时，常咳出含有成虫、幼虫及虫卵的黏液团块，咳嗽时伴发罗音和呼吸促迫，鼻孔中排出黏稠分泌物，干燥后形成鼻痂，从而使呼吸更加困难。病羊常打喷嚏，逐渐消瘦，贫血，头、胸及四肢水肿，被毛粗乱	预防：每年应对羊群进行1～2次普遍驱虫 治疗：丙硫咪唑，按每千克体重5～15毫克，口服；苯硫咪唑，按每千克体重5毫克，口服；左咪唑，按每千克体重7.5～12.0毫克，口服。氰乙酰肼，按每千克体重17毫克，口服；或每千克体重15毫克，皮下或肌内注射
	羊鼻蝇蛆病	羊鼻蝇	见本表格中以神经症状为主的羊病	见本表格中以神经症状为主的羊病
	棘球蚴病	棘球蚴	轻度或初期感染常无明显临床症状。严重感染时表现为营养不良，被毛逆立，易脱毛。肺受侵害则发生咳嗽，卧地不起，病死率较高	预防：定期驱虫，内服阿苯达唑，吡喹酮也有一定的疗效 治疗：病羊无有效疗法

续表

羊病种类	病名	病因病原	主要特点	防治
以呼吸道症状为主的羊病	肺炎	寒冷或吸入异物	病羊表现为精神迟钝，体温升高，呼吸急促，鼻孔张大，咳嗽，鼻孔流出灰白色黏液或脓性鼻液，支气管罗音	加强饲养管理；青霉素 80 万单位，链霉素 100 万单位肌内注射，每天 2～3 次。10%的磺胺嘧啶钠 20～30 毫升肌内注射，每天 2 次，连用 3～5 天
	感冒	风寒或风热	病羊精神不振，流泪，初期体温不均，耳尖鼻端发凉，继而体温升高，呼吸加快，鼻液初为浆液性，后变为黏液性、脓性。被毛零乱，反刍次数减少，鼻镜干燥。严重者继发气管炎、支气管炎，甚至诱发肺炎	同肺炎
	氢氰酸中毒	高粱或玉米幼苗、烂白菜叶	发病突然，病羊腹痛不安，瘤胃膨气，可视黏膜鲜红，呼吸极度困难，流涎。先兴奋，很快转入沉郁状态，出现极度衰弱，步行不稳或倒地。重者体温下降，后肢麻痹，肌肉痉挛，眼球颤动，瞳孔放大，全身反射减少乃至消失，心动徐缓，脉搏细弱，呼吸浅微，终因呼吸麻痹而死亡	预防：禁止在含氰苷作物的地方放牧 治疗：用亚硝酸钠 15～25 毫克/千克体重，溶于 5%葡萄糖溶液中，配成 1%的亚硝酸钠溶液，静脉注射。或静脉注射硫代硫酸钠溶液，1 小时后可重复应用 1 次
	有机磷中毒	有机磷	见本表格中以神经症状为主的羊病	见本表格中以神经症状为主的羊病

续表

羊病种类	病名	病因病原	主要特点	防治
以腹胀为主要症状的羊病	瘤胃积食	过饲不易消化的饲料	羊采食过量饲料后不久即出现症状。不愿运动，精神状态不好，腹围增大，左腹部隆起，有腹痛感，反刍少或停止，嗳气有恶臭味。触诊瘤胃内容物坚实，拳压有压痕。鼻孔干燥，呼吸、脉搏均增快，结膜潮红。病后期，瘤胃内容物腐败分解产生有毒物质，可引起自体中毒。此时病羊四肢发抖，常卧地呈昏迷状态	可停食 1～2 天，勤给水喝，按摩瘤胃，每次 10～15 分钟，可自愈。对重病者可用硫酸镁 50 克，石蜡油 80 毫升，加水溶解内服；止酵药可用煤酚皂或福尔马林溶液 1～3 毫升，或鱼石脂 1～3 克，加水适量内服；强心药治疗可用 10%安钠咖 1～2 毫升，或 20%的樟脑水 3～5 毫升，皮下或肌内注射
	瓣胃阻塞	饲喂不当	病羊发病初期，鼻镜干燥，食欲、反刍缓慢；粪便干少，色黑。后期反刍、排粪停止。听诊瘤胃蠕动音减弱，瓣胃蠕动音消失，常可继发瘤胃积食和臌气。触诊瓣胃区（羊右侧第 7～9 肋的肩关节水平线上）病羊表现疼痛不安。随着病情发展，瓣胃小叶可发生坏死，引起败血症，体温升高，呼吸、脉搏加快，全身症状恶化而死	用硫酸镁 50～80 克，加水 1000 毫升或液体石蜡 100 毫升，内服；用 10%氯化钠 50～100 毫升、10%氯化钙 20 毫升、20%安钠咖溶液 10 毫升，静脉一次注射。重症可采用瓣胃注入 25%硫酸镁 30～40 毫升、石蜡油 100 毫升，再以 10%氯化钠溶液 50～100 毫升、10%氯化钙 10 毫升、5%葡萄糖生理盐水 150～300 毫升，混合后静脉一次注射
	急性瘤胃臌气	采食过量的易发酵饲料	体温正常，呼吸浅快，有时张口伸舌作喘。脉搏快而弱，静脉怒张，黏膜发绀。后期出汗，运动失调，倒地呻吟而死。腹壁紧张，触诊有弹性，叩诊呈鼓音，瘤胃蠕动初强后弱，甚至完全消失。如不及时治疗，迅速发生窒息或心脏麻痹而死亡	瘤胃穿刺放气；放气后用消气灵 10～20 毫升，加水 500 毫升灌服，5～30 分钟内见效，一次治愈率达 90%以上。安溴 80～120 毫升，静脉注射，有较好效果

续表

羊病种类	病名	病因病原	主要特点	防治
以腹胀为主要症状的羊病	前胃迟缓	粗硬难消化的饲料	急性表现为食欲减退，甚至废绝，咀嚼无力，反刍次数减少或停止。瘤胃蠕动减弱或停止，触诊瘤胃充满，有柔实感觉，有时轻度膨气。粪便呈糊状或干硬，附着黏液。慢性病例表现精神沉郁，倦怠无力，喜卧地，被毛粗乱，食欲减退，反刍缓慢，瘤胃蠕动减弱，次数减少	用硫酸镁 20～30 克或人工盐 20～30 克，石蜡油 100～200 毫升，番木鳖酊 2 毫升，大黄酊 100 毫升，加水 500 毫升，1 次灌服。或用酵母粉 10 克，红糖 10 克混合加水适量，灌服
	羊快疫	腐败梭菌	见本表格中以突然死亡为特征的羊病	见本表格中以突然死亡为特征的羊病
	羊肠毒血症	D 型魏氏梭菌	见本表格中以突然死亡为特征的羊病	见本表格中以突然死亡为特征的羊病
以口唇异常为特征的羊病	口蹄疫	口蹄疫病毒	绵羊多在蹄部发生水疱和溃疡，表现跛行。山羊则多发生于口腔，口腔黏膜、舌表面产生水泡与溃疡，表现采食困难，流涎，食欲下降。体温高达 40～41℃，持续 2～3 周。这种病对初生的羔羊危害严重，有时呈出血性肠炎，并因心肌炎而死亡。对怀孕的母羊可导致流产	定期给羊注射疫苗；引进种羊时应严格检疫，隔离观察；病羊无特效药治疗，应就地扑杀
	羊传染性脓疱	传染性脓疱病毒	口唇嘴角部、鼻子部位形成丘疹、脓胞，溃后成黄色或棕色疣状硬痂，严重的颓面、眼睑、耳廓、唇内面、齿龈、郏部、舌及软腭黏膜也有灰白色或浅黄色的脓疱和烂斑，还可能在肺脏、肝脏和乳房发生转移性病灶，继发肺炎或败血病而死亡；多数单蹄叉、蹄冠系部形成脓疮	预防：进行疫苗接种，严格检疫 治疗：可先用水杨酸软膏软化痂垢，除去痂垢后再用 0.1%～0.2%高锰酸钾溶液冲洗创面，然后涂 2%龙胆紫，碘甘油溶液或土霉素软膏每天 1～2 次

续表

羊病种类	病名	病因病原	主要特点	防治
以口唇异常为特征的羊病	口炎	外伤、营养不良	临床表现采食减少或停止，咀嚼缓慢，流涎，口腔黏膜肿胀、潮红、疼痛．甚至出血、糜烂，出现溃疡，进而消瘦。继发性口炎除表现口腔局部症状外，多出现体温升高等原发性疾病的特征性反应	可用0.1%高锰酸钾溶液冲洗口腔。发生溃疡时用2%龙胆紫溶液涂布，或者用碘甘油涂抹。若有全身症状，应肌内注射青霉素40万～80万单位、链霉素100万单位，每天2次，连用5～7天
	坏死杆菌病	坏死杆菌	常侵害蹄部，引起腐蹄病。初呈跛行，多为一肢患病，蹄间隙、蹄和蹄冠开始红肿、热痛，而后溃烂，挤压肿烂部有发臭的脓样液体流出。随病变发展，可波及腱、韧带和关节，有时蹄匣脱落。绵羊羔可发生唇疮，在鼻、唇、眼部甚至口腔发生结节和水泡，随后成棕色痂块	用食醋、3%来苏儿或1%高锰酸钾溶液脚浴，然后用抗生素软膏涂抹，为防止硬物刺激，可将患部用绷带包扎。可用磺胺嘧啶或长效土霉素全身治疗，连用5天，并配合应用强心和解毒药
	羊痘	痘病毒	初病体温升高至40～42℃以上，呼吸加快，精神极度沉郁，食欲减退，伴以可视黏膜卡他、脓性炎症，经1～2天后皮肤少毛或无毛处开始发痘，如绿豆或豌豆大的淡红色圆形充血斑点，而后，凸出于皮肤表面形成坚实的结节，再经5～7天变为灰白色扁平、中央凹陷的多室水泡，随后形成黄黑褐色痂皮，约经7天痂皮脱落，留有苍白的瘢痕，多以痊愈告终	预防：每年春、秋定期注射羊痘弱毒冻干苗，接种方法按瓶签说明 治疗：为防止并发症可使用青霉素、链霉素肌内注射，连用7天，也可用磺胺类药治疗。并在发生痘疹的局部涂以紫药水等防腐消毒药

表 6-2　羊疫苗及免疫方案（供参考）

疫苗	免疫时间	流行情况及免疫方法
羊三联四防或羊五联灭活苗	基础免疫后每 6 个月免疫 1 次，免疫期六个月	必防！种羊 1 年 2 次，羔羊可根据母源抗体情况首免（2～3 月龄），皮下或肌内注射
山羊痘活疫苗（绵羊亦可用）	基础免疫后每 6 个月免疫 1 次，免疫期 6 个月	不分季节和大小，冬末春初和羔羊为甚。根据羊大小，尾根内皮下注射 0.5 毫升（2 头份）
羊口疮活疫苗	基础免疫后每 3 个月免疫 1 次，免疫期 3 个月	发病不分季节和大小，春夏秋和羔羊（3～6 月龄）为甚。首免应 15 日龄以上，口腔下唇黏膜划痕接种 0.2 毫升。预防羊口疮
羊支原体灭活苗	基础免疫后每 6 个月免疫 1 次，免疫期 6 个月	支原体秋末冬季早春易发，绵羊和羔羊为甚。颈部皮下注射 3 毫升 用于绵羊、山羊支原体和山羊传胸
羊链球菌活疫苗	基础免疫后每 6 个月免疫 1 次，免疫期 6 个月	秋末、冬春易发。根据羊大小，尾根内侧皮下注射 0.5～1 毫升（2 头份）
羊大肠杆菌灭活苗	每产前 1 个月免疫 1～2 次。 羔羊 2 周龄，有母抗延后	秋末、冬春羔羊本病多发。3 月龄以上皮下注射 2 毫升，3 月龄以下羔羊皮下注射 1 毫升
山羊传胸灭活苗	基础免疫后每 6 个月免疫 1 次，免疫期 6 个月	四季均有，早春、秋末、冬季易发。皮下或肌内注射，成羊 5 毫升，半年以下羔羊 3 毫升
羊布氏杆菌病活疫苗（S2）	免疫期为 1 年，5 月龄首免后可每年免疫 1 次	人畜共患，注意防护！山羊和绵羊肌内注射为 100 亿活菌，口服 200 亿～300 亿活菌。注射不能用于孕羊和小尾寒羊
羊包虫基因工程苗	免疫期为 1 年，基础免疫后可在每年免疫 1 次	牧区流行，内地有扩散。种羊 1 年 1 次，羔羊可根据母源抗体情况首免；皮下注射 1 毫升。用于预防棘球蚴和多头蚴
小反刍兽疫活苗（政策或找企业订购）	基础免疫后每年免疫 1 次，免疫期 1 年	国外—边疆—全国各地，必防！颈部皮下注射 1 毫升
口蹄疫灭活苗（政策苗或找企业订购）	基础免疫后每 6 个月免疫 1 次，免疫期 6 个月	必防！母羊分娩前 4 周接种 1 次，羔羊 2 月龄首免（间隔 3 周 2 次），以后每 6 个月免疫 1 次。母羊配种前 4 周进行

注：基础免疫为首免（间隔 2～3 周 2 次）。羔羊可根据母源抗体情况定首免时间。易发季节和易感羊群需接种。有些羊病（如炭疽、气肿疽、肉毒）很少出现，故未列出。

光泽，转动灵活，舌苔正常。而病羊舌头转动不灵活，软弱无力，舌苔薄而色淡或厚而粗糙无光。

在此基础上总结了羊常见病的识别与防治（表 6-1）和羊疫苗及免疫方案（表 6-2）。

第七章 羊的粪污无害化

随着人们生活水平的不断提高和环境保护意识的逐渐增强，规模化肉羊养殖场废弃物资源化利用成为畜禽废弃物综合技术管理的主要发展方向，开展包括还田、生产沼气、制造有机肥料、制造再生饲料等低成本、高效率羊场粪污等无害化处理、资源化利用，并达到规定的无害化标准，防止病菌传播。开展羊场粪污治理有利于促进畜牧业向资源节约型和环境友好型转变，进而实现畜牧业的可持续发展，实现节能减排目标，达到削减畜禽粪污无害化处理的目的，对实现畜牧业循环发展具有重要意义。

第一节　羊场粪污的处理规划

应遵循“资源化、减量化、无害化、生态化”的原则。使羊场粪污得到多层次的循环利用，做到产业化、效益化。对于规模化养羊场，对粪污的处理和利用是一个系统工程，要在羊场的规划建设、养殖过程中综合考虑，系统治理，做到规划防控、养殖监控、综合利用。

一、粪污处理量的估算

粪污处理工程除了满足处理各种家畜每天粪便排泄量外，还需将全场的污水排放量一并加以考虑。羊粪尿排泄量见表7-1。按照目前城镇居民污水排放量一般与用水量一致的计算方法，羊场污水量估算也可按此法进行。

表 7-1　羊粪尿排泄量

饲养期/天	每只日排泄量/千克			每只饲养期排泄量/吨		
	粪量	尿量	合计	粪量	尿量	合计
365	2.0	0.66	2.66	0.73	0.24	0.97

二、粪污处理工程规划的内容

处理工程设施是现代集约化羊场建设必不可少的项目，从建场开始就要统筹考虑。粪污处理工程设施因处理工艺、投资、环境要求的不同而差异较大，实际工作中应根据环境要求、投资额度、地理与气候条件等因素先进行工艺设计。

1. 规划内容

粪污收集（即清粪）、粪污运输（管道和车辆）、粪污处理场的选址及其占地规模的确定、处理场的平面布局、粪污处理设备选型与配套、粪污处理工程构筑物（池、坑、塘、井、泵站等）的形式与建设规模。

2. 规划原则

首先考虑其作为农田肥料的原料。充分考虑劳动力资源丰富的国情，不要一味追求全部机械化。选址时避免对周围环境的污染。充分考虑肉羊场所处的地理与气候条件，严寒地区的堆粪时间长，场地要较大，且收集设施与输送管道要防冻。

三、合理布局与规划

1. 符合法律、法规要求

羊场的规划建设要符合环境保护规划和环境保护法律、法规要求，须经过当地农业畜牧部门的审批。

2. 选址得当、布局合理

选址应考虑最大限度地减少对环境的影响和危害。远离农村饮用水水源保护区，以及风景名胜区、自然保护区的核心区和缓冲区。城市和城镇居民区、文教医疗区和人口集中地区等划定为畜禽禁养区。

3. 规模适度

根据当地情况确定土地的载畜量。

4. 场区设计合理

设计要充分考虑雨污分离，净道与污道分离，以及粪污堆放、场区绿化等问题。

第二节　羊场清粪工艺

规模化养殖中漏缝地板的应用较为广泛，能有效地将羊的排泄物从地板缝隙中漏到下方承接粪尿的地面。之后可以进行水冲清粪，这种收集粪便方法需要的人力少，劳动强度相对较小，劳动效率高，能频繁冲洗，从而保证羊舍的清洁和卫生。但用水冲清粪时也要注意冬季的保暖及防潮。此外，用沙壤土及草木灰多次垫圈等可以更加充分地收集羊粪尿。当前主要的清粪工艺包括即时清粪工艺和集中清粪工艺。

一、即时清粪工艺

即时清粪工艺指每天进行羊粪清扫、收集工作，分人工清粪和羊床下机械清粪两种。

1. 人工清粪

是一种传统的清粪方法，即采用扫帚、小推车等简易工具清扫运出，其特点是投资少、劳动量大。

2. 羊床下机械清粪

是采用刮粪板将粪便集中到一端，用粪车运走，容易实现机械化管理，但只适于较长的规模化羊舍，且其设备投资大。

二、集中清粪工艺

集中清粪工艺分高床集中清粪和加垫料集中清粪两种。

1. 高床集中清粪

设高位羊床，羊床为漏粪地板，床下建50～60厘米高的粪池，羊粪在池内堆积可实现自然发酵。此方法有利于机械化清粪，但投资较大。

2. 加垫料集中清粪

不设羊床，经常增加垫料，让粪尿与垫料自然混合发酵，当达到一定高度时，集中清理。此方法投资少，节省劳动力，但舍内空气质量较差，需做好通风工作。在北方寒冷地区，冬季有采取这种模式的。

三、不同清粪工艺比较

1. 人工清粪和加垫料集中清粪

基础建设投资较少，但需每天清粪及添加垫料，用工较多，每人管理300只左右的商品羊。适于小规模、有运动场的羊场清粪。

2. 即时刮粪板清粪

需增加羊床、粪槽和刮粪板。建筑投资为120元/米^2，需要一定的维护、运营成本。羊体与粪便不接触，一人可养1000只母羊，适于规模化养羊。

3. 高床集中清粪

需增加羊床及粪池，尿液排出舍外。干湿分离。建筑投资为120元/米^2，维护费用低，无运营成本。节省劳动力，一人可负责500～1000只商品羊，适于规模化养羊（表7-2）。

表 7-2　羊场不同清粪工艺对比

清粪工艺	耗电	耗工	维护费用	投资	舍内空气质量
即时清粪(人工)	少	多	低	低	好
即时清粪(机械)	多	中	高	高	好
集中清粪(加垫料)	少	中	低	低	差
集中清粪(高床)	少	少	低	高	好

第三节　羊场粪污无害化利用的方法

一、羊场粪污的肥料化

1. 土地还原法

羊场粪便还田是我国传统农业的重要环节，在改良土壤、提高农作物产量方面起着重要的作用。土壤在获得肥料的同时净化粪便，节省了粪便的处理费用。凡是周围有农田的养殖场，都宜尽最大可能将粪便及污水就地用于农田，以较低的投入达到较高的生态、社会和经济效益。但是，羊场粪便作为有机肥直接施用，其最大的障碍是含水量高、有恶臭，而且氨的大量挥发造成肥效降低，病原微生物还会对环境构成威胁。土壤的自净能力有限，施用过多粪便容易造成污染；鲜粪在土壤里发酵产热及其分解物对农作物生长发育都有不利影响，所以施用量受到很大的限制。鲜粪的利用，还受季节的影响，淡季往往没法及时、充分地利用，需要在施用前进行必要的堆制处理。

2. 腐熟堆肥法

堆肥发酵处理是目前羊场粪便处理与利用较为传统可行的方法，运用堆肥技术，可以在较短的时间内使粪便减量、脱水、无害，取得较好的处理效果。粪便经过堆放发酵，利用自身产生的温度来杀死虫卵和病原菌。传统的堆肥方法占地面积大、发酵时间

长、无害化程度及肥力低，限制了粪便的使用，不适合大、中型养殖场的要求。高温堆肥处理是利用混合机将畜禽粪便和添加物质按一定比例进行混合，控制微生物活动所需的水分、酸碱度、碳氮比、空气、温度等各种环境条件，在有氧条件下，借助嗜氧微生物的作用，分解畜禽粪便及垫草中各种有机物，使堆料升温、除臭、降水，在短时间内达到矿质化和腐殖化的目的。高温堆肥处理主要受碳氮比、含水率、温度、供氧量、pH 值等几方面因素的影响。高温堆肥集有机和无机物质、微生物及微量元素于一体，发酵时间短、营养全面、肥效持久，并且处理设备占地面积小，管理方便，生产成本低，预期效益好。

3. 生物处理法

通过应用微生物无害化活菌制剂发酵技术处理羊场粪便是比较科学、理想、经济实用的方法，所产生的无害化生物有机肥是一种重要的肥料资源。用于生产生物有机肥的菌种应具备对固体有机物发酵的性能，即能通过发酵作用使有机废弃物腐熟、除臭和干燥。目前，用于固体有机废物发酵的菌种主要有丝状真菌、担子菌、酵母菌和放线菌，也可采用光合细菌与上述的一些菌种制成发酵剂用于固体有机废弃物的发酵。此方法一般要求羊场粪便中的有机质含量在30%以上，最好在50%～70%；碳氮比为（30～35）∶1，腐熟后达到（15～20）∶1；pH 6～7.5；水分含量控制在50%左右为宜，在有些加菌发酵方法中可调节到30%～70%。如果在发酵后进行干燥、粉碎，加入一定配比的无机氮、磷、钾肥料，复混造粒就制成了另一种新型的生物有机复合肥。生产微生物有机肥料的方法有平地堆置发酵法、发酵槽发酵法、塔式发酵厢发酵法等。羊场粪便通过生物发酵处理后消除了病菌、虫卵等有害微生物，使环境得到改善和净化。生物有机肥含有益微生物菌群，根际促生效果好、肥效高，同时富含有机、无机养分及生理活性物质，体积小、便于施用、安全无公害，能满足规模化生产和使用要求。现将甘肃民勤陇原中天生物工程有限公司羊场废弃物综合利用生产有机肥流程介绍如下，见图 7-1～图 7-3。

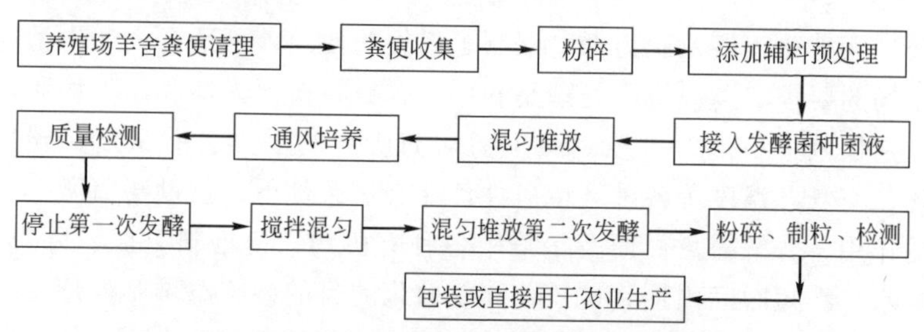

图 7-1　废弃物综合利用生产有机肥流程

图 7-2　有机肥加工车间

图 7-3　成品有机肥

二、羊场粪污的能源化

羊场粪污的能源化利用就是厌氧发酵生产沼气，为生产生活提供能源或者是将羊粪直接投入专用炉中焚烧，供应生产用热。直接燃烧会产生二次污染而不提倡。

沼气发酵技术是固体废弃物中的有机质在缺氧的条件下，通过厌氧菌的生命活动（生物化学反应）而被分解成较小的有机质并放出能量的过程。是实现农村废弃物资源化利用，改善环境，保护人类健康，促进生态农业建设的有效途径之一。

1. 羊粪进行沼气发酵的特点

（1）优点　具有发酵周期较长、产气量大、甲烷含量高、硫化氢含量低的优点。

（2）缺点　产气启动相对滞后，微生物分解纤维素、半纤维素的速度较慢，发酵过程中羊粪不易下沉，发酵 25 天后仍有 20%左右的羊粪漂浮在发酵液上面，没有被充分降解利用。

在实际应用中应与其他畜禽粪便配合使用，尤其是与猪粪在干物质配比 1∶1 的情况下能发挥最大利用率。

2. 沼气发酵原理

沼气发酵又称厌氧消化，是指各种有机物在一定的水分、温度、厌氧条件下，被各类沼气发酵微生物分解转化，最终生成沼气的过程。

（1）沼气发酵过程的液化阶段　多糖类物质是发酵原料的主要成分，它包括淀粉、纤维素、半纤维素、果胶质等。这些复杂有机物大多数在水中不能溶解，必须首先被发酵细菌所分泌的胞外酶水解为可溶性糖、肽、氨基酸和脂肪酸后，才能被微生物所吸收利用。发酵性细菌将上述可溶性物质吸收进入细胞后，经过发酵作用将它们转化为乙酸、丙酸、丁酸等脂肪酸和醇类及一定量的氢、二氧化碳。在沼气发酵测定过程中，发酵液中的乙酸、丙酸、丁酸总量称为中挥发酸（TVA）。蛋白质类物质被发酵性细菌分解为氨基酸，又可被细菌合成细胞物质而加以利用，多余时也可以进一步被分解生成脂肪酸、氨和硫化氢等。蛋白质含量的多少，直接影响沼气中氨及硫化氢的含量，而氨基酸分解时所生成的有机酸类，则可继续转化而生成甲烷、二氧化碳和水。脂类物质在细菌脂肪酶的作用下，首先水解生成甘油和脂肪酸，甘油可进一步按糖代谢途径被分解，脂肪酸则进一步被微生物分解为多个乙酸。

(2) 沼气发酵过程的产酸阶段

① 产氢产乙酸菌　发酵性细菌将复杂有机物分解发酵所产生的有机酸和醇类，除甲酸、乙酸和甲醇外，均不能被产甲烷菌所利用，必须由产氢产乙酸菌将其分解转化为乙酸、氢和二氧化碳。

② 耗氢产乙酸菌　耗氢产乙酸菌也称同型乙酸菌，这是一类既能自养生活又能异养生活的混合营养型细菌。它们既能利用氢和二氧化碳生成乙酸，也能代谢产生乙酸。通过上述微生物的活动，各种复杂有机物可生成有机酸和氢或二氧化碳等。

③ 沼气发酵过程中的产甲烷阶段　产甲烷菌包括食氢产甲烷菌和食乙酸产甲烷菌两大类群。在沼气发酵过程中，甲烷的形成是由一群生理上高度专业化的古细菌——产甲烷菌所引起的，产甲烷菌包括食氢产甲烷菌和食乙酸产甲烷菌，它们是厌氧消化过程食物链中的最后一组成员，尽管它们具有各种各样的形态，但它们在食物链中的地位使它们具有共同的生理特性。它们在厌氧条件下将前三群细菌代谢终产物，在没有外源受氢体的情况下把乙酸和氢或二氧化碳，转化为气体产生甲烷/二氧化碳，使有机物在厌氧条件下的分解作用能顺利完成。目前已知的甲烷产生过程由以上两组不同的产甲烷菌完成。

a. 由 CO_2 和 H_2 产生甲烷反应，$CO_2+4H_2 = CH_4+H_2O$。

b. 由乙酸或乙酸化合物产生甲烷反应，$CH_3COOH = CH_4+CO_2$；$CH_3COONH_4+H_2O = CH_4+NH_4HCO_3$。

产甲烷菌的生理特性如下。

a. 产甲烷菌广泛存在于水底沉积物和动物消化道等极端厌氧的环境中。

b. 产甲烷菌只能代谢少数几种碳素底物生成甲烷。

c. 产甲烷菌适宜生存在 pH 值中性条件下。

d. 产甲烷菌生长缓慢。

3. 沼气发酵池的种类

① 按储气方式有水压式、浮罩式、气袋式。

② 按几何形状有圆筒形、球形、椭球形等多种形状。

③ 按发酵机制有常规型、污泥滞留型、附着膜型。

④ 按埋设位置有地下式、半埋式、地上式。

⑤ 按建池材料有砖结构池、混凝土结构池、钢筋混凝土结构池、玻璃钢池、塑料池、钢丝网水泥池等。

⑥ 按发酵温度有常温发酵池、中温发酵池、高温发酵池。

4. 沼气池种类选择与建造

(1) 沼气池池型的选择　建造沼气池首先要了解各种沼气池型的布料状况，因为布料均匀是提高沼气产气量的重要途径。其次要了解池型的日常管理操作是否方便，特别是排渣清淤是否容易。同时，池型要具备正常的新陈代谢功能，可混合使用稻草、秸秆，不造成短路。进出料一旦发生短路，要有切实可行的排除设施。另外，要根据家庭人口和饲养羊的数量等情况来确定沼气池的容量。

(2) 建池时间的选择

① 气温较高的春夏季节建池较好　沼气池的发酵速度、产气率与温度变化呈正相关。春夏季（即上半年）气温逐渐升高，沼气池中厌氧细菌逐渐活跃，沼气池发酵旺盛，新池发酵启动比较快，产气率较高。秋冬季（即下半年）由于气温由高向低递降，发酵进程由旺盛转缓慢。从季节气温的升降规律来看，选择气温较高的春夏季节建池较好。

② 低洼地区选择下半年建池较好　从春夏和秋冬季节的降雨和地下水位升降的规律来看，前者雨水较多，地下水位较高，低洼地区建池有一定的困难，而秋冬季节恰恰相反。所以，低洼地区选择下半年建池的人较多。

③ 上半年建池价格比较合算　从建材价格涨落规律来看，上半年建材价格往往比下半年要低。因此，从经济角度考虑，在上半年建池比较合算。

综合以上分析，选择上半年建池比较合适，但地下水位较高的地区、村落宜采用分期施工的方法，即在上半年搞好预制件，下半年挖坑建池。

(3) 施工方法的选择　农村家用沼气池的常用施工方法有预制件施工法和混凝土现浇施工法两种。

① 预制件施工是农村建造沼气池的常用做法。该方法具有节约成本、主池体各部位厚薄一致、受力均匀、抗压抗拉性能好、可分段施工、缩短地下部分建池时间及利于地下水位高的地区抓紧时间抢建等优点。

② 混凝土现浇施工往往会因开挖土坑和校摸不准而造成池墙厚薄不一，混凝土需要增加而提高建池成本。此外，现浇施工要求一气呵成，不能间歇，难免出现规范不一、质量难以保证的现象。

实践证明，在地下水位较高的地区使用该法施工要比预制件施工难得多。因此，建造农村家用沼气池，预制件施工法要比混凝土现浇施工法更胜一筹。

5. 羊粪沼气发酵工艺流程

羊场的粪污处理适合用中温发酵方法，工艺流程见图 7-4。

6. 羊粪沼气发酵的基本条件

(1) 发酵原料适宜的碳氮比　发酵原料的碳氮比指原料中有机碳素与氮素含量的比例关系，因为微生物生长对碳和氮有一定要求，碳氮比不同，其发酵产气情况差异也很大。碳氮比例配成(25～30)∶1 可以使沼气发酵在合适的速度下进行。

(2) 质优足量的菌种　原料发酵制沼必须发酵菌种才行。发酵的启动需要足够数量，优良发酵菌种的接种物，这是制取沼气的重要条件。沼气发酵中菌种数量多少，质量好坏直接影响着沼气的产量和质量。一般要求达到发酵料液总量的 10%～30%，才能保证

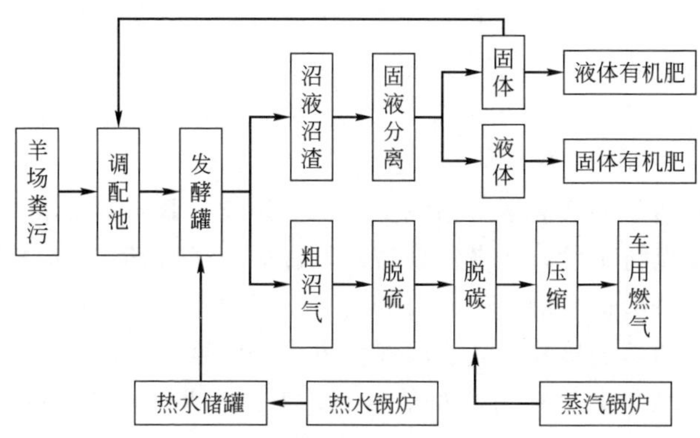

图 7-4 羊粪沼气发酵工艺流程

正常启动和旺盛产气。接种物的来源主要有如下几处。

① 沼气池、湖泊、沼泽、池塘底部。

② 阴沟污泥之中。

③ 积水粪坑之中。

④ 动物粪便及其肠道之中。

⑤ 屠宰场、酿造厂、豆制品厂、副食品加工等阴沟之中以及人工厌氧消化装置之中。

(3) 适宜的发酵温度 温度是沼气发酵的重要外因条件，温度适宜则细菌繁殖旺盛、活力强，厌氧分解和生成甲烷的速度就快，产气就多。温度是产气多少的关键，是沼气发酵的重要外因条件。人们把不同的发酵温度区分为三个范围，即常温发酵区10～25℃、中温发酵区 25～35℃、高温发酵区 50～60℃。

(4) 严格的厌氧环境 沼气发酵的微生物的核心菌群——产甲烷菌是厌氧性细菌，对氧特别敏感，它们在生长、发育、繁殖、代谢等生命活动中都不需要空气，空气中的氧气会使其生命活动受以抑制，甚至死亡。所以，修建沼气池要严格密闭，不漏水、不漏气，这不仅是收集沼气和储存沼气发酵原料的需要，也是保证沼气微生物在厌氧的生态条件下生活得好，使沼气池能正常产气的需求。

（5）适度的发酵浓度　沼气池中的料液在发酵过程中需要保持一定的浓度才能正常产气运行。适宜的干物质浓度为4%～10%，即原料含水率为90%～96%。发酵浓度随着温度的变化而变化，夏季一般为6%左右，冬季一般为8%～10%。

（6）适宜的酸碱度　沼气微生物的生长、繁殖，要求发酵原料的酸碱度保持中性，或者微偏碱性，过酸、过碱都会影响产气。沼气发酵菌种最适宜的pH为6.5～7.5。

（7）持续的搅拌　适当的搅拌方法和强度，可以使发酵原料分布均匀，增强微生物与原料的接触，使之获取营养物质的机会增加，活性增强，生长繁殖旺盛，从而提高产气量。沼气池的搅拌通常分为机械搅拌、气体搅拌和液体搅拌三种方式。

① 机械搅拌是通过机械装置运转达到搅拌的目的。

② 气体搅拌是将沼气从池底部冲进去，产生较强的气体回流，达到搅拌的目的。

③ 液体搅拌是从沼气池的出料间将发酵液抽出，然后从进料管冲入沼气池内，产生较强的液体回流，达到搅拌的目的。

7. 羊粪沼气发酵产品利用

（1）沼气的综合利用

① 沼气发电。

② 沼气照明、炊事。

③ 沼气应用在种植业：大棚增温、提供二氧化碳、沼气育秧、沼气炒茶等。

④ 沼气应用在养殖业：孵化、育雏、诱蛾养鱼、养蚕等。

⑤ 其他方面：沼气保鲜、沼气储粮等。

（2）沼液的综合利用

① 沼液在种植业中的应用：沼液浸种、沼液叶面喷洒、沼液水培蔬菜、果园沼液滴灌。

② 沼液在养殖业中的应用：沼液养鱼、沼液喂猪、沼液喂鸡。

（3）沼渣的综合利用

① 作肥料。

② 作营养钵：棉花营养钵、玉米营养土。

③ 与其他肥料配合使用。

④ 栽培蘑菇。

⑤ 养殖蚯蚓。

8. 羊粪沼气发酵系统的管理

（1）生产维护管理

① 原料管理　选好原料。做好原料预处理。防止剧毒农药杀菌剂、抗生素、驱虫剂、重金属化合物、有毒物质的工业废水进入发酵池。

② 发酵管理　经常检查 pH。控制发酵浓度。经常搅拌池内发酵原料。

③ 进出料管理　每 5～6 天加料 1 次，每次加料量占发酵料液的 30%～50%。先出料，再进料，出多少、进多少。大出料前 20 天左右停止进料，备足新的发酵原料；保留 20%～30%含大量沼气细菌的活性污泥，作为菌种。大出料应在夏秋季节，温度高时进行，不宜在低温季节，特别是不宜在冬季进行，因为在低温下大出料，沼气池很难再启动。大出料后，迅速检修沼气池。

④ 冬季管理　入冬前彻底搅拌 1 次。保温加膜。

（2）安全管理

① 沼气池的出料口要加盖，防止人、羊掉进池内造成伤亡；经常检查输气系统，防止漏气着火。

② 严禁在沼气池出料口或导气管点火，操作防爆灯，不用油灯、火柴、打火机等。

③ 入池维修时做火油试验，安全后进入。

④ 要教育小孩不要在沼气池边和输气管道上玩火，不要随便扭动开关。

⑤ 要经常观察压力表上水柱的变化。当沼气池产气旺盛，池内压力过大时，要立即用气和放气，以防胀坏气箱，冲开池盖，压力表冲水。如池盖一旦被冲开，要立即熄灭沼气池附近的明火，以免引起火灾。

⑥ 加料或污水入池，如数量较大，应打开开关，慢慢地加入。一次出料较多，压力表水柱下降到 0 时，打开开关，以免产生负压过大而损坏沼气池。

三、羊场粪污的饲料化

粪便资源的饲料化，是畜禽粪便综合利用的重要途径。畜禽粪便含有大量未消化的蛋白质、B 族维生素、矿物质元素、粗脂肪和一定数量的碳水化合物，特别是粗蛋白质含量较高，经过加工处理后可成为较好的畜禽饲料资源。

1. 干燥处理

(1) 自然干燥　日光干燥是最简单的粪便处理方法。将新鲜的羊场粪便或掺入一定比例的米糠后摊在水泥地面或塑料布上，经常翻动，使其自然干燥，之后粉碎加入其他饲料中饲喂。这种干燥方法成本低，但受季节及天气影响较大，效率不理想，对环境的污染较为严重。

(2) 高温干燥　羊场粪便中水分含量较高，为 70%～75%；有条件的养殖场可通过高温快速干燥机进行间接加热（500～700℃），在短时间（12 秒）内使其水分含量降到 13%以下。此法干燥快速、灭菌彻底，但养分损失较大、成本也高。

(3) 低温干燥　将羊场粪便运到有搅拌机械和气体蒸发的干燥车间，装入低温干燥机中，使水分含量降到 13%以下，便于储存和利用。

2. 发酵处理

畜禽粪便发酵的方法较多，常用的有自然发酵、堆积发酵、塑料袋发酵等方法。

(1) 自然发酵　羊粪饲料的制作，是用不含垫草的牛粪和切碎的干草混合均匀，装入饲料池中密封发酵后饲喂。

(2) 堆积发酵　首先将新鲜羊粪收集起来，然后倒入缸内，用水泡开、搅动，待沉淀后除去上层杂质和下部泥沙；取中层纯羊粪，沥干水分。每 10 千克羊粪加酵母片15～20 克，糖钙片 15～20

片，土霉素5～6片，堆积发酵5～6小时。

(3) 塑料袋发酵　塑料袋发酵是将禽粪便晾晒至七成干，每100千克粪便掺入10～20千克的麸皮或米糠，搅拌均匀后装入塑料袋中密封发酵，温度控制在60℃左右，夏季发酵1天，春秋季发酵2天，发酵标准以能嗅到酒糟香为宜。发酵的粪便可掺60%～75%的其他饲料喂其他动物，如需长期保存，可将发酵好的粪便晾干（水分<70%），装袋保存。

3. 生物分解法

利用蝇蛆、蚯蚓和蜗牛等低等动物分解畜禽粪便，达到既提供动物蛋白质又能处理畜禽粪便的目的。此法比较经济，生态效益显著。蝇蛆、蚯蚓和蜗牛都是营养价值很高的动物性蛋白质饲料。先将羊粪与饲料残渣混合堆沤腐熟，达到蚯蚓产卵、孵化、生长所需的理化指标，然后按适当厚度将腐熟料平铺于地，放入蚯蚓让其繁殖。被蚯蚓利用过的羊粪和饲料残渣叫蚓粪，富含无机养分，是理想的盆花和园林种植肥，还可用作养殖业的辅助饲料。而作为优质蛋白饲料的蚯蚓木身，则是养鸡、养鸭、养鱼、养家畜的极好饲料，有益于禽业和渔业的发展。

第八章 羊场管理科学化

决策分析是规模化养羊生产经营活动的前提。没有清晰的投资决策分析，就没有明确的投资经营目标和投资方案，就不可能搞好规模化养羊生产，更不可能有良好的生产经营活动和一定的经济效益。

第一节 产前决策

产前决策是指在规模化养羊生产中，投资者为了实现其预期的投资目标，运用一定的科学理论、方法和手段，通过一定的程序对投资养羊生产的必要性、投资目标、投资规模、投资方向、投资结构、投资成本与收益等经济活动中重大问题所进行的分析、判断和方案选择。

一、市场调查

不论产前、产中、产后的决策，都必须首先进行市场调研，掌握市场信息，并进行分析预测，只有这样才能作出正确的经营决策。

1. 经营环境调查

（1）政策环境调查　调查与所经营的养羊项目有关的政策信息，了解国家和当地政府是鼓励还是限制养殖者计划开展的业务，以及对业务有何有利和不利的影响。还应了解鼓励政策中具体有什么样的帮扶方案等。

（2）行业环境调查　调查全国及本地区规模化养羊的行业发展状况、发展趋势、行业规则及行业管理措施等。

（3）宏观经济状况调查　调查当前养羊产业宏观经济状况是否景气。

2. 市场需求调查

通过市场调查，主要是进行养羊产品的市场定位。市场需求调查包括市场产品种类需求和需求量的调查、市场产品需求趋势的调查。

（1）调查当前市场需求是种羊、羊肉或是毛皮等产品。

（2）每种产品的市场占有率有多大。

（3）产品的利润空间有多大。

（4）在未来更长一段时间内，哪种产品生产最适合自身发展或市场效益最高。

3. 竞争对手调查

（1）了解竞争对手的数量、规模、产品构成等。

（2）了解竞争对手的优缺点及营销策略。

4. 销售策略调查

重点调查目前市场上经营养羊生产的销售手段、营销策略和销售方式主要有哪些，如销售渠道和销售环节、广告宣传方式和宣传重点。价格策略和销售方式。同时，调查这些经营策略是否有效，有哪些缺点和不足，都需考虑。

5. 与行业相关的资源调查

肉羊养殖所涉及的资源十分广泛，主要包括以下几点。

（1）土地　标准化肉羊场占地面积以 500 只羊需配套土地 15

亩计算。配套土地中包括羊舍、运动场、饲草料棚、青贮窖、粪场、办公区、生活区等设施。

(2) 饲草料　每头成年羊平均每年消耗粗饲料 1000 千克、精饲料 75～180 千克。要充分考虑其来源、质量和价格。

(3) 劳动力　本行业要求劳动力吃苦耐劳，对动物要有爱心。行业对劳动力竞争优势差，劳动力是本行业的限制因素。

(4) 技术　当地是否有标准化肉羊养殖场的成功范例。当地是否有肉羊养殖技术服务机构。投资人是否拥有本行业技术。

(5) 气候　对当地气象资料要有基本的了解，如极端灾害天气及其持续的时间。

(6) 基础配套　调查交通、电力、水利、通信等设施是否齐全便利。

二、市场预测与投资决策

1. 市场预测

市场预测又称销售预测，它是在市场调查的基础上，对产品在未来一定时期和一定范围的市场供求变化趋势作出估计和判断。主要包括对羊的品种需求、羊产品种类需求、售量预测、产品寿命周期预测以及市场占有率预测等。

2. 投资决策

(1) 经营方向决策　从事养羊生产，要确定本场的经营方向和养殖品种，即终端产品是什么。经营方向决策包括是从事种羊养殖、经营还是商品肉羊养殖，而商品肉羊养殖又包括自繁自养型(育肥)、羔羊育肥（羔羊肉生产)、成羊育肥（大羊肉生产)、短期育肥型（架子羊育肥）等。

(2) 生产规模决策　生产规模决策应依据资金、技术、管理水平、劳动力、设备及市场等各要素的客观实际，既要考虑规模效益，又要兼顾自身管理水平是否可行。适宜生产规模的确定，主要决定于投入产出效果和固定资产利用效果。生产规模多大为适宜，并非固定不变，而是相对而言。它是随着科技进步、饲养方式、劳

动力技术水平、经营管理水平的提高，资金和市场状况以及社会服务体系的完善程度而发生相应的变化。

（3）饲养方式决策　全舍饲养殖适用于规模化养殖，但是投资大，要求设施、设备条件高。放牧养殖投资小、成本低，但受环境、资源影响大，饲养周期长，不稳定性强。

（4）财务决策　主要包括资金的来源与占用、资金的构成以及养羊成本或费用目标的确定。

（5）技术决策　在技术选择上，提倡适宜性，要重视经济性，反对盲目性。在技术方案的实施上，要强调综合性，防止单一性。

（6）销售决策　主要包括市场的选择、肉羊销售渠道和方式的选择、销售范围的确定、销售量和销售价格的确定。

三、经营计划编制

市场经济条件下，羊场的经营计划是以羊场取得最大利润为最终目标，在市场调研和预测的基础上，根据市场需求，对预期的经营目标和经营活动的事先安排。经营计划的内容主要包括产品销售计划、成本利润计划、产品生产计划、饲料需求计划、资金使用计划等。

1. 产品销售计划

羊场计划必须依据销售计划来制订。所有羊场必须坚持“以销定产，产销结合”。制订销售计划既要根据市场和可能出现的各种风险因素科学合理地进行，也要大胆地开拓市场，千方百计扩大销路，扩销促产。

养羊场销售计划种类有种羊销售计划、商品肉羊销售计划、羔羊销售计划等。销售计划中的产品销售量原则上不应大于羊场生产能力。

2. 成本利润计划

要根据市场羔羊（种羊）、饲料、劳动力、饲养技术水平、劳动生产力水平等各种成本构成因素，对单位成本及总体生产成本等支出进行测算，做出计划，并根据市场预测价格计算出相应的计划收入，进而用收入减支出即是计划生产利润。

新建场，成本利润计划需要经过一段时间，或一个生产周期的试运行后，根据本场生产实际进行调整。此计划制订后通过羊场的各项责任制和经济管理制度得以落实，从而可以实现成本控制，并不断降低生产成本，提高羊场经济效益。避免经营活动的盲目性，做到经济计划管理。

3. 产品生产计划

（1）产量计划　市场经济条件下，必须以销定产，以产量计划倒推羊群周转计划。根据羊场性质不同，产品产量计划可以细分为种羊供种计划、肉羊出栏计划等。

（2）羊群周转计划　羊群周转计划是制订饲料计划、劳动用工计划、资金使用计划、生产资料及设备利用计划的依据。羊群周转计划必须根据产量计划的需要来制订。

羊群周转计划应依据不同的饲养方式、生产工艺流程、羊舍等设施设备条件、生产技术水平，并以最大限度地提高设施设备利用率和生产技术水平，获得最佳经济效益为目标进行编制。

首先要确定羊场年初、年终的羊群结构及各月各类羊的饲养只数，并计算出“全年平均饲养只数”和“全年饲养只日数”。

同时还要确定羊（种）群淘汰、补充的数量，并根据生产指标确定各月淘汰率和数量。具体推算程序是，根据全年肉（种）羊产品产量分月计划，倒推相应的肉（种）羊饲养计划，并以此计划倒推出羔羊生产与饲养计划和繁殖公、母羊饲养计划，从而完成周转计划的编制（表 8-1）。

（3）配种分娩计划　制订配种分娩计划主要依据羊群周转计划、种母羊繁殖规律、饲养管理条件、配种方式、饲养品种、技术水平等进行倒推。首先确定年内各月份产羔羊数量计划；然后确定年内各月份经产及初产母羊分娩数量计划；最后确定年内各月份经产和初配母羊的配种数量计划。年度羊群配种分娩计划参考表 8-2。

表 8-1　羊群周转计划表

项目 羊群类型		上年末结存数/只	计划年度月份												计划年度末结存数/只
			1	2	3	4	5	6	7	8	9	10	11	12	
哺乳羔羊															
育成年															
后备母羊	月初头数														
	转入														
	转出														
	淘汰														
后备公羊	月初头数														
	转入														
	转出														
	淘汰														
基础母羊	月初头数														
	转入														
	转出														
	淘汰														
基础公羊	月初头数														
	转入														
	转出														
	淘汰														
育肥羊															
月末结存															
出售种羊															
出售肥羔															
出售育肥羊															

表 8-2 年度羊群配种分娩计划表（只）

交配					分娩							育成羊/只
年份	月份	交配母羊数/只			计划年月份	分娩胎次/次			产活羔数/只			
		基础母羊	检定母羊	合计		基础母羊	检定母羊	合计	基础母羊	检定母羊	合计	
上年度	9											
	10											
	11											
	12											
计划年度	1				1							
	2				2							
	3				3							
	4				4							
	5				5							
	6				6							
	7				7							
	8				8							
	9				9							
	10				10							
	11				11							
	12				12							
	全年				全年							

4. 饲料需求计划

草料是羊生产的物质保证。生产中既要保证及时充足的供应又要避免积压。因此，必须做好计划。

草料供应计划是依据羊场生产周转计划及饲养消耗定额来制订。饲草饲料费用一般占生产总成本的60%～70%，所以在制订饲料计划时既要特别注意饲料价格，同时又要保证饲料质量。

不同饲养方式、品种和日龄的羊所需草料量是不同的。各场可根据当地草料资源的不同条件和不同羊群的营养需要，首先制定出各羊群科学合理的草料日粮配方，根据不同羊群的饲养数量和每只每天平均消耗草料量，推算出整个羊场每天、每周、每月及全年各种草料的需要量，并依据市场价格情况和羊场资金实际，做好所需原料的订购、储备和生产供应（表8-3）。

对于放牧和半放牧方式饲养的羊群，还要根据放牧草地的载畜量，科学合理地安排好草地的划区轮牧工作及草地的改良。

表8-3 羊场年饲料计划

项目 类别	年饲养只数/只	饲养天数/天	精饲料		粗饲料		青绿饲料		青贮饲料		食盐		骨粉	
			定额	小计	定额	小计	定额	小计	定额	小计	定额	小计	定额	小计

5. 资金使用计划

有了生产销售计划、草料供应计划等需要用钱的计划后，资金使用计划也就必不可少。资金使用计划的制订应依据有关生产等计划，本着节减开支，并最大限度地提高资金使用效率的原则，精打细算、合理安排、科学使用。既不能让钱等事，也不能让事等钱。也就是既不能让资金长时间闲置，造成资金闲置浪费，还要保证生产所需资金及时足额到位。

在制订资金计划中，对羊场自有资金要统筹考虑，尽量盘活资金，不要造成自有资金沉淀。对企业发展所需贷款，经可行性研究，认为有效益、项目可行，就要解放思想大胆贷款，破除"企业不管发展快慢，只要没有贷款就是好企业"的传统思想，要敢于、善于科学合理地运用银行贷款加快羊场的发展。

第二节　经营管理

经营管理是科学地组织生产力，正确调整生产管理，保证经济效益不断提高的重要手段，是现代化养羊的重要组成部分。管理、科学、技术是现代经济的"三鼎足"，对一个规模化养羊场来说"三分技术、七分管理"是获取一定经济效益的至理名言。

一、羊场技术管理

规模化羊场的技术管理，整体上可用"管、选、配、育、防"这五个字概括。

（1）管　即科学的饲养管理方法，主要包括、合理的饲草料配合技术、优质牧草加工技术、放牧补饲技术、快繁技术等。

（2）选　即优化羊群结构。通过存优去劣，逐年及时淘汰老羊及生产性能差的羊，多次选择，分类分段培育，坚持因时因市、循序渐进的原则，使羊群结构不断优化，经济效益不断提高。

（3）配　即选种选配方式。采用科学的配种方式，实现以优配

优、全配满怀的目的，即可充分有效地利用优秀公羊，又能人为控制产羔季节和配种频率。也可采用同期发情、人工授精、胚胎移植等相关快繁技术。

（4）育　即对羔羊进行培育。如增加妊娠母羊后期和哺乳期饲料供给，保证母羊奶水充足；保证羔羊初乳及时、足量；羔羊早期补饲；增加羔羊运动等技术，加大培育后备羊群的质量。

（5）防　即疾病预防。除常规的羊群疫苗免疫外，做到圈舍定期消毒、药浴、驱虫、人员出入防疫和增强羊群体质等。

二、羊场计划管理

1. 羊只生产计划

配种、分娩计划；年初羊群各组羊的实际只数；去年交配今年分娩母羊只数；本场母羊受胎率、产羔率、羔羊繁殖成活率；计划年生产任务；羊群周转计划。

2. 饲料、生产供应计划

制定日粮标准；制定饲料定额；青饲料生产；供应组织；饲料采购、储存；饲料加工与配合。

3. 羊群疫病防治计划

疫苗免疫计划；羊场消毒计划；羊群定期检查计划；病羊隔离与防治计划。

三、羊场劳动组织和劳动管理

1. 人员组织与管理

（1）人员组织、招聘　员工招聘是规模羊场经营管理的一项重要内容。员工招聘依据羊场规模而定，一个较大规模的羊场，一般包括管理人员（场长、生产主管、财务主管等）、技术员（畜牧、兽医、人工授精、资料统计等）、财务人员（会计、出纳）、生产人员（饲养员、饲料加工调制人员等），以及后勤人员（总务、采购、门卫等）。

（2）素质要求　养羊是一项技术性很强的生产劳动。随着养羊业向大规模集约化生产的发展，养羊专业化程度越来越高，技术性也越来越强，对劳动力的素质要求也越来越高。劳动者的素质主要包括两个方面，即业务素质和行为素质。

（3）岗位培训　规模化羊场生产技术性比较高，员工上岗前必须经过岗位培训。技术员、饲养员在上岗前要由负责人进行培训。

（4）员工管理　员工管理包括员工的招聘、员工福利以及处理员工之间的关系等。羊场应尽可能地给员工提供舒适和安全的工作条件、休息条件和生活条件。

2. 劳动管理

（1）劳动形式

① 生产责任制　实行生产责任制可以充分调动职工生产积极性，加快生产发展，改善经营管理，提高劳动效率，创造良好的经济效益。根据不同工种配备不同人员及任务，使得每一个员工都有明确的职责范围、具体的任务和满负荷工作量。严格考核，奖惩分明。其中，场长、技术人员、饲养人员、后勤人员要做到分工明确、责任到人、相互配合、加强合作。

② 承包责任制　在规模羊场中，这种形式可以减少经营的风险、调动员工的积极性。羊场分片承包，职工会将自己置身于主人位置，可以更好地管理和经营，以承包经营合同的形式，确定了企业与承包者的权、利、责之间的关系，承包者自主经营、自负盈亏。

③ 股份合作制　股份合作制形式是改革的一个产物，可将其应用到羊场经营管理当中。全体劳动者自愿入股，实行按资分红相结合，其利益共享、风险共担，独立核算、自负盈亏。每一个股东即是企业的投资者、所有者，同时又是劳动者、经营者，拥有参与决策和管理的权利。这种经营方式一方面解决了资金不足的问题，另一方面还明确了产权关系，可以充分地调动全体职工的积极性。

（2）劳动纪律　劳动纪律是广大职工为社会、为自己进行创造性劳动所自觉遵守的一种必要制度。为强调劳动纪律，应制订好生

产技术操作规程，并进行上岗前的培训工作。技术操作规程通常包括的内容有，对饲养任务提出生产指标（饲养人员有明确的目标），指出不同饲养阶段羊群的特点及饲养管理要点，按不同的操作内容分别排列，提出切合实际的要求。

（3）劳动组织　羊场为了充分合理的利用劳动力，不断提高劳动生产率，就必须建立健全劳动组织。根据羊场经营范围和规模的不同，各羊场建立劳动组织的形式和结构也有所不同。大中型羊场一般包括场长、副场长、总畜牧兽医师、科长、班组长等组织领导结构及羊场职能机构（如生产技术科、销售科、财务科、后勤保障科），并根据生产工艺流程将生产劳动组织细化为种公羊组、配种组、母羊组（1、2、3、……）、羔羊组、育肥（育成）组、饲料组、清粪组等。对各部门各班组人员的配备要依各人的劳动态度、技术专长、体力和文化程度等具体条件，合理进行搭配，科学组织，并尽量保持人员和从事工作的相对稳定。

（4）劳动定额　劳动定额是科学组织劳动的重要依据，是羊场计算劳动消耗和核算产品成本的尺度，也是制订劳动力利用计划及定员定编的依据。制订劳动定额必须遵循以下原则。

① 劳动定额应先进合理、符合实际、切实可行　劳动定额的制订，必须依据以往的经验和目前的生产技术及设施设备等具体条件，以本场中等水平的劳动力所能达到的数量和质量为标准，不可过高，也不能太低。应使具有一般水平的劳动者经过努力能够达到，先进水平的劳动者经过努力能够超产。只有这样的劳动定额才是科学合理的，才能起到鼓励与促进劳动者的作用。

② 劳动定额的指标应达到数量和质量标准的统一　如确定一个饲养员养羊数量的同时，还要确定羊的成活率、生长速度、饲料报酬、药品费用等指标。

③ 各劳动定额间应平衡　不论是养种公羊还是养种母羊，或者清粪工各种劳动定额应公平化。

④ 劳动定额应简单明了、便于应用　羊场劳动定额及技术指标见表 8-4。

表 8-4 羊场劳动定额及技术指标

项目名称	规模羊场参考指标	放牧参考指标
条件	规模舍饲，配合饲料及粗饲料饲喂，人工送料，人工授精为主，全年均衡产羔	以放牧饲养为主，冬春季少量补饲
	劳动定额	
种公羊/(只/人)	25	30～50
育成羊/(只/人)	200～500	300
空怀及妊娠后期母羊/(只/人)	300	200
哺乳母羊及妊娠后期母羊/(只/人)	250	150
育肥羔羊/(只/人)	300～500	400
	技术指标	
繁殖母羊年产胎次/次	1.5～2	1
断奶羔羊成活率/%	90	85
育肥期/天	90～150	70～90
育肥期死亡率/%	1～2	3～5
料肉比	4∶1(颗粒料)	

(5) 劳动报酬　规模羊场劳动计酬形式可分为四种，即基本工资制、浮动工资制、联产计酬、奖金和津贴构成。

(6) 劳动激励　激励就是通常所说的调动人的积极性问题。人是生产要素中最活跃的因素，企业目标的实现最终要取决于人的积极性的有效发挥。现代行为科学的理论告诉我们，需要促成动机，动机产生行为，行为实现需要，继而产生新的需要、动机和行为。如此而言，羊场管理者应善于针对具体情况，采取有效的管理措施，满足员工需要，激发员工的动机和行为，去实现管理目标。

四、羊场成本管理

在养羊生产中成本管理就是对饲养的羊或羊产品生产成本进行

预测、计划、控制、核算和分析，是规模养羊场经营管理的主要组成部分。规模化养羊场生产成本按会计核算要求一般由下列项目组成。

（1）固定资产折算　指羊舍及生产设备等固定资产基本折旧费。提取固定资产折旧费有利于收回投资，使养羊经营者加强资产的管理，能及时维修羊舍和生产设备。

（2）饲草料费　指羊群实际饲养中所消耗的各种饲草、饲料等费用。为加强生产成本核算，一般也要把自产的饲草饲料作为生产成本费用纳入核算，有利于提高经营者管理水平。

饲养日成本[元/(只·天)]＝该羊群本期饲养总成本/该羊群本期饲养只天数

羊群断奶重单位成本(元/千克)＝(分娩羊群饲养费－副产品收益)/断奶活羔羊重量(千克)

育肥羊增重单位成本(元/千克)＝(该群羊饲养费－副产品收益)/该群羊增重

（3）饲养人员工资　指直接从事养羊工作人员的工资及福利等。

（4）兽药及消毒药物等费用　指购买的兽药、消毒液、防疫疫苗及检疫检验费用等。

（5）种羊摊销费　种羊属固定资产，也需要进行摊销。指直接用于繁殖种公羊、母羊自身价值在生产中消耗而应摊入生产成本的部分。

（6）低值易耗品费　用指养羊工具、劳保用品等易耗品费用。

（7）燃料水电费　指直接用于养羊生产的电、水、燃料等。

（8）其他费用　包括临时用工、运费等。

五、羊场销售管理

产品销售管理包括销售市场调查、营销策略及计划的制订、促销措施的落实、市场的开拓、产品售后服务等。前面已对市场调查及销售计划的制订进行了介绍。这里重点介绍如何通过加强销售管理，将产品更多地销售出去。

市场营销需要研究消费者的需求状况及其变化趋势。在保证产品质量并不断提高的前提下，要利用各种机会、各种渠道刺激消费、推销产品。主要应做好以下几个方面的工作。

1. 加强宣传、树立品牌

有了优质产品，还需要加强宣传，将产品推销出去。广告是被市场经济所证实的一种良好的促销手段，应很好地利用。一个好企业，首先必须对企业形象及其产品包装（含有形和无形）进行策划设计，并借助广播电视、报刊等各种媒体做广告宣传，以提高企业及产品的知名度，在社会上树立起良好的形象，创造产品品牌。从而促进产品的销售。

2. 加强营销队伍建设

一是要根据销售服务和劳动定额，合理增加促销人员，加强促销力量，不断扩大促销辐射面，使促销人员无所不及；二是要努力提高促销人员业务素质。促销人员的素质高低，直接影响着产品的销售。因此，要经常对促销人员进行业务知识的培训和职业道德、敬业精神的思想教育，使他们以良好素质和精神面貌出现在用户面前，为用户提供满意的服务。

3. 积极做好售后服务

种羊的售后服务是企业争取用户信任，巩固老市场，开拓新市场的关键。因此，种羊场要高度重视，扎实认真地做好此项工作。在服务上，一是要建立售后服务组织，经常深人用户做好技术咨询服务；二是对出售的种羊等提供防疫、驱虫程序及饲养管理等相关技术资料和服务跟踪卡，规范售后服务，并及时通过用户反馈的信息，改进羊场的工作，加快羊场的发展。

六、羊场制度管理

规章制度是规模羊场生产部门加强和巩固劳动纪律的基本方法。规模羊场主要的劳动管理制度有岗位制、考勤制、基本劳动日

制、作息制、质量检查制、安全生产制、技术操作规程等。羊场由于劳动对象的特殊性，特别应注意根据羊的生物学特性及不同生长发育阶段的消化吸收规律，建立合理的饲喂制度。做到定时、定量、定次数、定顺序，并应根据季节、年龄进行适当调整，以保证羊的正常消化吸收，避免造成饲料浪费。饲养人员必须严格遵守饲喂制度，不能随意经常变动。制度的建立，一是要符合羊场的劳动特点和生产实际；二是内容具体化；三是要经全场职工认真讨论通过，并经场领导批准后公布执行；四是必须具有一定的严肃性，一经公布，全场干部职工必须认真执行；五是必须具备连续性，并在生产中不断完整。

1. 建立健全严格的岗位责任制

在羊场的生产管理中，要使每一项生产工作都有人去做，并按期做好，使每个职工各尽其能，能够充分发挥主观能动性和聪明才智。建立岗位责任制，还要通过各项记录资料的统计分析，不断进行检查。用计分方法科学计算出每名职工、每个部门、每个生产环节的工作成绩和完成任务的情况，并以此作为考核成绩及计算奖罚的依据，从而充分调动每个人的积极性。

2. 明确劳动职责

（1）场长职责

① 认真贯彻执行国家有关发展养羊业的法规和政策。

② 决定羊场的经营计划和投资方案。

③ 确定羊场年度预算方案、决算方案、利润分配方案及工资制度。

④ 确定羊场的基本管理制度。

⑤ 决定羊场内部管理机构的设置，聘任或者解雇员工。

⑥ 决定羊产品价格和收费标准。

（2）技术主管职责

① 按照本场的自然资源、生产条件及市场需求，组织羊场技术人员制订全场生产年度计划和长远计划，审查生产基本建设和投

资计划，掌握生产进度，提出增产措施和育种方案。

② 制定各项养殖技术操作规程，并进行技术监督。

③ 负责拟订全场各类饲料采购、储备和调配计划。

④ 组织养殖技术经验交流、技术培训和科学实验等工作。

（3）兽医主管职责

① 制定本场消毒、防疫检疫制度和免疫程序，并进行监督。

② 及时组织会诊疑难病例。

③ 负责拟订全场兽医药械的分配调配计划。

（4）畜牧技术人员职责

① 根据本场生产任务和饲料条件，拟订生产计划。

② 根据畜牧技术规程，拟订饲料配方和饲喂定额。

③ 制定育种、选种、选配方案。

④ 负责羊场的饲养任务、畜牧技术操作和畜群生产管理。

⑤ 总结本场的畜牧技术经验，填写各项技术记录，并进行统计管理。

（5）兽医技术人员职责

① 负责畜群卫生保健、疾病监控和治疗，贯彻防疫制度，填写病历和有关报表。

② 实行兽医记录电脑管理。

③ 认真细致地进行疾病诊治。

④ 每天巡视羊群，发现问题及时处理。

⑤ 普及卫生保健知识，提高员工素质。

⑥ 配合畜牧技术人员，共同搞好畜群饲养管理，降低发病率。

（6）饲养人员职责

① 按照不同畜群饲料定额、定时、定量按顺序饲喂，少喂勤添，确保质量。

② 熟悉羊群情况、体况，不同的应区别对待。

③ 细心观察羊群食欲、精神和粪便情况，发现异常及时汇报。

④ 节约饲料，减少浪费，根据实际情况，对饲料的配方、定额及饲料质量向技术人员提出意见和建议。

⑤ 每次饲喂前应保证饲槽清洁卫生，提高饲喂质量。

⑥ 保管、使用喂料车和工具，节约水电，并做好交接班工作。

(7) 配种员职责

① 制订配种繁殖计划，同时参与制订选种选配计划。

② 负责发情鉴定、人工授精、胚胎移植、妊娠诊断、生殖道疾病诊断与治疗。

③ 及时填写发情记录、配种记录、妊娠检查记录、流产记录、产羔记录、生殖道疾病记录、繁殖卡片等。

④ 按时整理分析各种繁殖技术资料，并及时如实上报。

第三节　经济活动分析

规模化羊场经济活动分析的内容主要有产品产（销）量完成情况分析、生产技术指标分析、利润分析、成本分析和饲（草）料消耗分析。在具体分析时，往往借助于经济指标来进行这项工作。每项经济指标反映着经济活动各个不同侧面。通过很多相互联系的指标来分析经济活动的各个侧面，就可以对羊场经营活动有全面的了解。

一、产品产（销）量完成情况分析

实际完成产(销)量与计划产(销)量比较,分析计划完成情况可以用百分率来表示[实际完成产(销)量/计划产(销)量×100%]。

用当年的实际产量与上年度或某一时期实际产量比较，了解产销发展动态及原因。

与本乡、县、市，甚至全国或世界发达国家条件基本相同的先进单位比较，寻找差距。

如条件具备，还可以进一步用连环替代法考查影响产（销）总量的各种变动的原因。

二、生产技术指标分析

生产技术指标是反映生产技术水平的量化指标。通过对生产技术指标的计算分析，可以反映出生产技术措施的效果，以便不断地总结经验，改进工作，进一步提高肉羊生产技术水平。

1. 受配率

受配率表示本年度内参加配种的母羊数占羊群内适龄繁殖母羊数的百分率。主要反映羊群内适龄繁殖母羊的发情和配种情况。即

受配率＝配种母羊数/适龄母羊数×100％

2. 受胎率

受胎率指在本年度内配种后妊娠母羊数占参加配种母羊数的百分率。实际工作中又可以分为以下几种。

(1) 总受胎率　指本年度受胎母羊数占参加配种母羊的百分率。它反映母羊群中受胎母羊的比例。计算方法为

总受胎率＝受胎母羊数/配种母羊数×100％

(2) 情期受胎率　指在一定的期限内受胎母羊数占本期内参加配种的发情母羊数的百分率。它反映母羊发情周期的配种质量。计算方法为

情期受胎率＝受胎母羊数/情期配种数×100％

3. 产羔率

指产羔数占产羔母羊数的百分率。它反映母羊的妊娠和产羔情况。计算方法为

产羔率＝产羔羊数/产羔母羊数×100％

4. 羔羊成活率

指在本年度内断奶成活的羔羊数占出生羔羊的百分率。它反映羔羊的抚育水平。计算方法为

羔羊成活率＝成活羔羊数/产出羔羊数×100％

5. 繁殖成活率（亦称繁殖率）

指本年度内断奶成活的羔羊数占适龄繁殖母羊数的百分率。它反映母羊繁殖和羔羊抚育水平。计算方法为

繁殖成活率＝断奶成活羔羊数/适龄繁殖母羊数×100％

6. 出栏率

指当年羊出栏数占年初存栏数的百分率。它反映羊生产水平和羊群周转速度。计算方法为

出栏率＝年度内羊出栏数/年初肉羊存栏数×100％

7. 增重速度

指一定饲养期内肉羊体重的增加量。它反映肉羊育肥增重效果。一般以平均日增重表示，即克/天。计算方法为

增重速度＝一定饲养期内肉羊增重/一定饲养期天数

8. 饲料报酬

指投入单位饲料所获得的畜产品的量。反映饲料的饲喂效果。在肉羊生产上常以投入单位饲料所获得的肉羊增重表示，即消耗的饲料/肉羊的增重。

另外，还有羔羊断奶重、肉羊出栏重等技术指标。

三、利润分析

产品销售收入，扣除生产成本就是毛利，毛利再扣除销售费用和税金就是利润。利润分析指标有利润额和利润率。

1. 利润额

利润额＝销售收入－生产成本－销售费用－税金±营业外收支差额。营业外收支是指与羊场生产经营无直接关系的收入或支出。

2. 利润率

是将利润与成本、产值、资金对比，以不同角度说明问题。

资金利润率＝年利润总额/年平均占用资金总额×100％

年平均占用资金总额＝年流动资金平均占用额＋年固定资产平均净值

产值利润率＝年利润总额/年产值总额×100％

成本利润率＝年利润总额/年成本总额×100％

羊场利润率越高，说明羊场经营管理越好。

四、成本分析

在完成了利润分析之后，还应进一步对产品成本进行分析。产品成本是衡量羊场经营管理成果的综合指标，分析之前应对成本数据加以检查核实，严格划清各种费用界限，统一计划口径，以确保成本资料的准确性和可比性。然后根据成本报表提供的数据，结合计划等资料运用对比分析法，着重分析单位成本构成变化及成本升降的原因。

1. 成本结构分析

首先，计划出实际发生的成本结构，即各项费用占总成本的百分比。然后，用实际总成本及其构成要素与计划总成本及其构成要素各部分进行对比，以分析计划成本控制情况和各项成本费用增减变化及其影响因素。

2. 成本临界线分析

肉（种）羊的成本临界线即肉（种）羊的保本价格线。肉（种）羊临界生产成本－饲料价格×饲料耗量/饲料费占总费用的百分比。如果肉（种）羊出售价格高于此线，羊场就有盈利，低于此线则羊场就要亏损。依据上述公式可随时对肉（种）羊成本进行测算分析，及时掌握产品生产盈亏情况，以便于羊场根据市场变化快速作出决策。

五、饲（草）料消耗分析

饲（草）料消耗的分析，应从饲（草）料的消耗定额、利用率和饲料配方三个方面进行。可先计算出各类羊群某一时期耗（草）料数量，然后同各自的消耗定额对比，分析饲（草）料在加工、运输、储存、饲喂等各个环节上造成浪费的情况及原因。不仅要分析饲（草）料消耗数量，而且还要对日粮从营养成分和消化率及饲料报酬、饲料成本进行具体的对比分析，从中筛选出成本低、报酬高、增重快的日粮配方和饲喂方法。

除对以上经济活动进行分析外，还应对羊场的财务预算执行情

况、羊群结构、羊群周转率、羊场设施设备利用率等内容进行分析，以便全面掌握羊场经济活动，找出各种影响生产发展的原因，采取综合改进措施，不断提高羊场经济效益。

参考文献

[1] 赵有璋．中国养羊学．北京：中国农业出版社，2013.
[2] 赵有璋．羊生产学．北京：中国农业出版社，2002.
[3] 赵兴绪．羊的繁殖调控．北京：中国农业出版社，2008.
[4] 马友记．绵羊高效繁殖理论与实践．兰州：甘肃科学技术出版社，2013.
[5] 全国畜牧总站．肉羊标准化养殖技术图册．北京：中国农业科学技术出版社，2012.
[6] 刘建斌．现代肉羊生产实用技术．兰州：甘肃科学技术出版社，2014.
[7] 冯建忠，张效生．规模化羊场生产与经营管理手册．北京：中国农业出版社，2014.
[8] 张红平．绵羊标准化规模养殖技术图册．北京：中国农业出版社，2013.
[9] 张居农．高效养羊综合配套技术．北京：中国农业出版社，2014.
[10] 任和平．现代养羊兽医手册．北京：中国农业出版社，2014.
[11] 浩瀚，吴学扬．科学养羊掌中宝．呼和浩特：内蒙古科学技术出版社，2006.
[12] 左晓磊，张敏红．羊饲料营养配方7日通．北京：中国农业出版社，2014.

化学工业出版社同类优秀图书推荐

ISBN	书名	定价/元
22873	种草养羊实用技术	32
19820	肉羊生态高效养殖实用技术	29.8
24488	小尾寒羊高效饲养新技术	28
22990	林地生态养羊实用技术	30
22556	零起点学办肉羊养殖场	38
22166	羊的行为与精细饲养管理技术指南	30
21678	中小型肉羊场高效饲养管理	25
20073	牛羊常见病诊治彩色图谱	58
20275	羊高效养殖关键技术及常见误区纠错	35
20147	羊饲料配方手册	29
18419	无公害羊肉安全生产技术	23
18054	农作物秸秆养羊手册	22
17594	图说健康养羊关键技术	22
17523	羊病诊治原色图谱	85
17010	肉羊高效养殖技术一本通	18
15969	规模化羊场兽医手册	35
16398	如何提高羊场养殖效益	35
14923	肉羊养殖新技术	28
14014	羊安全高效生产技术	25
13787	标准化规模养羊技术与模式	28
13754	肉羊规模化高效生产技术	23

续表

ISBN	书名	定价/元
13601	养羊科学安全用药指南	26
13353	科学自配羊饲料	20
12781	牛羊病速诊快治技术	18
12667	马头山羊标准化高效饲养技术	25
11677	羊病诊疗与处方手册	28